DIE GONORRHOE DES WEIBES

EIN LEHRBUCH FÜR ÄRZTE UND STUDIERENDE

VON

Dr. R. FRANZ

PRIVATDOZENT AN DER UNIVERSITÄT UND
DIREKTOR-STELLVERTRETER AM
MARIA THERESIA-FRAUENHOSPITAL IN WIEN

MIT 43 ZUM TEIL FARBIGEN TEXTABBILDUNGEN

WIEN

VERLAG VON JULIUS SPRINGER

1927

ISBN-13: 978-3-7091-9661-8   e-ISBN-13: 978-3-7091-9908-4
DOI: 10.1007/978-3-7091-9908-4

Vorwort

Obwohl die Lehre von der Gonorrhoe des Weibes durch zahlreiche Arbeiten der letzten Jahre weiter ausgebaut und unser Wissen auf diesem Gebiete erweitert wurde, ist außer Abhandlungen in großen Handbüchern und Aufsätzen in Fachzeitschriften keine eingehende Bearbeitung für Ärzte der allgemeinen Praxis erschienen. Es erscheint daher eine lehrbuchmäßige Darstellung des Gegenstandes gerechtfertigt. Meine Tätigkeit als gynäkologischer Berater und Facharzt in der Bundesheilanstalt für geschlechtskranke Frauen und Mädchen, die von Hofrat Prof. Finger begründet wurde und unter der Leitung von Prof. Mucha steht, war die Veranlassung, mich an der Hand des großen Krankenmateriales eingehend mit den gonorrhoischen Erkrankungen bei der Frau zu beschäftigen und die verschiedenen Behandlungsarten zu prüfen. Diese Studien habe ich später an der Universitätsklinik für Geschlechts- und Hautkrankheiten des Prof. Fingers und in meinem nunmehrigen Wirkungskreis, in dem von Direktor Erlach geleiteten Maria Theresia-Frauenhospital fortgesetzt. Seit Kriegsende halte ich Vorlesungen und Kurse über die Gonorrhoe des Weibes, in denen die eigenen klinischen Erfahrungen und die Ergebnisse des Literaturstudiums Ärzten und Studenten vermittelt werden. Aus diesen Vorträgen ist das vorliegende Buch entstanden, das gleichfalls Studenten, besonders aber Ärzten der allgemeinen Praxis und der Nachbarfächer der Frauenheilkunde Belehrung bringen soll. Es ist daher auf die normale und pathologische Anatomie weitgehend Rücksicht genommen. In den Vorlesungen und praktischen Unterweisungen sind mir diese Grundlagen immer als Voraussetzung für eine gründliche Erkenntnis des Krankheitsbildes und für eine sinngemäße Behandlung notwendig erschienen. Bei der Therapie hebe ich neben der Schilderung der gebräuchlichen Verfahren stets den eigenen Standpunkt hervor, der auf einem strengen Konservativismus beruht, da gerade bei der Gonorrhoe der Leitsatz des Primum non nocere meiner Lehrer Chrobak, v. Rosthorn und Knauer als Gesetz zu gelten hat. Auf die Frage der Unfruchtbarkeit muß näher eingegangen werden, da sie in vielfacher Beziehung zu den gonorrhoischen Erkrankungen des Mannes und der Frau steht. Weiters werden der Verlauf der Gonorrhoe in der Schwangerschaft und im Wochenbett, sowie die Erkrankungen des Mastdarms und der vom Genitale entfernt liegenden Organe abgehandelt, soweit zwischen diesen und der gonorrhoischen Infektion ein ursächlicher Zusammenhang angenommen werden darf. Schließlich wird der Vollständigkeit halber auch die Kindergonorrhoe dargestellt.

Für die Überlassung einzelner Präparate bin ich Prof. Kermauner und Prof. Maresch zu Dank verpflichtet.

Wien, Ostern 1927

Der Verfasser

Inhaltsverzeichnis

Inhaltsverzeichnis   V

Berichtigungen

S. 19, Zeile 22 von oben: lies Betäubung statt Behandlung.
S. 20, Zeile 8 von unten: lies Pflasterepithel statt Plasterepithel.
S. 28, Zeile 20 von oben: lies oder statt der.
S. 33, Zeile 14 von unten: lies subepithelialen statt subepitheialen.
S. 48, Zeile 12 von oben: lies 0,04 statt 0,10.
S. 48, Zeile 13 von oben: lies 0,60 statt 0,06.
S. 64, Zeile 4 von oben: lies Hypofunktion statt Hyperfunktion.
S. 80, Zeile 17 von oben: lies ausgesetzt statt aussetzt.
S. 142, Zeile 10 von unten: lies Injektion statt Injetion.
S. 171, Zeile 21 von unten: lies Provokation statt Provakation.

I. Geschichtliches über die Gonorrhoe

Die Kenntnis des Trippers reicht weit in der Geschichte zurück. Bereits im alten Testament finden sich sichere Hinweise auf diese Krankheit. Der Name Gonorrhoe stammt von Galenus und heißt eigentlich Samenfluß, da die alten Ärzte den Trippereiter für ausfließenden Samen hielten. Auch der heute weniger gebräuchliche Name Blennorrhoe stammt aus der alten Medizin und bedeutet Schleimfluß. In den medizinischen Schriften des Mittelalters wird bereits ein ziemlich richtiges Krankheitsbild des Trippers und seiner Komplikationen beschrieben. Allerdings kommt es hiebei zu häufigen Verwechslungen mit der Lues. Erst 1767 versuchte der Edinburger Chirurg Balfour nachzuweisen, daß es zwei verschiedene venerische Gifte gebe, von denen das eine Tripper, das andere Syphilis hervorrufe. Im Gegensatz hiezu behauptete sich jedoch durch lange Zeit die falsche Lehre Hunters, daß Tripper und Schanker auf der Wirkung desselben Kontagiums beruhen. Im Anfang des neunzehnten Jahrhunderts wurden die Ansichten über die Lehre von den Geschlechtskrankheiten noch verwirrter. Erst Ricord brachte 1831 durch seine Lehre, die Tripper und Syphilis scharf auseinanderhielt, klarere Gesichtspunkte. Sichere Grundlagen für das Aufsteigen der Gonorrhoe in die höheren Genitalabschnitte lagen jedoch nicht vor, am wenigsten über die Gonorrhoe beim Weibe, die wir in den Lehrbüchern aus den siebziger Jahren des vorigen Jahrhunderts kaum erwähnt finden. Erst die Monographie Noeggeraths „Die latente Gonorrhoe im weiblichen Geschlecht" 1872 hat die Aufmerksamkeit der Frauenärzte auf die Bedeutung der gonorrhoischen Infektion hervorgerufen. Er wies in dieser Schrift darauf hin, daß durch das Trippergift nicht nur die ansteckenden, eitrigen Ausflüsse, sondern auch entzündliche Erkrankungen der Eileiter, der Eierstöcke, des Beckenbauchfelles und ausnahmsweise auch des Beckenbindegewebes hervorgerufen werden können. Seiner Lehre widerfuhr vielfach Ablehnung. Erst als Neisser 1879 den Erreger der Gonorrhoe, den Gonococcus, entdeckte, fand dieselbe allgemeine Anerkennung. Die folgenden klinischen und bakteriologischen Forschungen haben dann erst ein klares Krankheitsbild der Gonorrhoe beim Weibe gebracht. Die experimentelle Erzeugung der Gonorrhoe durch Impfung mit reingezüchteten Keimen gelang zuerst Bockhart 1883, nach ihm Bumm. Durch seine grundlegenden Untersuchungen an der Konjunktivalschleimhaut hat letzterer die Vorgänge bei der gonorrhoischen Schleimhautinfektion verständlich gemacht. Seine Ergebnisse wurden bei der Untersuchung an der Harnröhrenschleimhaut von Finger, Ghon und Schlagenhaufer bestätigt. Weiterhin hat

Wertheim 1891 ein Kulturverfahren angegeben, mit dessen Hilfe er aus
Pyosalpingen und Pyovarien Kokken züchtete, welche auf menschlicher
Harnröhrenschleimhaut typische Gonorrhoe erzeugten. Durch diese
experimentellen Befunde wurden die klinischen Beobachtungen Noeggeraths vollauf bestätigt. Wertheim hat ferner gezeigt, daß durch
Übertragung einer chronischen Gonorrhoe eine akute Infektion hervorgerufen werden kann. Er hat weiter nachgewiesen, daß der Gonococcus
nicht nur, wie bis dahin angenommen wurde, nur ein Schleimhautparasit
ist, sondern daß er auch in die Tiefe des Bindegewebes und der Muskulatur
einzudringen vermag. Weitere Beiträge zur Pathologie der gonorrhoischen
Infektion hat Menge gebracht. Durch die Arbeiten der genannten und
anderer Forscher steht die Lehre von der Gonorrhoe des weiblichen
Geschlechtsapparates im Großen und Ganzen fest, während die Behandlung ein noch umstrittenes Gebiet ist.

II. Der Erreger des Trippers (Gonococcus)

Morphologie des Gonococcus

Die Tripperinfektion wird durch den im Jahre 1879 von Neisser ent-
deckten Gonococcus hervorgerufen. Derselbe ist ein ungefähr 1 bis
1,6 μ langer und 0,8 μ breiter Diplococcus und ist demnach größer als der

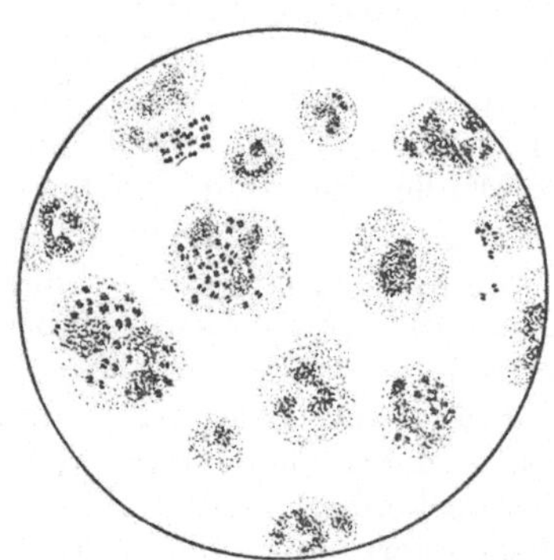

Staphylococcus und Streptococcus. Er
hat die Gestalt einer Kaffeebohne und
liegt immer derart mit einem zweiten
Coccus gepaart, daß die Bohnen, mit
ihren ebenen Flächen durch einen feinen
Spalt getrennt, nahe aneinanderliegen,
während die konvexen Konturen nach
außen gerichtet sind. Die Teilung geht
in der Weise vor sich, daß das einzelne
Diplokokkenpaar sich in einer zum me-
dianen Spalt senkrechten Richtung teilt,
so daß dann die einzelnen Paare in
Gruppen von vier bis zwanzig Doppelkokken zusammenliegen. Die Gono-
kokkengruppen sind teils in den Leukozyten intrazellulär, teils extrazellulär,
teils auf Epithelzellen gelagert. Die
intrazelluläre Lagerung kommt dadurch

Abb. 1. Ausstrich von gonor-
rhoischem Eiter. Gonokokken,
intrazellulär, extrazellulär und
auf Epithelzellen aufgelagert

zustande, daß die Leukozyten die Gonokokken phagozytieren, während
diese selbst keine eigene Beweglichkeit besitzen. Man kann aus dem
Verhalten zwischen Gonokokken und Leukozyten gewisse Schlüsse auf
das Alter der Infektion ziehen. So sieht man in frischen Fällen im Ausstrichpräparat nur selten intrazellulär gelegene Kokken. Wenn jedoch
der Ausfluß weniger schleimig und mehr eitrig wird, dann treten

reichlich intrazellulär gelegene Keime auf. In alten Fällen wieder verschwinden die Leukozyten mehr aus dem Sekret und wir finden dann die Gonokokken auch häufig extrazellulär gelagert.

Färbung des Gonococcus

Der Gonococcus läßt sich mit den gebräuchlichen basischen Anilinfarben Methylenblau, Fuchsin, Gentianaviolett leicht färben, die für den Gebrauch zu Lösungen verdünnt werden.

Vor der Färbung wird das Sekret in dünner Schicht auf dem Objektträger aufgestrichen, luftgetrocknet und dreimal durch die Flamme des Bunsenbrenners gezogen. Durch die schwache Flamme des Spiritusbrenners muß das Präparat öfter durchgezogen werden. Zu beachten ist, daß einerseits der Objektträger gut gereinigt ist und daß anderseits dem Sekret kein von einer vorausgehenden Genitaluntersuchung stammendes Fett beigemengt ist, da das Präparat sonst den Farbstoff nicht annimmt.

Für die Färbung der Ausstrichpräparate eignen sich besonders folgende Verfahren: 1. Methylenblaufärbung. Das Präparat wird ein bis zwei Minuten mit Löfflerschem Methylenblau oder mit gewöhnlicher Methylenblaulösung gefärbt, hierauf mit Wasser abgespült, durch Fließpapier getrocknet und nochmals durch die Flamme gezogen, damit der letzte Flüssigkeitsrest verschwindet.

2. Pappenheimsche Färbung. Das Präparat wird drei bis fünf Minuten lang mit der folgendermaßen zusammengesetzten Farblösung gefärbt: Methylgrün 1,15 g, Pyronin 0,25 g, Alkohol absol. 2,5 ccm, Glycerin 20 ccm, 0,5%iges Karbolwasser. Zwei bis fünf Minuten färben, hierauf Abspülen mit Wasser und Trocknen. Die Kerne werden hiebei blaugrün bis lila, die Kokken leuchtend rot gefärbt.

3. Gramfärbung. Das Ausstrichpräparat wird in Anilinwassergentianaviolett durch drei bis fünf Minuten gefärbt. Die Farblösung wird folgendermaßen hergestellt: 5 bis 10 ccm Anilinöl werden in 100 Teilen Wasser durchgeschüttelt, bis eine feine milchige Emulsion entsteht. Nachdem sich dieselbe nach einigen Minuten abgesetzt hat, wird die Lösung filtriert. Zu dem Filtrat werden 11 ccm alkoholischer Gentianaviolettlösung, eventuell zur besseren Haltbarkeit 10 ccm absoluten Alkohols zugesetzt. Diese Lösung hält sich acht bis zehn Tage. Die Farblösung wird abgegossen und ohne Abspülung durch Wasser mit Jodjodkaliumlösung durch zwei Minuten behandelt. Letztere Lösung ist folgendermaßen zusammengesetzt: Jodi 1,0, Kalii jodati 2,0, Aquae dest. 300,0. Nach dem Abgießen der Jodjodkaliumlösung wird mit absolutem Alkohol entfärbt, bis das Präparat grau erscheint. Hierauf werden ein bis zwei Tropfen von stark verdünntem Karbolfuchsin zugesetzt, das in der Weise hergestellt ist, daß ein bis zwei Tropfen der konzentrierten Lösung auf 20 ccm Wasser kommen. Die sich nach Gram färbenden Bakterien sind violett, während die gramnegativen Bakterien, also auch die Gonokokken, rot gefärbt sind. Frische Gonokokken sind stets gram-

negativ, degenerative Formen können aber grampositiv sein (Lorentz). Für die schnelle Untersuchung in der Sprechstunde genügt im allgemeinen die wesentlich einfachere Methylenblaufärbung, während die Gramfärbung in allen zweifelhaften Fällen, also besonders bei chronischer Gonorrhoe Anwendung finden muß, da hier die typische Lagerung fehlt und die Gramnegativität oft das einzige Charakteristikum darstellt.

Die bakteriologische Diagnose der chronischen Gonorrhoe ist manchmal dadurch erschwert, daß Mikroorganismen, die in die grampositive Reihe gehören, sich in der Färbung zweifelhaft oder sogar gramnegativ darstellen. Um den Unterschied zwischen grampositiven und gramnegativen Bakterien deutlicher zu machen, hat V. Burke empfohlen, zu der Gentianaviolettlösung jedesmal einige Tropfen einer 5%igen Natrium bicarbonicum-Lösung hinzuzufügen. Um die Gramfärbung für praktische Zwecke etwas einfacher zu gestalten, ist ein haltbarer Gramfarbstoff von der Firma Grübler u. Co. in Leipzig in den Handel gebracht worden. Außerdem sind noch andere Vereinfachungen der Färbemethode angegeben worden, so die Modifikation der Gramfärbung nach Jensen. Dieselbe besteht in folgendem Vorgehen: Aufgießen einer $\frac{1}{2}$%igen, wässerigen Methylviolettlösung und Stehenlassen $\frac{1}{4}$ bis $\frac{1}{2}$ Minute. Abspülen mittels Jodkalilösung. Aufgießen eines neuen Quantums Jodkali und Stehenlassen durch $\frac{1}{2}$ bis 1 Minute. Abspülen mit absolutem Alkohol. Entfärben mittels einiger Tropfen absoluten Alkohols und Schütteln. Wiederholtes tropfenweises Aufgießen außerhalb des Ausstriches. Abspülen mit Wasser. Die Vereinfachung der Gramfärbemethode durch Lipp besteht in folgendem Vorgehen: 0,5%ige, wässerige Methylviolettfärbung durch $\frac{1}{2}$ Minute. Abspülen mit Jodkalilösung und Einwirkenlassen derselben durch $\frac{1}{2}$ Minute. Spülen und Entfärben mit absolutem Alkohol. $1^0/_{00}$ Neutrallösung durch $\frac{1}{2}$ Minute. Abspülen mit Wasser und Trocknen. Intrazelluläre, gramnegative Diplokokken sind jedenfalls immer als Gonokokken anzusprechen, extrazelluläre, gramnegative Doppelkokken dagegen müssen nicht unbedingt Gonokokken sein. In derartigen zweifelhaften Fällen ist das Kulturverfahren heranzuziehen.

Von Blücher wurde ein Färbetechnik mit Hilfe von Filtrierpapierstreifen angegeben, die mit Farblösung imprägniert ist. Der lufttrocken gemachte und erhitzte Objektträgerausstrich wird mit dem Streifen bedeckt und hierauf werden einige Tropfen des entsprechenden Lösungsmittels, destilliertes Wasser, 96%iger Alkohol oder Methylalkohol aufgeträufelt. Dieselben genügen, um den Farbstoff zu verflüssigen und eine vollkommene Färbung zu bewirken. Eine allgemeinere Verbreitung hat diese Färbetechnik nicht gefunden.

Um Gonokokken im Schnitte zu färben, ist folgendes Verfahren von Wertheim angegeben: Die in Alkohol gehärteten, in Zelloidin eingebetteten Schnitte werden drei bis fünf Minuten in Anilinwassergentianaviolett gelassen, in Wasser ausgewaschen, eine Minute in Lugolsche Lösung gelegt, entfärbt in 95%igem Alkohol, bis der Schnitt deutlich violett erscheint, einige Minuten eingelegt in wäßrige Methylenblaulösung, in Wasser ausgewaschen, in absolutem Alkohol entwässert, mit Öl aufgehellt und in Balsam eingelegt. Besser noch eignet sich für die Darstellung der Gonokokken im Gewebsschnitt die Plasmazellenfärbmethode nach Unna-Pappenheim.

Wachstum des Gonococcus

Der Gonococcus nimmt unter allen Bakterien eine gewisse Sonderstellung ein. Er hat den höchsten Grad parasitärer Gewöhnung an den Menschen erreicht und wächst nur auf und in der menschlichen Schleimhaut, am besten auf Zylinderepithel, während alle Versuche, ihn auch auf Tiere zu übertragen, fehlgeschlagen sind. Der Gonococcus stirbt leicht ab, wenn er von den menschlichen Schleimhäuten entfernt wird, und ist vor allem gegen Austrocknung sehr empfindlich. Es ist daher sehr unwahrscheinlich, daß derselbe durch Wäschestücke, die trockenen Gonorrhoeeiter enthalten, übertragen werden kann.

Wegen dieser Empfindlichkeit ist die Züchtung der Gonokokken auf künstlichen Nährböden sehr schwierig. Das mit Agar vermischte menschliche Serum gibt einen geeigneten Nährboden, zu welchem Zwecke Blutserum, Ascites- oder Hydrokelenflüssigkeit verwendet wird (Wertheim). Serumagar wird aus einem Teil menschlichen Blutserum und zwei bis drei Teilen gewöhnlichem Fleischwasserpeptonagar hergestellt. Statt des Serum- und Ascitesagar werden vielfach auch aus Menschen- oder Tierblut und Agar hergestellte Nährböden herangezogen. Gute Kulturergebnisse liefern auch die Blut-Traubenzuckernährböden und die Milchsäure-Ascitesnährböden (Lorentz). Für die aus dem Blut hergestellten Gonokokkenkulturen eignet sich 1%iger Peptonurin, wobei auf 5 ccm Nährboden 3 bis 4 ccm Blut des Patienten kommt (Rey).

Die geeignete Temperatur für das Wachstum der Gonokokken liegt zwischen 35 und 38 Grad C. Luftzutritt ist zum Wachstum notwendig, da bei Sauerstoffabschluß die Kolonien sich nur schlecht entwickeln. Die Nährböden müssen feucht gehalten sein. Unter 30 Grad wachsen die Kolonien nicht weiter, unter 18 Grad sterben sie ab. Bei mehrstündigem Einwirken von Temperaturen über 43 Grad gehen die Gonokokken gleichfalls zugrunde. So hat man nach hohem Fieber bei Gonorrhoekranken vorübergehend die Gonokokken aus dem Sekret verschwinden gesehen. Diese Tatsache, daß dieselben gegen Hitze empfindlich sind, hat man auch bei der Heißbäderbehandlung herangezogen. Die auf künstlichen Nährböden gezüchteten Gonokokkenrasen sind nach 24 Stunden beiläufig stecknadelkopfgroß, sehr zart, scharf begrenzt, farblos, lackartig glänzend, von einer eigentümlichen zähschleimigen Konsistenz. Nach zwei bis drei Tagen stellen die Kulturen gewöhnlich ihr Wachstum ein und sterben, wenn sie nicht auf neue Nährböden verimpft werden, nach ungefähr acht Tagen ab. Lösliche Toxine werden von den Gonokokken nicht gebildet. Dagegen sind in ihrem Körper Endotoxine vorhanden, die nur durch das Zerfallen und Absterben der Gonokokken frei werden. Das Kulturverfahren ergibt trotz einwandfreier Technik manchmal dadurch fälschlich ein negatives Ergebnis, daß die Gonokokken in der Kultur von den anderen Bakterien überwuchert werden. Wahrscheinlich gibt es unter den Gonokokken verschiedene Typen. Wenn auch wegen der streng spezifischen Menschenpathogenität des Gonococcus der Tierversuch nicht direkt zu verwerten ist, so hat die Injektion von Mäusen mit Gonokokkenstämmen doch ergeben, daß dieselben eine verschiedene Toxizität haben (Jötten und Burckas). Auch Agglutination und Komplementbindung, ferner das Absorptionsverfahren sind zur Differenzierung verschiedener Stämme herangezogen worden (Bordes, Tullock u. a.). In der Annahme verschiedener Gonokokkentypen werden zu Behandlungszwecken polyvalente Vakzinen erzeugt.

III. Allgemeines über die gonorrhoische Infektion
Verbreitung

Die hauptsächlichste Gelegenheit für die Weiterverbreitung des Trippers ist der Geschlechtsverkehr, indem die Infektion hauptsächlich durch direkte Berührung mit einem erkrankten männlichen Genitale auf die weiblichen Geschlechtsteile übertragen wird. Die akute Gonorrhoe wird im allgemeinen selten überimpft, da die meisten Männer während des akuten Stadiums der Gonorrhoe den Geschlechtsverkehr meiden. Von größter Bedeutung für die Übertragung dagegen ist die chronische Gonorrhoe des Mannes. Wenn auch ein großer Teil der akuten und chronischen Gonorrhoen beim Manne dauernd geheilt wird, so gibt es doch zahlreiche Fälle, in denen der Tripper nur scheinbar ausheilt, und wo in der Pars anterior oder der Pars posterior der Harnröhre umschriebene Schleimhautpartien krank bleiben. Es werden dann oft nur geringe Mengen von eitrigem oder schleimigem Sekret in der Harnröhre abgesondert, manchmal nur morgens, manchmal nur nach Exzessen in Baccho et Venere, oder es sind noch Tripperfäden im Harn nachweisbar. Die mikroskopische Untersuchung des Sekretes und der Tripperfäden, die manchmal auch wiederholt oder nach Provokation vorgenommen werden muß, ergibt häufig, daß diese Männer immer oder zeitweise noch infektiös sind. Allerdings kommt es auch nicht selten vor, daß trotz Vorhandensein von Sekret oder Fäden im Harn Gonokokken weder nachgewiesen noch übertragen werden. Wenn demnach von den ungefähr 80% der Männer, die mindestens einmal in ihrem Leben an Tripper erkranken, ein großer Teil ausgeheilt wird, so bleibt doch ein kleinerer Teil lange Zeit hindurch oder auch dauernd infektiös.

Welche Teile des weiblichen Urogenitalapparates primär angesteckt werden, ist bis zu einem gewissen Grade von bestimmten Umständen abhängig. Bei akuter Gonorrhoe des Mannes oder Enge der äußeren weiblichen Genitalien werden meist zuerst die Gebilde des Vorhofes und die Harnröhre infiziert. Bei chronischer Gonorrhoe des Mannes oder bei klaffender Vulva und weiter Scheide wird im allgemeinen häufiger zuerst eine Zervikalgonorrhoe entstehen, während Harnröhre, Drüsen und Krypten des Vorhofes oder auch der Mastdarm durch das herabfließende eitrige Sekret erst sekundär erkranken.

Die Infektion kann aber auch auf indirektem Wege durch Finger, Instrumente oder Gebrauchsgegenstände erfolgen. So können Gonokokken durch die Finger einer erkrankten Person oder auch bei der Untersuchung durch Arzt oder Hebamme übertragen werden; desgleichen durch Scheidenspiegel, Sonden, Korn- oder Kugelzangen. Von gesunden und kranken Frauen gleichzeitig benützte Irrigatorenansätze, Bidets, Schwämme, Handtücher oder andere Wäsche können gleichfalls eine Ansteckung vermitteln. Klosettinfektionen dürften bei der Frau wohl kaum vorkommen. Die indirekten Übertragungsmöglichkeiten sind überhaupt, wenigstens für die erwachsene Frau, sehr selten, da die Gonokokken im verschmierten eitrigen Sekret durch Austrocknung sehr rasch ihre Virulenz und Ansteckungsfähigkeit verlieren.

Anders verhält es sich mit der Übertragung auf kleine Mädchen. Bei diesen wird nicht selten durch den Finger der Mutter oder der Pflegerin oder auch dadurch, daß die gonorrhoekranke Mutter mit ihrem Kinde in einem Bette schläft, die Ansteckung übermittelt. Auch angesteckte Kinder übertragen manchmal durch Gebrauchsgegenstände oder Finger ihre Ansteckung auf Geschwister oder andere Kinder. Unsittliche Berührung der Geschlechtsteile durch Kinder oder Erwachsene sowie Stuprumversuche spielen hier weiter eine Rolle.

Inkubation und Latenz

Eine bestimmte Inkubationsdauer für die auf eine Schleimhaut übertragene Gonorrhoe gibt es nicht. Die Gonokokken vermehren sich nach ihrer Übertragung auf der Schleimhaut sehr rasch, so daß sie meist bald nach der Ansteckung auf der Schleimhaut oder auch schon in den obersten Schichten derselben nachweisbar sind. In den meisten Fällen treten auch bereits nach ein bis fünf Tagen subjektive und objektive Krankheitserscheinungen von mehr oder weniger schwerem Charakter auf. Manchmal jedoch werden dieselben viel später wahrgenommen, ausnahmsweise nach drei bis vier Wochen. Während dieser Latenz wirken die unbewußten Gonokokkenträgerinnen selbstverständlich ansteckend. Diese Latenz kann ausnahmsweise sogar bis zum Verschwinden der Gonokokken, das ist bis zur Spontanheilung, ablaufen, ohne daß überhaupt Symptome beobachtet werden. Sie kann aber auch in eine latente, chronische Gonorrhoe übergehen und erst nach dem Aufsteigen in die höheren Genitalabschnitte subjektive und objektive Krankheitserscheinungen machen. Hier muß auf die Untersuchungen Prochowniks hingewiesen werden, der bei zwei v. H. seiner klinischen und privaten Patientinnen in Cervix und Harnröhre intrazelluläre Gonokokken fand, ohne daß sich ein einziges Zeichen frischer oder alter Gonorrhoe zeigte. Bei derartigen Fällen von symptomloser Latenz kann bei geschlechtlicher Ruhe und körperlicher Schonung Spontan-

heilung eintreten, während vorzeitiger Geschlechtsverkehr und körperliche Anstrengung oft erst Wochen nach der Ansteckung zum Ausbruch
deutlicher Erscheinungen an Cervix und Harnröhre führt. Weiters kann
beobachtet werden, daß bei Frauen mit langer gonorrhoischer Latenz ohne
jegliches Zeichen von Seite der Harnröhre, Scheide oder Gebärmutter,
nach völligem Schwinden der Gonokokken sich ganz allmählich schleichende salpingitische und peritonitische, manchmal auch para-
metrische Prozesse entwickeln. Besonders Frauen und Mädchen mit
hypolastischen Genitalien scheinen hiezu disponiert zu sein. Während der
Mann durch das eitrige Sekret aus der Harnröhre sehr bald auf seine
Gonorrhoe aufmerksam wird, übersehen die Frauen sehr häufig die ersten
Symptome der Erkrankung und werden erst spät, wenn bereits Komplikationen aufgetreten sind, auf ihr Leiden aufmerksam.

Ort der Infektion

Die durch Gonokokken hervorgerufene Erkrankung bezieht sich fast
ausschließlich auf die Schleimhaut. Die verschiedenen Schleimhäute sind

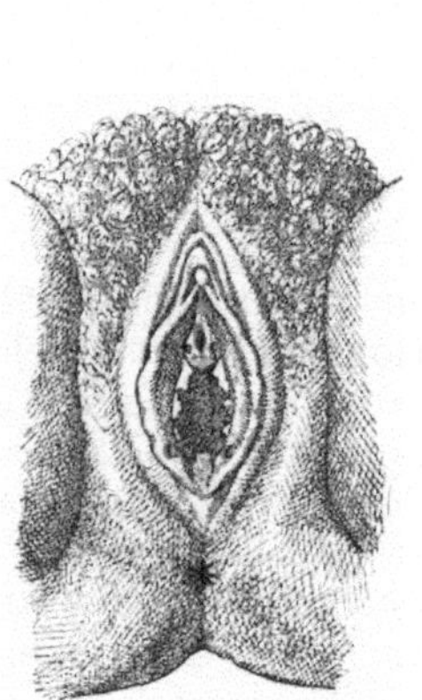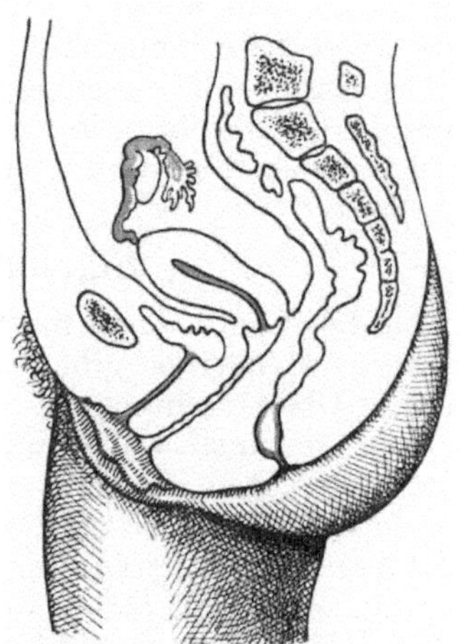

Abb. 2 und 3. Hauptherde der gonorrhoischen Infektion

jedoch nicht alle gleich empfänglich für die Infektion. So sind besonders
Schleimhäute mit Zylinder- oder Übergangsepithel, also die Auskleidung von Harnröhre, Halskanal, Gebärmutterkörper, Eileiter und
Mastdarm, gegen die Ansiedlung von Gonokokken nur sehr wenig wider-
standsfähig. Aber auch auf Keim- und Follikelepithel, auf Bauchfell, Synovia der Gelenke, Sehnenscheiden, Schleimbeutel,
Endokard, Bindehaut, in Bindegewebe und Muskulatur kann
der Trippererreger gedeihen. Unter ganz besonderen Bedingungen ist
auch auf der Schleimhaut der Scheide, Mundhöhle, Nase und Harn-

blase, sowie auf der äußeren Haut eine Ansiedlung möglich. In Drüsen wird der Gonococcus nur ganz selten beobachtet, da scheinbar das Sekret derselben eine gewisse Immunität verleiht (Bumm, Jadassohn).

Während er gegenüber anderen pathogenen Keimen die Eigenschaft hat, auf der Schleimhaut ohne jede oberflächliche Läsion derselben durch rasenartiges Fortwuchern zu wachsen, vermag er aber auch in das subepitheliale Stroma, in das submuköse Bindegewebe und ausnahmsweise auch in die tiefe Muskulatur einzudringen. So sind vereinzelt gonorrhoische Abszesse im Unterhautzellgewebe (Graragna, Lang-Horowitz), in der Muskelwand der Eileiter und der Harnblase (Wertheim) nachgewiesen worden. Durch Gonokokken hervorgerufene Abszesse wurden auch in der Uteruswand (Madlehner, Menge) und im Myokard (Ghon, Schlagenhaufer) beobachtet.

Daß die Gonokokken ebenso wie pyogene Keime sich auch auf dem Wege der Blut- oder Lymphbahn verbreiten können, ist einerseits durch den Nachweis derselben im strömenden Blute (Haver, Thayer und Blumer u. a.), anderseits durch das Vorkommen einer allgemeinen Gonokokkensepsis und von Metastasen, die im Anschluß an eine Schleimhautgonorrhoe nicht selten in entfernt liegenden Organen auftreten, bewiesen.

Veränderungen der Schleimhaut durch die Infektion

Die Vorgänge bei der Infektion der Schleimhäute durch Gonokokken sind von Bumm zunächst an der Bindehaut des Neugeborenen, später an der Cervix- und Urethralschleimhaut beobachtet und beschrieben worden. Der Gonococcus breitet sich an der Oberfläche des Epithels aus und dringt niemals in die Epithelien selbst ein, sondern gelangt durch die Kittsubstanz zwischen den Epithelzellen in die oberflächlichen Lagen des subepithelialen Bindegewebes. In den erweiterten Kapillaren des Stromas sind die Wanderzellen vermehrt. Letztere treten durch die Gefäßwandungen hindurch und werden als segmentkernige, neutrophile Leukozyten im Stroma abgelagert. Später überwiegen die Lymphozyten und Plasmazellen. Im Stroma wird seröses Exsudat ausgeschieden, welches zwischen den Epithelzellen hindurch an die Oberfläche gelangt und einen serösen Ausfluß bildet. Dieses seröse Exsudat wird bald in ein eitriges umgewandelt, indem sich die im Stroma abgelagerten Leukozyten gleichfalls zwischen den Epithelien hindurch an die Oberfläche drängen. Durch die Eiterzellen werden stellenweise die Epithelzellen abgehoben und es entstehen kleine Geschwüre in der Schleimhaut. Die Gewebsreaktionen werden auf chemotaktischem Wege durch Gonokokkentoxine hervorgerufen. Da dieselben aber reine Endotoxine sind, so können dieselben nur nach dem Absterben der Gonokokken frei werden. Nach Bumm, der das Tiefenwachstum der Gonokokken nicht anerkennt, sind auch die in der Tiefe sich abspielenden Gewebsreaktionen ausschließlich auf die Endotoxine zurückzuführen.

Nach Wertheim dagegen werden die Gewebsreaktionen durch die Gonokokken selbst hervorgerufen, die in die Tiefe einzudringen vermögen,
jedoch meist rasch zugrunde gehen. Jedenfalls spielt sich der
gonorrhoische Infektionsprozeß hauptsächlich auf der Oberfläche des Epithels, zwischen den Epithelzellen und unterhalb desselben ab.

Das aus dem Stroma austretende Sekret schwemmt viele der ein-
gedrungenen Gonokokken wieder aus. Nachdem die Bakterien durch
die im Körper kreisenden, spezifischen Antikörper präpariert sind,
werden sie wahrscheinlich von den neutrophilen Leukozyten am Orte
der bakteriellen Invasion aufgefressen und sind dadurch in den Eiterzellen des Sekretes intrazellulär angeordnet. Beim Fehlen der Bak-
teriotropine und Opsonine zu Beginn des Infektionsvorganges fehlt
daher noch die durch die Phagozytose bedingte intrazelluläre Lagerung
der Gonokokken. Während dieselben in eosinophilen und einkernigen
Zellen nicht vorkommen und innerhalb des Gewebes niemals intrazelluläre Anordnung zeigen, finden sie sich stets nur in polymorph-ker-
nigen neutrophylen Leukozyten. Wegen der besseren Färbbarkeit und
Kultivierbarkeit der intrazellulären Gonokokken gegenüber den extra-
zellulären, sowie der Möglichkeit einer Vermehrung innerhalb der Leukozyten wird von Finger, Bumm u. a. angenommen, daß die Gonokokken in das Protoplasma der Eiterzellen eindringen und dasselbe
auffressen, während nach Neisser diese Auffassung dem Wesen
der Phagozytose widerspricht. Jedenfalls scheint der Grad der
Phagozytose auch nach dem Stadium der Infektion verschieden zu
sein. Am Beginne der reaktiven Entzündung treten im Sekret die
Eiterzellen hinter den Epithelien und Schleimmengen zurück und die
Gonokokken sind noch extrazellulär gelagert. Nach einigen Tagen
finden sich fast nur mehr Leukozyten mit eingelagerten Gonokokken
und sehr spärlich Epithelien und Schleim. Im weiteren Ablaufe der
Infektion nehmen dann Epithelien und Schleimabsonderung wieder
zu, die Eiterzellen mit den Gonokokken dagegen ab. Gleichzeitig
erscheinen meist saprophytäre Keime wie Colibazillen, grampositive
Doppelkokken und Stäbchen, welche die Entzündung der Schleimhaut
weiter unterhalten und die Gonokokken überwuchern.

Das Deckepithel wird durch die Gonokokken stets geschädigt,
wobei sein Flimmerepithel verloren geht und ein Teil seiner Zellen
nekrotisch und abgestoßen wird. Bald jedoch setzt, von unversehrten
Epithelresten ausgehend, eine reparative Wucherung ein, die häufig
zur Umwandlung des einschichtigen Epithels in ein mehrschichtiges unter
dem Bilde der Metaplasie führt. Diese mehrschichtigen Zellenlagen sind
meistens von Gonokokkenrasen bedeckt. Mit dem Abklingen des Entzündungsprozesses tritt an Stelle des geschichteten Plattenepithels wieder
das ursprüngliche Zylinderepithel von Uterus, Eileiter, Drüsengang oder
das Übergangsepithel der Harnröhre. Mit dem Verschwinden der letzten
Plattenepithelinseln verlieren sich fast immer auch die Gonokokken.
Nicht immer aber kommt es zum Ausheilen der Gonorrhoe, sondern es

bleiben oft Herde von Leukozyteninfiltraten und Epithelmetaplasien zurück, die durch irgend eine Schädigung wieder aufbrechen können, wobei neuerdings Gonokokken ausgeschwemmt werden. Auch in Lakunen oder Krypten der Schleimhaut können sich die Gonokokken lange halten. Dieselben sind meist durch entzündliche Veränderungen geschlossen, können aber durch Vermehrung und Stauung des Sekretes gesprengt werden, wobei gleichfalls Gonokokken austreten. Diese Schleimhautinfiltrate und Lakunen spielen eine große Rolle bei der chronischen Gonorrhoe.

Virulenz, Immunität

Da die Gonokokken nur auf den Menschen übertragbar sind, kann der Tierversuch zum Stndium der Immunitätsvorgänge im Körper des Menschen nicht herangezogen werden. Da ferner alle Versuche einer passiven Immunisierung des Menschen bisher mißglückt sind, so sind wir für die Entscheidung, ob es eine Immunität gegen Gonokokken gibt, nur auf die klinische Erfahrung angewiesen. Nach derselben gibt es sicher keine angeborene allgemeine Immunität und wenn gewisse Epithelarten wie geschichtetes Pflasterepithel oder schleimabsondernde Zellen der Infektion einen Widerstand entgegensetzen können, so ist das nur eine örtliche Immunität. Aber auch bezüglich der erworbenen Immunität nach überstandener Gonorrhoe oder künstlicher Immunisierung muß die Gonorrhoe als eine Infektionskrankheit aufgefaßt werden, deren Überstehen im allgemeinen nicht vor einer neuerlichen Infektion schützt. Trotzdem liegen vereinzelte klinische Beobachtungen vor, die für die Möglichkeit einer Immunität sprechen.

Das Entscheidende für den Ablauf der Gonorrhoe ist die Lokalisation, die Virulenz der Kokken und die Widorstandskraft des infizierten Organismus. Die Schwere der gonorrhoischen Infektion hängt insoferne von der Lokalisation ab, als selbstverständlich eine Erkrankung der Harnröhre und der Cervix viel leichter verläuft als eine Infektion der Eileiterschleimhaut. Der Ablauf der Infektion hängt, abgesehen von den Schädlichkeiten, denen das infizierte Organ ausgesetzt sein kann, auch von der Virulenz der Keime ab. Daß es Gonokokken verschiedener Virulenz gibt, ist nach der Annahme, daß es verschiedene Gonokokkenstämme gibt, wahrscheinlich. Jötten und Burckas haben bei männlicher Gonorrhoe vier verschiedene Gruppen mit je gleichen Ambozeptoren für Agglutination und Komplementbindung differenziert. Zwei dieser Gruppen, deren Stämme sich durch besondere Widerstandskraft gegenüber der opsonischen, bakteriotropen und bakteriziden Kraft des Normalserums und durch höhere Toxizität gegenüber Mäusen auszeichneten, stammten durchwegs von besonders hartnäckigen und schweren Gonorrhoefällen. Bucura konnte zweimal die extrakonjugale Kokkenspenderin und die von dem Ehemann infizierte Ehefrau gleichzeitig beobachten. In dem einen Dreieck blieb die Infektion der beiden

Frauen auf Harnröhre, Vulva und Zervix beschränkt und heilte rasch aus, während im anderen Dreieck trotz ganz verschiedener Konstitution der beiden Frauen es zur raschen Aszension auf Corpus und Adnexe kam.

Außer diesen von Haus aus wenig virulenten Gonokokken, kann es sicher auch zu einer Abschwächung der Virulenz kommen. So können Gonokokken, die ohne nachweisbare Krankheitserscheinungen zu verursachen, auf der Schleimhaut eines chronischen Gonorrhoikers vegetieren, oder Gonokokken, die aus alten Pyosalpinxsäcken stammen, auf die Schleimhaut einer gesunden menschlichen Harnröhre gebracht, eine lebhafte Entzündung herbeiführen (Wertheim). Aber auch durch Passage der Gonokokken durch ein anderes Individuum kann es zur Virulenzsteigerung kommen. Gonokokken, die aus der Harnröhre eines mit alter, fast symptomloser Gonorrhoe behafteten Mannes stammen, rufen auf der Harnröhre eines anderen Mannes eine akute Entzündung hervor. Von dieser Schleimhaut auf die Harnröhre des ersten zurück übertragen, riefen sie bei ersterem eine akute Gonorrhoe hervor. Nicht selten kommt es auch vor, daß ein Mann, der eine angeblich längst geheilte Gonorrhoe in die Ehe mitbringt, in der Ehe an einer akuten Gonorrhoe erkrankt. Die Gonokokken, die er unbewußt auf seine Frau übertragen hat, erhält er wieder von ihr zurück und diese machen bei ihm von neuem akute Erscheinungen (Noeggerath).

Eine Immunität wird vom Menschen durch das einmalige Überstehen einer Gonorrhoe nicht erzielt, so daß die Schleimhäute nach dem Abklingen der Infektion sofort für eine neue Infektion empfänglich sind. Bei längerer Dauer der Infektion läßt die Wachstumsenergie der Gonokokken nach, indem der Nährboden bei veränderter Schleimhaut in ungünstigem Sinne verändert wird. Obwohl die chronisch Gonorrhoekranken kaum oder gar keine klinischen Erscheinungen mehr verspüren, so rufen deren Gonokokken bei der Übertragung auf einen gesunden Menschen eine akute Infektion hervor. Auch die mit einer chronischen Gonorrhoe Behafteten können sich frisch infizieren, wobei wir den Zustand als Superinfektion bezeichnen. Sehr häufig liegt der Angabe eines Patienten, daß eine viele Jahre zurückliegende Infektion plötzlich wieder akute Symptome mache, eine neue Infektion zugrunde.

Die Ausbreitung der Infektion hängt schließlich von den Abwehrkräften des Organismus ab. Der alte Satz, daß es weder eine angeborene noch eine erworbene Immunität gegen Gonokokken gibt, ist nicht ausnahmslos richtig. In der Literatur liegen einzelne Beobachtungen vor, die für eine persönliche Immunität sprechen (Hammer, Jullien, Welander, Eicke). Trotz der gonorrhoischen Erkrankung der Ehefrauen erfolgt keine Infektion und Erkrankung der Ehemänner. Bucura konnte umgekehrt durch zwei Jahre eine Frau beobachten, deren gonorrhoisch infizierter Mann im Felde stand und bei der es während des Urlaubes immer wieder zum Import von Gonokokken in die Scheide kam. Dieselben waren, so lange der Mann auf Urlaub weilte, nachweisbar, um dann für die Zeit, wo der Mann im Felde stand, wieder zu verschwinden. Dieselben machten niemals klinische Krankheitserscheinungen.

Prochownik, der systematisch gesunde und kranke Frauen auf Gonokokken untersuchte, konnte zwei Prozent Gonokokkenträgerinnen ausfindig machen, die keinerlei Krankheitserscheinungen aufwiesen. Auch die latent verlaufenden Fälle von Salpingitis scheinen außer auf eine geringe Virulenz der Kokken wahrscheinlich auch auf eine besondere Abwehrkraft des Organismus hinzuweisen. In diesen Fällen hält er sich berechtigt, eine angeborene Immunität anzunehmen. Da durch Zerfall der Gonokokken Endotoxine frei werden und im Organismus Antigene entstehen, kann im Körper vielleicht doch eine gewisse Immunität gegen Gonokokken erworben werden. Natürlich beweist das Verschwinden der Krankheitssymptome bei noch vorhandenen Gonokokken nicht das Erwerben einer Immunität, da in derartigen Fällen es immer wieder zum Aufflackern der Krankheitserscheinungen kommen kann. Offenbar besitzen auch konstitutionell minderwertige Genitalien bei Infantilismus oder Hypoplasie eine verminderte Widerstandskraft gegen das Eindringen von Gonokokken.

Mischinfektion, Sekundärinfektion

Während Bumm die Ansicht vertrat, daß der Gonococcus nur ein reiner Schleimhautparasit sei, der nicht in die Tiefe der Gewebe eindringen könne, und daß die schweren Veränderungen bei aszendierter Gonorrhoe in der Eileiterwandung und im Eierstock nur durch eine nachträgliche Besiedlung der gonorrhoisch erkrankten Organe mit pyogenen Keimen, also durch eine sekundäre Infektion hervorgerufen werden können, haben die Untersuchungen von Wertheim und Menge gezeigt, daß der Gonococcus allein imstande ist, die schweren Veränderungen in Pyosalpinx und Pyovar zu bewirken. Trotzdem kann es aber auch zur Mischinfektion der Schleimhaut durch Gonokokken und pyogene Keime kommen. So wurden im Eiter der Cervix, der Pyosalpinx, des Pyovar, der Vorhofgänge und des Mastdarmes neben den Gonokokken andere Keime wie Coli, Staphylokokken und Streptokokken gefunden.

Im allgemeinen sind im akuten Stadium der gonorrhoischen Infektion fast immer Gonokokken in Reinkultur nachweisbar, während im chronischen Stadium, wo durch die reaktiven Vorgänge der Schleimhaut die Wachstumsverhältnisse für den Gonococcus verschlechtert sind, auch andere Keime nachweisbar werden. Auch die Fälle, bei denen nach gonorrhoischer Schleimhauterkrankung in den Metastasen Staphylokokken gefunden werden, sprechen für die Möglichkeit einer Mischinfektion. So finden sich nicht selten Mischinfektionen bei Endocarditis und Arthritis. Wir sehen demnach, daß es sich bei der gonorrhoischen Infektion, sowohl bei der offenen als auch bei der geschlossenen Gonorrhoe, fast immer um eine einfache Infektion mit Gonokokken handelt, daß aber ausnahmsweise auch Mischinfektion mit anderen Keimen vorkommen kann. Es dürfte sich dabei kaum je um eine primäre Mischinfektion durch gleichzeitiges Eindringen von zwei oder mehreren

Keimen, sondern vielmehr nur um eine sekundäre Mischinfektion handeln, wobei die anderen Keime nach vorausgegangener Ansiedlung der Gonokokken in einem späteren Stadium der Infektion einwandern. Es können aber auch in einem gonorrhoischen Eiterherd sich andere Keime ansiedeln und die Gonokokken ganz verschwinden, so daß dann eine einfache sekundäre Infektion vorliegt. Das Zustandekommen einer sekundären Mischinfektion oder einer einfachen sekundären Infektion in einer Pyosalpinx oder einem Pyovar ist wahrscheinlich meist dadurch zu erklären, daß die sekundär einwandernden Keime von dem angelöteten Darm her stammen. Immerhin ist es auch denkbar, daß die sekundären Keime auch vom Uterus her oder auf dem Wege der Blutbahn in die gonorrhoisch kranken Adnexe gelangen können.

IV. Klinik der Urogenitalgonorrhoe
1. Die äußeren Geschlechtsteile (Vulva)
Anatomie

Die weibliche Scham (Pudendum muliebrae, Vulva) bildet eine spaltförmige Vertiefung (Rima pudendi), die nach außen von den großen Schamlippen (Labia majora pudendi) begrenzt wird. Diese zwei großen, wulstigen, von Fettgewebe ausgepolsterten Hautfalten sind, an ihrer Außenseite mit Haaren besetzt, zur äußeren Haut zu rechnen. An ihrer medialen Seite haben sie mehr den Charakter einer Schleimhaut, obwohl auch hier Talgdrüsen (Glandulae sebaceae) und feine Härchen vorhanden sind. Vorne gehen die großen Schamlippen ohne Grenze in den ebenfalls mit Fett unterpolsterten, reichlich mit Schamhaaren besetzten Schamberg (Mons pubis) über. Unterhalb des Schamberges werden die beiden großen Schamlippen durch eine schmale Hautfalte (Commissura labiorum anterior) miteinander verbunden, ebenso hinten, durch die Commissura labiorum posterior. Nach vorne von der hinteren Commissur spannt sich bei Frauen, die noch nicht geboren haben, als dünne Hautfalte das Frenulum labiorum pudendi aus, hinter dem als seichte Grube des Scheidenvorhofs die Fossa navicularis gelegen ist. Zwischen Schamspalte und After liegt der Damm (Perineum). Beim seitlichen Auseinanderziehen der großen Schamlippen wird der Vorhof der Scheide (Vestibulum vaginae) sichtbar. Derselbe wird begrenzt von den kleinen Schamlippen (Labia minora pudendi), zwei dünnen hahnenkammförmigen Hautfalten, die von den großen Schamlippen ganz oder teilweise verdeckt sind. Sie sind mit Talgdrüsen durchsetzt und ihr Epithel zeigt dann Übergänge von äußerer Haut in Schleimhaut. Jede der kleinen Schamlippen spaltet sich nach oben hin in zwei Schenkel, von denen die beiden medialen als Frenula clitoridis von unten her sich an die Clitoris ansetzen, die beiden seitlichen Schenkel dagegen oberhalb der Clitoris ineinander übergehen und das Praeputium clitoridis bilden. Der Kitzler (Clitoris) selbst stellt ein kavernöses Gebilde dar und wird von den beiden Corpora cavernosa clitoridis, die an dem unteren Aste des Schambeins festgewachsen sind, gebildet.

Clitoris und Praeputium sind von mehrschichtigem Plattenepithel überkleidet, das nach außen von einer schmalen Hornschicht bedeckt wird und in welches von unten her kurze Papillen vordringen. Die Talgdrüsen sowohl der Schamlippen als auch des Praeputium liefern ein weißes breiiges Sekret. Letzteres wird als Smegma clitoridis bezeichnet.

Pathologische Anatomie und Symptome (Vulvitis)

Das derbe mehrschichtige Plattenepithel, welches bei der erwachsenen Frau die äußeren Geschlechtsteile überzieht, setzt der Ansiedlung und dem Eindringen von Gonokokken erfolgreichen Widerstand entgegen, so daß eine spezifische Erkrankung dieser Teile nicht vorkommt.

Bei der akuten Infektion finden sich trotzdem sehr häufig entzündliche Rötung und Schwellung der äußeren Geschlechtsteile. Besonders hochgradig wird manchmal das entzündliche Ödem der kleinen Schamlippen, des Praeputium clitoridis und der Clitoris, so daß diese Gebilde um ein Vielfaches vergrößert erscheinen. Starke Rötung findet sich außer im Bereich des Vorhofs und des Hymens auch in der Fossa navicularis. Bei frisch infizierten Frauen, die sich wenig reinigen, lagert sich außerdem eitrig-schleimiges Sekret auf den Kämmen und in den Falten der äußeren Geschlechtsteile ab, so daß die kleinen Schamlippen untereinander oder mit den großen Schamlippen Verklebungen zeigen. Auch die Schamhaare sind bei Unreinlichkeit manchmal durch Sekret verklebt. Als Folge der Einwirkung des Sekretes wird das Oberflächenepithel häufig mazeriert oder entstehen sogar kleine flache, schmerzhafte Erosionen oder Ulzerationen, besonders am Kamme der kleinen und großen Schamlippen. Dieser Eiter, der stets von Infektionsherden höher gelegener Teile stammt, kann auch die Umgebung der Vulva, den Damm, die Innenseite der Oberschenkel, die Leistenbeugen und den After angreifen, so daß die Haut derselben bei frischer Infektion ein gerötetes, feuchtglänzendes Aussehen bekommt. Diese auch besonders bei unreinlichen oder schwangeren Frauen vorkommende Hautveränderung, die heftiges Jucken an den äußeren Geschlechtsteilen und Beschwerden beim Gehen hervorruft, wird klinisch als Ekzema intertrigo bezeichnet, wenn auch vielfach nur ein rein entzündlicher Vorgang zugrunde liegt.

Alle diese entzündlichen Erscheinungen der Vulva und ihrer Umgebung sind nicht spezifisch, sondern sekundär durch den dauernden Reiz des herabfließenden Sekretes bedingt. Als Folgeerscheinung langdauernder entzündlicher Hautveränderungen bleiben dann Pigmentationen der befallenen Stellen bestehen, wobei natürlich schon die angeborene Neigung zur Pigmentablagerung begünstigend einwirkt.

Durch die Mazeration der Vulvahaut infolge des Sekretreizes kommt es manchmal auch zum Eindringen von Wundkeimen und dadurch zu einer Folliculitis oder Furunkulose. Prochownik meint, daß auch zwischen einer typisch prämenstruell wiederkehrenden Furunkelbildung und den gonorrhoisch erkrankten Eileitern und Eierstöcken ein ursächlicher Zusammenhang bestehen könne, wobei die Bakterien oder Bakteriengifte der Adnexe auf hämatogenem Wege die Furunkulose der Vulva verursachen sollen. Eine Bestätigung dieser allerdings seltenen Beobachtung wurde bisher nicht geäußert.

Nicht selten wird im akuten Stadium der Gonorrhoe eine entzündliche, meist schmerzhafte Schwellung der Leistendrüsen beobachtet. Dieselbe ist entweder durch die eben beschriebenen Follikulitiden, Furunkulose oder sonstige entzündliche Erscheinungen der Vulva hervorgerufen, kann aber auch durch den gonorrhoischen Prozeß direkt bedingt werden, besonders häufig bei frischer Infektion der Harnröhre und der Vorhofdrüsen. Daß es auch eine echte gonorrhoische Lymphadenitis gibt, dafür sprechen die, wenn auch nur vereinzelt erhobenen positiven Gonokokkenbefunde in derartigen Lymphdrüsen.

Wenn auch eine spezifische Erkrankung der Haut der äußeren Geschlechtsteile bei der erwachsenen Frau abzulehnen ist, so kann doch das aus den Talgdrüsen zwischen den Schamlippen und besonders innerhalb des Praeputium clitoridis abgelagerte Sekret den Gonokokken die Möglichkeit zur Ansiedelung geben. So wiesen Clodi und Schopper in 74% der untersuchten Fälle Gonokokken im Smega der Präputialfalte färberisch und kulturell nach, darunter auch bei älterer Gonorrhoe, wobei es sich nicht um eine rein mechanische Beimengung gonokokkenhältigen Eiters anderer Herkunft handeln konnte. Die Möglichkeit, daß sich die Gonokokken auch im Smegma praeputii lebensfähig erhalten können, ist hinsichtlich der Übertragung auf den Mann und der Reinfektion der eigenen Geschlechtsteile von Bedeutung und wird, falls sich diese Befunde bestätigen, unser therapeutisches Verhalten beeinflussen.

Behandlung

Die Behandlung der sekundären Entzündungserscheinungen der Vulvahaut bei Harnröhren- und Gebärmuttergonorrhoe hat in zwei Richtungen zu erfolgen. In erster Linie steht natürlich die Behandlung des Ausflusses aus der Harnröhre und der Gebärmutter. Um der Entzündung der Vulvahaut vorzubeugen, ist ferner wöchentlich mehrmals eine Reinigung durch lauwarme Waschungen, Sitz- und Vollbäder vorzunehmen. Dem Bade können Eichenrinde, Kamillen oder Kalium hypermanganicum zugesetzt werden. Außerdem kann durch vorsichtige Scheidenspülungen, Scheidentampons, Gazevorlagen oder Pulverbehandlung der Scheide der Abfluß des eitrigen Sekretes wenigstens zeitweise verhindert oder wesentlich verringert werden. Für die Pulver- oder Tamponbehandlung können folgende Puder verwendet werden: Rp. Argentum nitricum 0,5, Bismuthum subnitricum 4,5, Talcum venetum ad 50,0, S. Äußerlich; desgleichen: Rp. Argobol- oder Cholevalbolus. Bei bestehender Vulvitis hat eine antiphlogistische oder desinfizierende Behandlung einzusetzen, die sich nach der Erscheinungsform der Entzündung zu richten hat. Im akuten Stadium mit schweren entzündlichen Hautveränderungen werden am besten mit essigsaurer Tonerde getränkte Gazekompressen aufgelegt. In gleicher Weise werden Lösungen von Kalium hypermanganicum 1:1000, Acidum salizylicum 0,5:1000, Borsäure 3,0:100 oder Alaun 0,5:100 verwendet.

Wenn die Entzündungserscheinungen geringgradig oder schon abgeklungen sind, so empfiehlt sich am besten Einpuderung der äußeren Geschlechtsteile mit Zincum oxydatum 10,0, Talcum venetum 40,0 oder Salbenbehandlung mit Zink- oder Bleisalbe. Für umschriebene Erosionen oder Geschwüre eignen sich Pinselungen mit Argentum nitricum-Lösung oder Jodtinktur.

Feigwarzen, Feuchtwarzen (Condylomata acuminata)
Pathologische Anatomie und Symptome

Im Gefolge des reizenden Ausflusses entstehen an den äußeren Geschlechtsteilen als Ausdruck einer entzündlichen Hautwucherung ver-

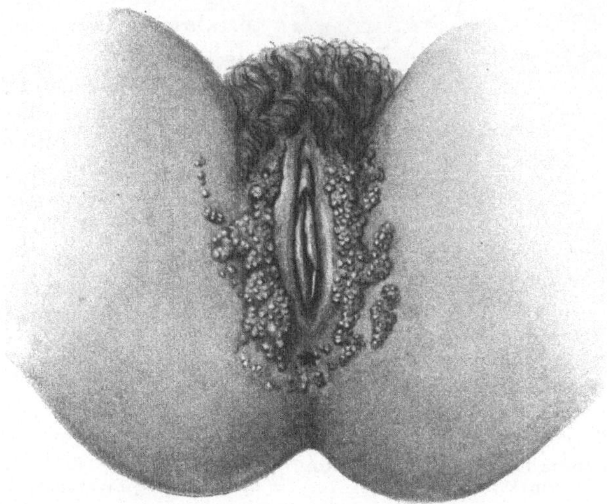

Abb. 4. Feigwarzen der äußeren Geschlechtsteile

hältnismäßig häufig spitze Kondylome. Dieselben stellen kegel- oder warzenförmige, einzeln oder in Gruppen stehende Exkreszenzen dar, die hauptsächlich am Scheideneingang, Damm, an den großen und kleinen Schamlippen, in der Umgebung der äußeren Harnröhrenöffnung und des Afters, selten auch in der Scheide oder am Scheidenteil vorkommen. Diese papillären Hautwucherungen können einzeln als kleinste

Knötchen oder in Gruppen stehen und dann zur Bildung von ausgebreiteten, hahnenkamm- oder blumenkohlartigen, bis faustgroßen Geschwülsten führen, die oft Scheideneingang, Damm, After und äußere Geschlechtsteile ganz bedecken. Die einzelnen Feuchtwarzen haben im allgemeinen eine blaßrote Farbe und die Größe eines Hirsekorns oder darüber. Nach kurzem Bestehen wird die Oberfläche errodiert, wobei sich eine trübe, seröse Flüssigkeit absondert. Wenn diese Gewebsflüssigkeit in die Vertiefungen zwischen den einzelnen Erhebungen gelangt, so wird sie zersetzt und es entsteht ein stark übler Geruch. Durch sekundäre Infektion der Kondylome von den nässenden Stellen aus, kann es auch zu Fiebererscheinungen kommen.

Die Feuchtwarzen beruhen auf Hypertrophie, Erweiterung der Interzellularspalten und Parakeratose des Stratum spinosum. Das Wesen des letzteren Vorganges beruht auf einer Verhornungsstörung, indem die Zellen der Stachelschicht keine oder nur geringe Umwandlung in Körnerzellen erfahren. Der Papillarkörper ist dabei gleichfalls gewuchert, baumartig verzweigt und enthält erweiterte und neugebildete Blut- und Lymphgefäße. Infolge dieser Hyperämie kommt es leicht zu entzündlichen Vorgängen und damit zur Ablagerung von Rundzellen im Papillarkörper. Die Stielbildung der spitzen Kondylome ist jedenfalls auf die Epithelproliferation zurückzuführen.

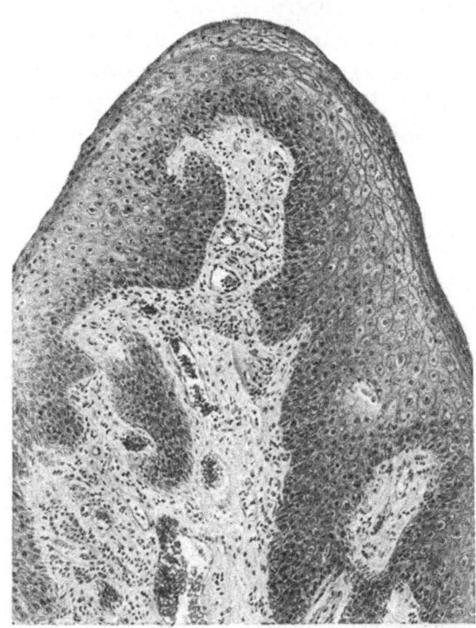

Abb. 5. Condyloma accuminatum. Im Bindegewebe des baumartig verzweigten Papillarkörpers erweiterte Blut- und Lymphgefäße, sowie Infiltrationsherde von Lympho- und Leukozyten; das Plattenepithel durchaus typisch gebaut, infolge der Proliferation gefaltet und von wechselnder Dicke. (Präp. des Maria Theresia-Frauenhospital in Wien)

Diese entzündlichen Wucherungen der Haut entstehen durch reizende Ausflüsse verschiedener Herkunft. Besonders häufig werden dieselben bei Gonorrhoe beobachtet, ohne daß aus dem Vorhandensein von spitzen Kondylomen auf eine gonorrhoische Infektion geschlossen werden darf. Dieselben werden daher nur als paragonorrhoische Erkrankung bezeichnet (Menge). Sie können auch bei vermehrter Schleimsekretion in der Schwangerschaft auftreten und bilden sich dann meist im Wochenbett zurück. Auch häufiger Verkehr scheint für die Entstehung eine Rolle zu spielen, da dieselben besonders oft bei Prostituierten beobachtet werden, desgleichen mangelnde Reinlichkeit bei starkem Ausfluß.

Der Entstehungsmechanismus der Feuchtwarzen wird keineswegs einheitlich aufgefaßt. Während experimentell die Übertragung sowohl durch Implantation als durch Infektion gelungen erscheint (Kranz, Wälsch, Tieche), besteht klinisch die Ansicht, daß die spitzen Kondylome eine nicht übertragbare Krankheit seien (Peters, Lichtenstein). Trotzdem darf an der infektiösen Natur kaum mehr gezweifelt werden, wenn auch das Virus noch unbekannt ist.

Behandlung

Für die Behandlung stehen uns zahlreiche Verfahren zur Verfügung. Zu den älteren gehören die Ätzbehandlung mit ätzenden Lösungen, wie rauchende Salpetersäure, Trichloressigsäure, Salzsäure; mit ätzenden Pulvern, wie: Rp. Pulveris frondosi Sabinae, Aluminis usti aa 10,0, Cupri sulfurici 1,0. S. Aufstreuen und mit Watte bedecken; mit ätzenden Salben, wie: Rp. Summitatum Sabinae pulv., Vaselini aa 7,5, Olei Terebinthinae rectificati 6,0. S. Salbe; oder Rp. Resorcini 15,0, Glycerini, Vaselini aa 25,0, M. f. Pasta. S. Täglich aufstreichen; oder mit Lapisstift. Auch mit heißer oder kalter Kaustik können die Kondylome abgetragen werden. Größere Geschwülste werden am besten mit dem scharfen Löffel oder der Schere entfernt und die Basiswunde gleichfalls verschorft. Da die Abtragung und Kauterisation schmerzhaft sind, sollen diese wenn auch kleinen Eingriffe in Ätherrausch oder örtlicher Behandlung durch Chloräthylvereisung vorgenommen werden. Die nachträgliche Wundbehandlung geschieht mit Streupulver oder Salbenverband. Ausgezeichnet bewähren sich Röntgenstrahlen. Es wird eine Hauteinheitsdosis durch 0,25 mm Zinkfilter ein- bis zweimal in Zwischenräumen von vier bis sechs Wochen gegeben (Winter). Auch die Radiumbestrahlung mit Flachträgern gibt gute Erfolge.

2. Vorhof (Vestibulum)

Anatomie

Der Vorhof (Vestibulum) stellt eine seichte Mulde dar, die seitlich von den kleinen Schamlippen (Labia pudendi minora), vorne vom Kitzler (Clitoris) mit seiner Vorhaut (Praeputium clitoridis) und hinten vom Schamlippenbändchen (Frenulum labiorum pudendi) begrenzt ist. In den Vorhof mündet die Scheide, von demselben durch das Hymen oder dessen Resten abgegrenzt, ferner daumenbreit hinter der Clitoris die Harnröhre, deren äußere Öffnung manchmal papillenförmig vorspringt, manchmal als schmaler Schlitz kaum sichtbar ist. Die Schleimhaut des Vorhofes, der Clitoris und des Praeputiums ist aus mehrschichtigem Plattenepithel gebildet, das hinsichtlich seiner Dicke außerordentlich verschieden ist. Seitlich neben der äußeren Harnröhrenmündung finden sich spaltförmige, blind endigende, seichte, von mehrreihigem oder einfachem Zylinderepithel ausgekleidete Vertiefungen, die sogenannten paraurethralen Krypten, die Überreste der Wolffschen Gänge. Neben diesen gibt es im Umkreise der Harnröhrenmündung auch noch mehrere kleinere Gänge, die meist erst bemerkt werden, wenn sie sich verstopfen und dann als akneähnliche, weiße oder gelbe Knötchen hervorragen. Die paraurethralen Krypten des Vorhofes sind nicht zu verwechseln mit den paraurethralen Gängen (Ductus paraurethrales) oder Skénesche Lakunen, die meist in den hinteren Harnröhrenwall, manchmal etwas weiter nach rückwärts münden und häufig erst nach Entfaltung der Harnröhrenöffnung sichtbar werden. Diese, am hinteren Rande der äußeren Harnröhrenöffnung mündenden Gänge erstrecken sich, parallel mit der Harnröhre verlaufend, oft ein bis drei Zentimeter in die Tiefe. Dieselben werden durchschnittlich von einfachem Übergangsepithel, manchmal in der Tiefe von Zylinderepithel, im Eingange von geschichtetem Pflasterepithel ausgekleidet. Diese von Skéne wiederentdeckten Lakunen, welche von ihm irrtümlich als Drüsen bezeichnet wurden, sind im anatomischen Sinne des Wortes Lakunen, da das Epithel keine sekretorischen Eigenschaften hat. Dieselben bringt man am besten durch Entfaltung der Harnröhre mittels zweier rechtwinkelig abgebogener Haarnadeln zur Ansicht, wobei sie als tiefrote, trichterförmige Öffnungen erscheinen.

Auch an anderen Stellen des Vorhofs münden kleine, traubenförmige, ebenfalls von einfachem Zylinderepithel ausgekleidete Drüsen, besonders zahlreich in der Falte vor dem Hymen und in der Fossa navicularis. Diese Gebilde werden als kleine Vorhofdrüsen (Glandulae vestibulares minores) bezeichnet.

An der Innenseite der kleinen Schamlippen, zu beiden Seiten des Scheideneinganges, in der Mitte zwischen Harnröhrenmündung und der hinteren Kommissur, dicht außerhalb des Hymens, beziehungsweise dessen Resten, sind als kleine, punktförmige Vertiefungen in der Vorhofschleimhaut die Mündungen von den Ausführungsgängen der großen Vorhofdrüsen oder Bartholinschen Drüsen (Glandulae vestibulares majores) sichtbar. Die Körper dieser Drüsen liegen unmittelbar hinter den Bulbi vestibuli, oberhalb der Muskelplatte des Afterhebers (Levator ani). Der Ausführungsgang dieser Drüsen, der in seltenen Ausnahmsfällen auch doppelt angelegt ist, durchbohrt die Muskelplatte des Diaphragma urogenitale. Die Mündungsstellen der Ausführungsgänge werden gewöhnlich als Sängersche Punkte bezeichnet.

Sowohl die Innenseite der kleinen Schamlippen als auch der Vorhof ist von zartem, geschichtetem Plasterepithel überzogen, während die Ausführungsgänge und Endbläschen der Drüsenkörper sowohl der großen als der kleinen Vorhofdrüsen mit einfachem oder mehrreihigem Zylinderepithel ausgekleidet sind. Die Vorhofdrüsen zeigen einen tubulösen Bau. Ihre funktionelle Bedeutung liegt darin, daß sie bei der Kohabitation und besonders während des Orgasmus reichlich schleimiges Sekret absondern. Dem Drüsengewebe selbst scheint eine gewisse Immunität gegenüber der gonorrhoischen Infektion zuzukommen, die möglicherweise in der biologischen Beschaffenheit des Drüsenepithels und der sekretorischen Funktion desselben bedingt ist.

Pathologische Anatomie

Vestibulitis diffusa

Da das oberflächliche Pflasterepithel der Vorhofschleimhaut der Ansiedlung und Einnistung der Tripperkeime Widerstand leistet, so kommt es bei der erwachsenen Frau kaum je zu einer echten gonorrhoischen Entzündung der oberflächlichen Vorhofschleimhaut, von der nur dann gesprochen werden darf, wenn die Gonokokken in Rasen dem oberflächlichen Epithel aufsitzen oder in dasselbe eingedrungen sind. Dagegen ist bei frischer Infektion der Harnröhre und der Gebärmutter meist eine diffuse entzündliche Hyperämie der Vorhofschleimhaut vorhanden. Dieselbe ist nicht als spezifisch gonorrhoische Erkrankung, sondern vielmehr als eine Vestibulitis simplex secundaria, die der einfachen Scheidenentzündung gleichzusetzen ist, aufzufassen. Da sie durch den chemischen Reiz des abfließenden Sekretes bedingt ist, wird sie auch als Irritationsvestibulitis bezeichnet. Der Grad des sekundären Reizzustandes hängt von der Gewebsbeschaffenheit und dem Mikrobismus der Scheide und des Vorhofs ab, indem das zarte und weiche Epithel von Kindern, Greisinnen, chlorotischen und schwangeren Frauen empfindlicher ist. Anderseits spielt natürlich auch die subjektive Reinhaltung des Individuums und die frühzeitige Behandlung eine Rolle. Bei unreinlichen Kranken finden sich auf der Vorhofschleimhaut, in den Falten und auf den Kämmen der kleinen Schamlippen manchmal dünne, schmutziggelbe Beläge, die durch Mazeration des oberflächlichen Epithels entstehen. Auch Fissuren oder geschwürartige Erosionen können auf dieselbe Weise zustandekommen. Die entzündliche Hyperämie der Vorhofschleimhaut ist zur Zeit der Regel und einige Tage nachher besonders deutlich ausgeprägt, zu welcher Zeit sich auch normalerweise eine vermehrte Blutfülle in den Schleimhäuten der Unterleibsorgane einstellt.

Vestibulitis lacunaris, follicularis, glandularis

Wesentlich anders verhalten sich die Drüsengänge und Lakunen des Vorhofs gegenüber der gonorrhoischen Infektion. Dieselben sind infolge ihres zarten Zylinder- oder Übergangsepithels und ihrer versteckten Lage für das Eindringen und die Ansiedlung von Gonokokken besonders disponiert und werden sowohl im akuten als im chronischen Stadium der Gonorrhoe sehr häufig infiziert. Die Drüsen selbst erkranken verhältnismäßig selten. Bei länger bestehender Entzündung wird das Zylinderepithel der Vorhofgänge manchmal in Übergangsepithel verwandelt. Wenn es zur Einnistung von Gonokokken in den Gängen und Lakunen kommt, so entsteht eine umschriebene, fleckige oder punktförmige, entzündliche Rötung und Schwellung der Schleimhaut an der

Mündungsstelle. Dieselbe bleibt oft noch bestehen, wenn auch keine Gonokokken mehr im Gange nachweisbar sind.

Wenn die Schleimhaut eines größeren Ganges infiziert ist, so kommt es zu einer vermehrten, meist mit Eiter gemengten Absonderung. Dieses Sekret ist entweder in der Mündungsstelle sichtbar oder durch dieselbe ausdrückbar. Bei starker entzündlicher Schwellung und angeborener Enge der Mündungsstelle kommt es nicht selten zur teilweisen oder vollkommenen Verhaltung und Stauung des Sekretes im Gange, wodurch eine knopfförmige, bei stärkerer Ausdehnung der Wandung auch etwas schmerzhafte Auftreibung entsteht. Wenn tiefere Teile des Ganges in-fiziert sind und der Inhalt desselben eitrig wird, so kann es bei dauern-der Sekretstauung infolge Verlegung der Mündungsstelle zur Bildung eines Abszesses in der präformierten, vom Gangepithel ausgekleideten Höhle kommen, der demnach als Pseudoabszeß zu bezeichnen ist. Wenn die Epithelwandung einer derartigen Pseudoabszeßhöhle durch Ver-eiterung stellenweise zerstört und durchbrochen wird, so kann die Eiterung auch auf die Umgebung des Ganges oder auf die Drüse selbst übergreifen und einen echten Abszeß hervorrufen.

Paraurethritis. Wenn es zur Einnistung von Gonokokken in die schlitz-förmigen Krypten zu beiden Seiten der äußeren Harnröhrenmündung (Paraurethritis) kommt, so ist die Mündungsstelle stark gerötet, manch-mal auch Eiter in der Öffnung sichtbar oder ausdrückbar. Die Infektion dieser Krypten ist häufig mit der gonorrhoischen Harnröhrenentzündung vergesellschaftet, kann aber auch ohne dieselbe vorkommen (H. Sänger). Verschließt sich ausnahmsweise der Ausführungsgang der paraurethralen Krypten, so kann es bei Sekretverhaltung zu einem paraurethralen Pseudoabszeß kommen. Derselbe kann bis Haselnußgröße erreichen und stellt dann eine fluktuierende Schwellung dar, welche die Harnröhren-mündung nach der anderen Seite hin verdrängt und nach der Harnröhre oder nach außen hin durchbrechen kann.

In gleicher Weise können sich auch die paraurethralen Gänge, die als Skenesche Lakunen bezeichnet werden, infizieren und eine fleckige Rötung am hinteren Rande des Harnröhreneinganges oder im Falle der Verlegung des Ganges eine entzündliche Schwellung hervorrufen. Die Skeneschen Lakunen können der Sitz der Gonokokken bei akuter und chronischer Gonorrhoe sein und sowohl Infektion als Reinfektion hat häufig ihren Ursprung in der Verhaltung gonokokkenhältigen Eiters in diesen Gängen.

Bei Eiterverhaltung in diesen Gängen können sich karunkel-ähnliche, weiche Geschwülstchen in der Schleimhaut bilden. Sind die Lakunen wiederholt der Sitz gonorrhoischer Infektion gewesen, so ver-schwindet manchmal das Septum zwischen den paarig angelegten Gängen und die Lakunen stellen eine einheitliche Höhle dar (Winkel Janovski).

Der einfachen Benennung halber wäre es zweckmäßig, die Infektion der seitlich von der Harnröhre gelegenen paraurethralen Lakunen als Paraurethritis lateralis und die Infektion der paraurethralen

Skeneschen Gänge an der Hinterwand der äußeren Harnröhrenmündung als Paraurethritis posterior zu benennen.

Folliculitis vestibuli (Vestibulitis follicularis). Manchmal sind in der
Tunica propria der Vorhofschleimhaut Follikel enthalten. Wenn diese
knötchenförmigen Anhäufungen von adenoidem Gewebe entzündet werden
und als kleinste bis stecknadelkopfgroße Erhebungen vorspringen, so spricht
man von Folliculitis vestibuli oder Vestibulitis follicularis.

Adenitis glandularum vestibularum minorum. In gleicher Weise
kann es auch zur Infektion der besonders in den Falten seitlich von den
Hymenalresten und der Fossa navicularis gelegenen kleinen Vorhofdrüsen, Adenitis glandularum vestibularum minorum,
kommen, die sich in einer fleckigen Rötung der Mündungsstelle äußert.

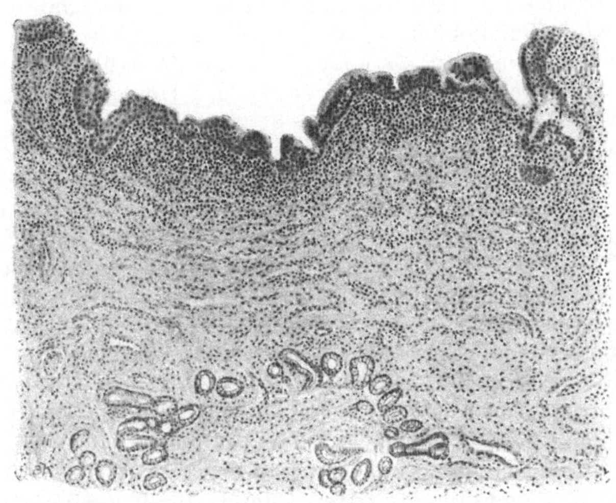

Abb. 6. Pseudoabszeß des Ausführungsganges der großen Vorhofdrüse. Das
Gangepithel stellenweise fehlend, das subepitheliale Stroma leukozytär
infiltriert, in der Tiefe der Drüsenkörper von tubulösem Bau, dessen
Zylinderepithel gut erhalten
(Präp. der II. Universitätsfrauenklinik in Wien)

Adenitis glandularum vestibularum majorum. Noch häufiger als
die kleinen Drüsen und Lakunen des Vorhofs sind bei der gonorrhoischen Infektion die großen Vorhofdrüsen mitbeteiligt (Adenitis glandularum vestibularum majorum), meist doppelseitig,
selten nur einseitig. Die Infektion bezieht sich meist nur auf den
Ausführungsgang der Drüsen, wo die Gonokokken infolge ihrer versteckten Lage sehr lange virulent bleiben können. In seltenen Fällen
werden die Gänge gleichzeitig mit der Harnröhre bei der Kohabitation
akut infiziert, meist erfolgt die Infektion erst Wochen und Monate später

durch das aus der Harnröhre und Gebärmutter abfließende infektiöse Sekret, wobei natürlich auch der Geschlechtsverkehr eine vermittelnde Rolle spielt. Das Parenchym der Drüse selbst erkrankt nur ausnahmsweise.

Bumm und Jadassohn sind der Ansicht, daß dasselbe überhaupt nicht infiziert werde. Menge dagegen konnte innerhalb der Drüsenschläuche Gonokokken nachweisen, die durch das Epithel hindurch bis in die Bindegewebslager hinein zu verfolgen waren. Jedenfalls liegen in jenen Fällen, wo es zur Erkrankung der mit Zylinderepithel ausgekleideten Endbläschen der Drüse kommt, meist sekundäre Mischinfektionen mit pyogenen Keimen vor. Ähnliche Vorgänge spielen sich auch auf der Gebärmutterschleimhaut ab, so daß es den Anschein hat, daß die biologischen Eigenschaften des sezernierenden Epithels demselben eine gewisse Immunität verleihen.

Die gonorrhoische Infektion läuft in der Weise ab, daß auf die Einwanderung von Gonokokken in die Ausführungsgänge es zu einer lebhaften Auswanderung von Leukozyten in die Ganglichtung und durch das Epithel hindurch in das Bindegewebe der Umgebung kommt, ohne daß letzteres zur Einschmelzung gebracht wird. Das Zylinderepithel wird dabei vielfach zerstört und verwandelt sich dann bei der Regeneration in Pflasterepithel (Bumm). In der Lichtung selbst sammelt sich reichlich Schleim an, der mehr oder weniger mit Leukozyten vermengt ist. Dieses eitrige Sekret des Drüsenganges kann dann frei aus der Mündung hervorquellen. (Kanalikuläre Form der Vorhofdrüsenentzündung.) Durch die entzündliche Schwellung der Schleimhaut wird die Mündung des Ganges verändert und unter Umständen unwegsam, während der Gang selbst durch Sekretverhaltung ausgedehnt wird.

Wesentlich verschieden ist das Krankheitsbild, wenn es im Anschluß an die gonorrhoische Infektion zur Mischinfektion mit pyogenen Keimen kommt, die dann auch das Drüsenparenchym infizieren. Hier sind dann einzelne Partien des Ausführungsganges und der Drüse selbst in Eiterhöhlen umgewandelt, deren Wand durch Granulationsgewebe gebildet ist. In anderen Partien ist das Drüsengewebe noch stellenweise erhalten, stellenweise nekrotisch. Meist sind im Grampräparat Staphylokokken, Streptokokken oder Colibakterien nachweisbar.

Symptome

Das klinische Bild der gonorrhoischen Erkrankung der großen Vorhofdrüse ist ein verschiedenes. Bei der akuten und der chronischen Infektion kann es von dem aus der Scheide abfließenden, infektiösen Sekret aus zu einer Infektion der Mündung des Drüsenausführungsganges und infolge der entzündlichen Anschwellung der Schleimhaut zu einer einfachen Sekretstauung kommen. Im akuten Stadium ist die an der Innenseite der kleinen Schamlippen mündende Gangöffnung, auch Sängerscher Punkt genannt, gerötet und manchmal infolge der Schwellung papillenförmig vorgestülpt. Diese flohstichartigen, roten Flecke an der Mündungsstelle heben sich sehr deutlich von der blasseren Vorhof-

schleimhaut ab und werden zusammen mit den geröteten Mündungsstellen der paraurethralen Gänge und kleinen Vorhofdrüsen auch
Maculae gonorrhoicae genannt. Wenn die Maculae gonorrhoicae
besonders in frischen Gonorrhoefällen fast stets nachweisbar sind, so
sind sie doch keineswegs für die Gonorrhoe allein charakteristisch. Ihr
Vorhandensein wird jedoch stets den Verdacht auf eine abgelaufene oder
noch vorhandene Tripperansteckung wachrufen und nach anderen Beweisen für dieselbe suchen lassen. Manchmal ist neben den Sängerschen
Punkten ein Sekrettropfen zu sehen, der aus dem Gange stammt. Die
Palpation ergibt eine kugelige oder spindelförmige Geschwulst von
Hanfkorn- bis Haselnußgröße, die dem entzündlichen, infiltrierten oder
erweiterten Ausführungsgang entspricht, während der Drüsenkörper selbst,
der meist von der Infektion frei bleibt, nur ausnahmsweise getastet

werden kann. Bei Druck
auf den infizierten Gang
läßt sich manchmal ein
schleimiges oder schleimig-
eitriges Sekret ausdrücken.
Die Verlegung des Ausfüh-
rungsganges muß keines-
wegs immer durch eine go-
norrhoische Infektion zu-
stande kommen, sie kann
auch durch andere Keime
und ohne Infektion durch
sexuelle Exzesse allein hervorgerufen werden. Über-
haupt scheint für das Zu-
standekommen einer Vor-
hofdrüsenentzündung der
Abusus genitalis eine ge-
wisse ursächliche Rolle zu
spielen, da dieselbe in erster
Linie bei Prostituierten

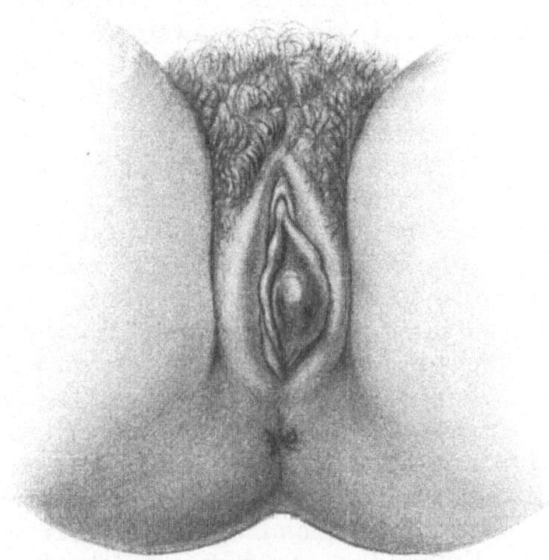

Abb. 7. Pseudoabszeß des Ausführungsganges
der linken großen Vorhofdrüse

und bei viel Geschlechtsverkehr pflegenden Frauen beobachtet
wird. Die Entzündung des Ausführungsganges kann sich oft durch
Jahre hinziehen, dabei kommt es manchmal nach der Menstruation
oder nach sexuellen Exzessen zu erneutem Aufflammen des Prozesses,
wobei das Sekret wieder mehr eitrig, die Schwellung größer und die
Sängerschen Punkte mehr gerötet werden. Wenn bei andauerndem
Verschluß des Drüsenausführungsganges die Sekretmenge größer wird
und die in demselben enthaltenen Gonokokken oder anderen Keime eine
Entzündung der Wand hervorrufen, so entsteht ein sogenannter Pseudoabszeß. Diese mit eitrigem oder schleimig-eitrigem Inhalt ausgefüllte
Retentionszyste verläuft unter einem viel schwereren Bilde als die einfache Sekretstauung. Der hintere Teil der großen Schamlippe wird durch
eine taubeneigroße Geschwulst eingenommen, die sich gegen den Vorhof

zu vorwölbt und die Interlabialfurche oft ganz zum Verstreichen bringt. Die Haut im Bereich der Vorwölbung ist rot bis blaurot, glänzend, prall gespannt und verschiebbar. Die Geschwulst selbst zeigt deutliche Fluktuation und ist sehr schmerzhaft. In der Umgebung derselben ist die Haut meist stark ödematös. Wenn der Innendruck des im Ausführungsgang sich ansammelnden Eiters sehr groß wird, so kann er sich auf zweifache Art entleeren. Einmal kann der durch die Schwellung der Mündungsöffnung zustande gekommene Verschluß des Ausführungsganges durch das Sekret gesprengt werden oder aber es bricht der Abszeß durch die entzündlich veränderte Wandung spontan an der dünnsten Stelle an der Innenseite der kleinen Schamlippen, seltener durch die große Schamlippe oder nur ganz ausnahmsweise gegen den Damm zu durch. Der Eiter enthält Gonokokken oder andere Bakterien verschiedener Art. Nachdem sich die Eitermassen entleert haben, fällt der Sack zusammen und die Beschwerden nehmen ab. Nach einiger Zeit, wenn die Perforationsöffnung zugranuliert ist, kann es neuerdings zur Stauung des Drüsensekretes und Ausbildung eines Pseudoabszesses kommen.

Wenn die Ansammlung des Sekretes ohne Infektion desselben mit Gonokokken oder anderen Keimen vor sich geht, so kommt es zu einer typischen Retentionsgeschwulst im Ausführungsgang, die als Zyste der Bartholinschen Drüse, richtiger aber als Retentionszyste des Ausführungsganges der großen Vorhofdrüse bezeichnet wird. Infolge ihrer meist langsamen Entwicklung und des Mangels an entzündlichen Erscheinungen macht dieselbe, obwohl sie oft taubenei- bis hühnereigroß ist, meist keinerlei Beschwerden. Derartige Retentionszysten müssen keinesfalls auf gonorrhoischer Grundlage entstanden sein. Dieselben können manchmal erst sekundär zur Vereiterung kommen. Das nicht selten zu beobachtende plötzliche Wachstum derartiger Zysten ist auf Hämorrhagien infolge kleiner Traumen oder auf akuten Nachschub eines Entzündungsprozesses zurückzuführen.

Wenn durch den erweiterten Ausführungsgang neben den Gonokokken oder nach dem Abklingen der gonorrhoischen Infektion pyogene Keime einwandern, so kommt es dann zur eitrigen Einschmelzung des Ausführungsganges und der Drüse selbst, sowie ihrer bindegewebigen Umgebung. Es handelt sich also dann um einen echten Abszeß. Die Geschwulst zeigt ein ungefähr gleiches Aussehen wie ein Pseudoabszeß, nur sind die Beschwerden viel schwerere. Die entzündliche Schwellung ist bei jeder Berührung und bei jeder Bewegung sehr schmerzhaft, so daß die Kranken nicht mehr gehen können. Meist sind die Leistendrüsen geschwellt und es besteht hohes Fieber. In der Geschwulst selbst ist ein klopfender Schmerz fühlbar. Außerdem kommt es zu einer schweren Störung des Allgemeinbefindens. Auch hier erfolgt, nachdem der Abszeß die Oberfläche erreicht hat, ein Durchbruch des meist braungelben, mit Blut gemengten Eiters nach außen. In demselben sind meist keine Gonokokken mehr nachweisbar, sondern Staphylokokken, Streptokokken oder Colibakterien.

Diagnose

Von gonorrhoischer Vorhofentzündung im engeren Sinne darf nur dann gesprochen werden, wenn im abgekratzten Epithel der Vorhofschleimhaut Gonokokken gefunden werden. Es ist daher falsch, aus der Rötung der Vorhofschleimhaut oder aus einem im Vorhof abgelagerten gonokokkenhaltigen Sekret, das jedoch aus Harnröhre oder Gebärmutter stammt, die Diagnose auf gonorrhoische Vorhofentzündung zu stellen. Wenn im klinischen Sprachgebrauch bei diffuser, entzündlicher Hyperämie der Vorhofschleimhaut eine Vestibulitis diagnostiziert wird, so ist bei der geschlechtsreifen Frau stets nur eine sekundäre, nicht spezifische Entzündung zu verstehen, die durch das abfließende Sekret oder durch Verunreinigung des Scheidenmikrobismus bei der gonorrhoischen Endometritis entsteht. Im letzteren Fall ist gleichzeitig auch die Scheide entzündet. Eine diffus entzündliche Hyperämie der Vorhofschleimhaut ist keineswegs für Gonorrhoe charakteristisch, sondern es kommt auch bei allen mit Fluor und Kolpitis simplex einhergehenden Konstitutionsanomalien und Erkrankungen, ferner bei anderen Genitalerkrankungen, die mit starkem Ausfluß einhergehen, vor.

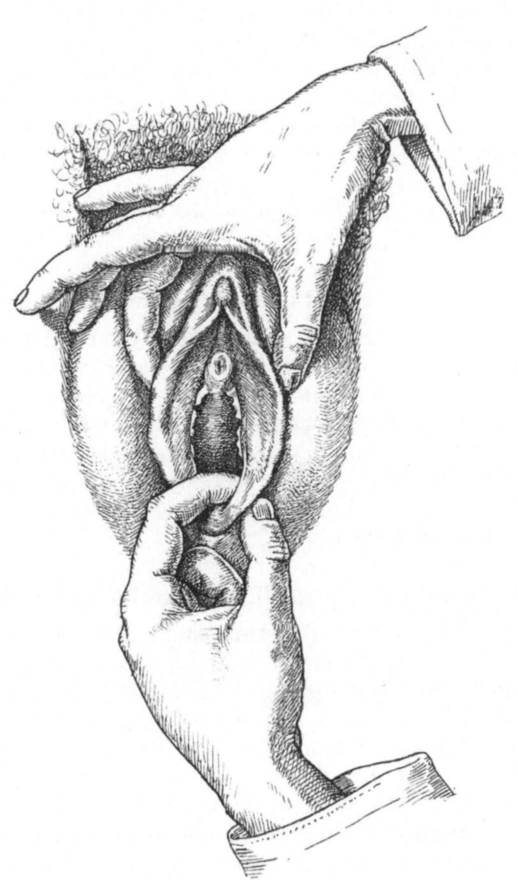

Abb. 8. Abtastung der großen Vorhofdrüse

Die Rötung und Schwellung der Mündungsstelle der großen und kleinen Vorhofdrüsen sowie der paraurethralen Gänge, die sich deutlich von der übrigen blassen Schleimhaut abhebt, wird vielfach als für die Gonorrhoe charakteristisch angesehen und daher als Macula gonorrhoica bezeichnet. Diese flohstichartige Rötung der Gangmündungen, besonders der großen Vorhofdrüsen, kann jedoch auch durch Infektion mit anderen Keimen und besonders nach mechanischen Insulten vorkommen. Wenn sich bei Druck auf den Gang oder den Drüsenkörper Eiter entleeren läßt, der Gonokokken enthält, so ist natürlich die gonorrhoische Herkunft sichergestellt.

Die große Vorhofdrüse wird in der Weise palpiert, daß die Partie zwischen seitlicher Scheidenwand und hinterem Anteil der großen Schamlippe an der Stelle des Sängerschen Punktes zwischen dem in die Scheide eingeführten Zeigefinger und dem außen angelegten Daumen bidigital abgetastet wird. Die gesunde Drüse ist bei fettreichen Schamlippen meist nicht oder höchstens als kleinster bis hanfkorngroßer Knopf zu tasten. Bei der Betastung wird meist nur der erkrankte Ausführungsgang als kleine, walzenförmige Resistenz gefühlt, während der Drüsenkörper, der von der Infektion fast immer verschont bleibt, selbst nicht getastet werden kann. Alle Formen der diffusen und glandulären Vorhofentzündungen können auch vorkommen, ohne daß Gonokokken im Spiele sind.

Behandlung der Vestibulitis diffusa

Die Behandlung der Vestibulitis diffusa, die fast immer sekundär infolge der Reizung der Vorhofschleimhaut durch das aus der Harnröhre der Gebärmutter abfließende Sekret zustandekommt, besteht in der systematischen Desinfektion und Ätzung dieser Erkrankungsherde. Außerdem empfiehlt es sich, das hiebei in Anwendung kommende Medikament auch mit der Vorhofschleimhaut in Berührung zu bringen. Bei Juckreiz oder Brennen infolge starker Sekretion soll Zinkpuder aufgetragen werden.

Behandlung der großen Vorhofdrüse und ihres Ausführungsganges

Ätzung der Mündungsstelle des Drüsenganges. Wenn es sich nur um eine einfache Rötung der Schleimhaut der Drüsengangmündung und um Ektropionierung derselben infolge Schleimhautschwellung handelt, so wird vielfach die Mündungsstelle mit Jodtinktur oder Höllensteinlösung betupft. Diesem Vorgehen kommt mehr eine vorbeugende Bedeutung zu, da bei tatsächlicher Ansiedlung von Gonokokken im Gange selbst dasselbe kaum wirksam ist.

Digitales Ausdrücken des Sekretes aus dem Drüsengang. Bei Sekretstauung infolge teilweiser Verlegung der Mündungsstelle wird vielfach das im Gange angesammelte Sekret digital ausgedrückt. Manche Frauen, besonders Prostituierte, haben in dieser Technik eine besondere Geschicklichkeit.

Injektion von Desinfektions- und Ätzmitteln in den Drüsengang. Bei Absonderung eines schleimigen oder schleimigeitrigen Sekretes aus dem Gange wird nach vorherigem Ausdrücken des Sekretes mit Hilfe einer Kanüle durch die Gangmündung hindurch eine Injektion von Desinfektions- oder Ätzmitteln in den Drüsenausführungsgang vorgenommen. Als Kanüle wird am besten die sogenannte Anelsche

Spritze, eine abgestumpfte Rekordspritzennadel oder auch eine Tränen-
sackkanüle verwendet. Die Injektion gelingt jedoch keineswegs immer
ohneweiters, da der Ausführungsgang oft gewunden oder sehr eng ist,
weshalb die Injektionsflüssigkeit nicht immer bis in die Tiefe gelangt.
Als Injektionsflüssigkeit sind $\frac{1}{2}$ bis 5%ige Argentum nitricum-Lösung,
eine 1 bis 3%ige Protargollösung, 1%ige Cholevallösung, Jothionöl oder
Jodtinktur in Gebrauch. Die Einspritzung wird täglich oder jeden
zweiten Tag wiederholt. Da der Ausführungsgang der großen Vorhof-

drüse bei gonorrhoekranken Frauen
miterkrankt ist, ohne daß sich Sekret
ausdrücken läßt, hat Feis bei subakuten und chronischen Fällen Son-
dierungen mittels feinster Metallson-
den vorgenommen. Dieselben sind in
22 Fällen gelungen, in neun Fällen
mißlungen. Bei den gelungenen Son-
dierungen fand sich der Drüsengang
viermal gesund, elfmal gonokokken-
hältig, siebenmal gonokokkenfrei,
aber leukozyten- und epithelhältig.
Zur Behandlung wurde nach der Sondierung $\frac{1}{2}$%ige Argentum nitricum-
Lösung mittels Anelscher Spritze
instilliert.

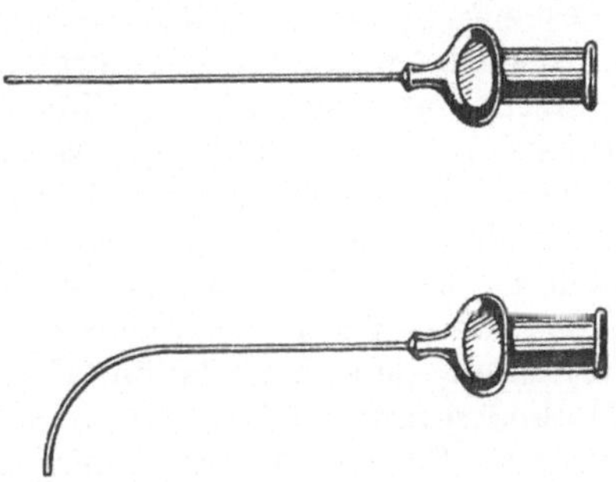

Abb. 9. Gerades und gekrümmtes
Rohr nach Anel (natürliche Größe)

Verödung des Ausführungsganges mit Höllenstein oder kalter Nadel.
Von guter Wirkung ist bei langdauernder Sekretion manchmal die Ver-
ödung des Ausführungsganges, die mit Hilfe einer an einem feinen
Draht angeschmolzenen Lapisperle oder noch besser mit Hilfe der kalten
Nadel durchgeführt wird.

**Intrakanalikuläre und intraglanduläre Infiltration zwecks künstlicher
Abszedierung der Drüse (sklerogene Methode).** Bei chronischer Gonorrhoe des Ausführungsganges oder Mischinfektion der Drüse selbst wird
in der Absicht, das Drüsenparenchym zu zerstören und damit
die lästige Sekretion zum Versiegen zu bringen, in die Drüse Höllensteinlösung injiziert (Finger). Wir selbst haben diese allerdings wirksame Methode wegen ihrer Schmerzhaftigkeit verlassen. Nach Weitgasser kann mit Hilfe einer Anelschen Spritze folgende Masse eingespritzt werden. Rp. Choleval 2,5, Cetacei 15,0, Olei olivarum 30,0.
M. f. Pasta. Dieses Gemenge wird zur Hälfte in eine 1 ccm fassende
Pravazspritze eingefüllt und hierauf bis zur Verflüssigung erwärmt,
indem die Spritze mehrmals durch heißes Wasser rasch durchgezogen
wird. Nach gründlichem Ausdrücken des Eiters aus der Drüse und dem
Drüsengang werden 0,1 bis 0,2 g der Pasta in Zwischenräumen von drei
bis fünf Tagen injiziert. Bei einigen Fällen genügte eine einzige Einspritzung. Das Öl und Cetaceum wird im Verlaufe von einigen Tagen
aufgesaugt oder es schmilzt allmählich bei Körpertemperatur und rinnt
ab. Das Choleval bleibt in der ölig pastösen Masse bis zu sechs Tagen im

Ausführungsgang liegen und hat dadurch eine längere Einwirkung auf die erkrankten Teile desselben und der Drüse. Dieses Verfahren ist fast schmerzlos und zeigt in kurzer Zeit gute Erfolge.

Periglanduläre Infiltration. Bei chronisch rezidivierenden Formen der Vorhofdrüsengonorrhoe wird Einspritzung von 1 bis 2 ccm einer 5%igen Protargollösung unter Vermeidung des Ausführungsganges und der Drüse in das periglanduläre Gewebe empfohlen (Hesse und Auer). Die Injektion wird in der Weise vorgenommen, daß neben der Mündung schräg nach oben außen 1 cm tief eingestochen und unter Vermeidung des Ausführungsganges in der Richtung gegen die Drüse eingespritzt wird. Das Verfahren ergab bei 32 Fällen drei Abszedierungen, vierzehnmal verschwanden Eiter und Gonokokken gleich nach der ersten Injektion. Bei zwölf Fällen waren zwei bis drei bis 21 Injektionen notwendig. Einige Stunden nach derartigen Injektionen trat eine nußgroße Schwellung auf, am folgenden Tage Rötung und Ödem der Haut und in acht bis zehn Tagen waren alle Erscheinungen geschwunden. Auch wir haben dieses Verfahren angewendet, sind aber wegen der großen Schmerzhaftigkeit desselben davon abgekommen. Bei beiden letztgenannten Methoden muß nach der Infiltration durch einige Tage das Bett gehütet werden. Rasches Verschwinden der Gonokokken wird auch bei Blutumspritzung nicht erreicht (Hübner).

Röntgenbehandlung. Neuerdings werden bei Gonokokkennachweis in der großen Vorhofdrüse auch die Röntgenstrahlen herangezogen. Technik: Fixation der Drüse; Fokushautabstand 24 bis 30 cm; 3 mm Aluminiumfilter; 90 bis 100 % HED. (Sieber). Die Tatsache, daß durch die Bestrahlung die Gonokokken verschwinden, während die Staphylokokken nicht beeinflußt werden, spricht für eine Umstimmung des Nährbodens, die den Gonokokken nicht mehr zusagt.

Inzision. Wenn im akuten Stadium die Drüse und ihr Ausführungsgang sehr schmerzhaft sind, dann soll sich die Patientin niederlegen, Umschläge mit essigsaurer Tonerde oder Borsäure und Sitzbäder machen. Bei frischem Pseudoabszeß des Drüsenganges oder bei akutem, echtem, auf Mischinfektion beruhendem Drüsenabszeß kommt, solange der Eiter noch nicht von selbst nach außen durchgebrochen ist, die Inzision und Drainage in Betracht. Dieser Eingriff, der auch ambulatorisch vorgenommen werden kann, wird unter Anästhesierung der Haut mit Chloräthyl oder bei sehr empfindlichen Kranken im Ätherrausch durchgeführt Infiltrations- oder Nervus pudendus-Anästhesie sind hiebei abzulehnen. An der Innenseite der kleinen Schamlippen nahe der Gangmündungsstelle wird mit einem Spitzbistourie eine Stichinzision gemacht, worauf meist mit Blut gemengter Eiter reichlich abfließt. Nachdem die Abszeßhöhle ausgedrückt oder allenfalls auch mit einem scharfen Löffel ausgekratzt ist, wird ein Gazestreifen oder ein kurzes Drainrohr in die Wundhöhle eingeführt und dieselbe mit feuchtem Umschlag verbunden. Meist schon nach einigen Tagen ist die Wunde gereinigt, oft bleibt jedoch längere Zeit hindurch eine schleimabsondernde Fistel übrig. Nicht selten kommt es auch noch nach Monaten auf mechanische Insulte hin zur Bildung eines neuen Abszesses. In derartigen Fällen kann nur die Radikaloperation Heilung schaffen.

Exstirpation. Die operative Entfernung der ganzen Drüse und ihres Ausführungsganges ist bei allen länger bestehenden Prozessen, die konservativen Maßnahmen trotzen, am Platze. Hieher gehören in erster Linie jene von Zeit zu Zeit aufflackernden Abszesse, ferner jene Fisteln, bei denen schleimiges oder eitriges Sekret aus der Gangmündung oder einer Perforations- bzw. Inzisionsöffnung abfließt, ferner alle chronischen Entzündungen der Drüse selbst und schließlich die Retentionszysten des Drüsenausführungsganges, die sogenannten Bartholinschen Zysten mit ihrem schleimigen oder wäßrigen Inhalt. Die Exstirpation der Drüse wird in Einatmungsnarkose oder in reinen Fällen auch in Umspritzungsanästhesie unter strengen aseptischen Kautelen vorgenommen. Dieselbe stellt einen keineswegs ganz einfachen Eingriff dar, da der Drüsenkörper in einem gefäßreichen Gewebe eingebettet und in der Nachbarschaft des Bulbus cavernosus und der Arteria transversa perinei liegt. Nach Umschneidung der Gangmündung oder Längsschnitt an der Innenseite der kleinen Schamlippe wird der Gang und die Drüse wie eine Geschwulst aus ihrem Lager mit Messer und Schere ausgeschält, wobei darauf zu achten ist, daß der Balg nicht zerreißt. Die Wundhöhle wird auch bei Vereiterung der Drüse mit Katgutfäden teilweise geschlossen und durch einen kleinen Gazestreifen für einige Tage drainiert. Es ist dabei von Wichtigkeit, kein Drüsengewebe zurückzulassen, da sonst eine langdauernde Fistel bestehen bleiben kann.

Behandlung der kleinen Vorhofdrüsen und Krypten

Die übrigen Drüsen und Krypten des Vorhofes werden nach den gleichen Grundsätzen behandelt wie die große Vorhofdrüse. So werden hauptsächlich die paraurethralen Krypten und Gänge bei gonorrhoischer Infektion ebenfalls mit Argentum nitricum-Lösung geätzt oder am besten frühzeitig mit dem Thermokauter verödet. Bei Abszeßbildung im Bereich der kleinen Drüsen und Gänge des Vorhofes ist manchmal auch hier eine kleine Stichinzision notwendig.

3. Harnröhre (Urethra)

Anatomie

Die Harnröhre ist bei der erwachsenen Frau ein ungefähr 7 bis 8 cm langer Kanal, der in nach vorne konkavem Bogen hinter der Schoßfuge verläuft. Die äußere Harnröhrenöffnung, deren meist etwas gewulstete Ränder einen Längsspalt bilden und manchmal papillenförmig vorspringen, mündet in den vorderen Teil des Vorhofes. Im mittleren Teil ist die Lichtung der Harnröhre im Querschnitt infolge Fältelung der Schleimhaut sternförmig, während die innere Öffnung durch die Anordnung der Schließmuskulatur an der Hinterseite des Blasenhalses einen queren Spalt darstellt.

Die äußere Schicht der Harnröhre (Tunica muscularis) besteht aus glatten Muskelfasern, von denen die äußeren ringförmig, die inneren längsverlaufend sind. Quergestreifte Muskulatur findet sich nur am Blasenhals. Die mittlere Schicht (Tela submucosa) ist von einem weitmaschigen Venennetz gebildet, das sich in die Muskelschicht hinein fortsetzt. Innen ist die Harnröhre von Schleimhaut (Mucosa) ausgekleidet, die in Längsfalten angeordnet ist. Von den Längsfalten tritt besonders die sogenannte Crista urethralis (Barkowsche Falte) hervor, die vom Trigonum Lieutaudi aus fast bis zur Hälfte der Harnröhre oder bis zur Mündung derselben sich ausdehnt (Ebner, Janovsky).

Das Schleimhautepithel ist zylindrisch, einschichtig oder plattenförmig, mehrschichtig und sitzt einem zarten subepithelialen Bindegewebe auf. Die Verteilung des Schleimhautepithels in der Harnröhre ist individuell verschieden. Beim Übergang in die Blase ist meist Übergangsepithel vorhanden. Dann folgt geschichtetes und weiter mehrreihiges oder einreihiges Zylinderepithel. Die Mündung der Harnröhre und die Fossa navicularis ist von geschichtetem Pflasterepithel ausgekleidet. Manchmal sind auch Inseln von Pflasterepithel eingestreut, ausnahmsweise besitzt die ganze Harnröhre Pflasterepithel. In der Schleimhaut münden, besonders im unteren Teil der Harnröhre, zahlreiche kleine Schleimhautdrüsen und Lakunen, deren Mündungen feinste, grübchenförmige Vertiefungen darstellen. Die Harnröhrendrüsen (Glandulae urethrales) haben einen verästelten, tubulösen Bau und entsprechen den Littréschen Drüsen des Mannes (Ebner). Die Lakunen stellen Einbuchtungen der Schleimhaut dar, wie die Morgagnischen Lakunen des Mannes. Am blinden Ende der Lakunen findet sich Drüsenepithel, das wohl einreihiges Zylinderepithel darstellt, aber keinen Schleimzellen entspricht. Die Lakunen und Drüsen, anatomisch nicht streng zu scheiden, sind unregelmäßig verteilt, im hinteren Teil der Harnröhre mehr in Längsreihen geordnet und zahlreicher.

Pathologische Anatomie (Urethritis gonorrhoica)

Bei der gonorrhoischen Infektion setzen sich die Tripperkeime teils herdförmig auf der Oberfläche der Schleimhaut fest, teils dringen sie in das Epithel ein, wo sie in der Kittsubstanz liegen. Im subepithelialen Gewebe werden Gonokokken nur ausnahmsweise beobachtet, wohl aber sind hier häufig Leukozyten und Plasmazellen als Ausdruck einer Gewebsreaktion infolge der Schleimhautinfektion abgelagert. Diese Leukozyten wandern aus dem subepithelialen Bindegewebe durch die Spalten zwischen den Epithelzellen hindurch, lockern dabei den Zusammenhang der Epithelzellen und heben dieselben teilweise ab. Diese leukozytäre Infiltration im subepithelialen Gewebe und die Desquamation der Schleimhautepithelzellen kennzeichnen das histologische Bild der gonorrhoisch infizierten Harnröhrenschleimhaut.

Beim Heilungsvorgang wird aus den nicht abgestoßenen Zellen der Schleimhaut neues Epithel gebildet. Bei diesen Regenerationsvorgängen wird das ursprüngliche Zylinderepithel durch Plattenepithel ersetzt, in dessen tieferen Lagen oft noch Gonokokken vegetieren. Oft bleiben die leukozytären Infiltrate in der Harnröhrenschleimhaut lange Zeit hindurch bestehen (Janovsky). Im weiteren Verlaufe der Heilung soll dann das Plattenepithel wieder durch das ursprüngliche Epithel ersetzt werden, das dann gonokokkenfrei wird. Inwieweit dieser Wechsel zwischen den einzelnen Epithelarten zu Recht besteht, ist schwer zu

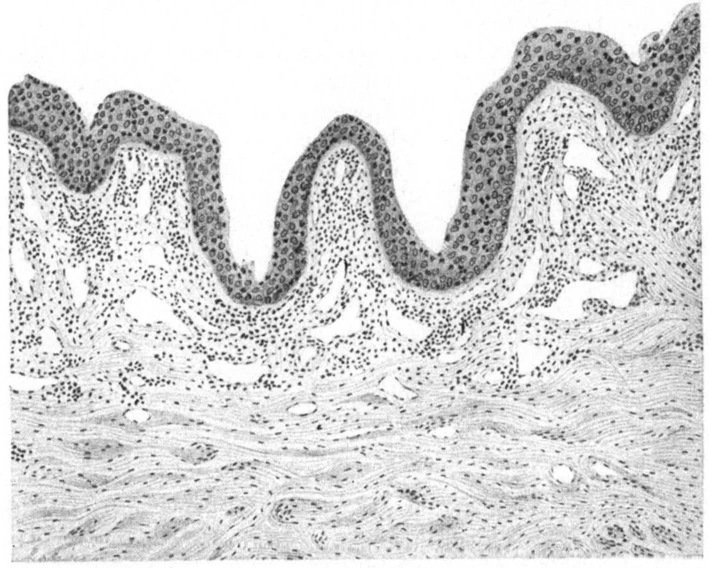

Abb. 10. Urethritis gonorrhoica acuta. Das Epithel aufgelockert, stellenweise abgehoben, zwischen den Epithelzellen Leukozyten in Durchwanderung begriffen, im subepitheialen Gewebe erweiterte Blutgefäße und hochgradige Leukozyteninfiltration, die Muskelschicht wenig verändert
(Präp. des Maria Theresia-Frauenhospital in Wien)

beurteilen, da sich auch in der gesunden Harnröhre neben einschichtigem Zylinderepithel mehrschichtiges Plattenepithel findet. Sehr häufig dringen die Gonokokken in die Drüsen und Lakunen der Harnröhre ein und halten sich in diesen Schlupfwinkeln sehr lange, da sie hier durch den reinigenden Harnstrahl nicht getroffen werden und der Behandlung nur schwer zugänglich sind. Diese Drüsen und Lakunen sind in allen Fällen, wo eine Harnröhrenentzündung der Behandlung lange trotzt, als Ursache der chronischen Gonorrhoe zu beschuldigen.

Manchmal kann es auch infolge entzündlicher Schwellung der Harnröhrenschleimhaut mit Verlegung der Drüsenausführungsgänge und Mischinfektion in denselben zur Vereiterung kommen. Da sich in derartigen Fällen die Eiteransammlung in dem durch Sekret ausgeweiteten, epithelial begrenzten Gang der Drüse oder Lakune befindet, ist dieselbe als Pseudoabszeß der Harnröhre oder richtiger als Pseudo- abszeß der Harnröhrendrüsen bzw. -lakunen zu bezeichnen. Diese kleinen, ohne Symptome verlaufenden Pseudoabszesse werden meist nicht erkannt und gehen unter der Diagnose einer Urethritis.

In seltenen Fällen kann es auch infolge Anhäufung von eitrigem Sekret oder Schleim zu divertikelartigen Ausbuchtungen der Drüsen und Lakunen kommen. Dieselben sind dann deutlich erkenn- bar und können die Größe einer Wallnuß erreichen, weshalb sie manchmal fälschlich als Urethrozelen angesehen werden. Die erweiterten und chronisch verdickten Wandungen der Skéneschen Lakunen bilden eine mächtige Vorwölbung der weiblichen Harnröhrenmündung, die ebenfalls fal- scherweise als Urethrozele bezeichnet wird. In alten Fällen entstehen manchmal zystische Tumoren mit einem eitrig ein- gedickten, kolloiden Inhalt. Auf Insulte hin kann die Entzündung neu aufflam- men und es kann im weiteren Verlaufe zu einer Fistel zwischen der falschen Urethro- zele bzw. Karunkel und der vorderen Harn- röhre kommen. Die Infektion der Harn- röhrendrüsen konn manchmal auch zu periglandulären Infiltraten führen. Wenn das Schleimhautepithel der Harnröhre oder der mit Eiter gefüllten Harnröhren- drüse durchbrochen wird und Wund- keime in die Umgebung einwandern (Mischinfektion), so kann es auch zu echten Abszessen kommen, die als Periurethritis oder als periurethrale Abszesse bezeichnet werden. Bei diesen Abszessen, die auch sub - urethrale Abszesse genannt werden, spielt der Gonococcus mehr eine Vermittlerrolle, indem er den eigentlich pyogenen Keimen Eingang in die Harnröhrendrüsen verschafft. Derartige Abszesse können gegen die Harnröhre oder Scheide zu durchbrechen. Manchmal bleiben nach periurethralen Abszessen knopfartige oder breitere, narbige Verdickungen zwischen Harnröhre und vorderer Scheidenwand be- stehen. Ausnahmsweise können derartige narbige Veränderungen zur Strikturbildung in der Harnröhre führen, wenn auch unvergleichlich seltener als beim Mann (Dufaux, Werbow).

Von wesentlicher Bedeutung für ein hartnäckiges Fortbestehen einer Harnröhrenentzündung sind auch Wucherungen der Harnröhren- schleimhaut, gleichgültig, ob es sich um spitze Kondylome oder kleine Polypen der Öffnung oder in der Röhre selbst handelt. Dieselben bieten den Gonokokken einen Schlupfwinkel und unterhalten eine vermehrte

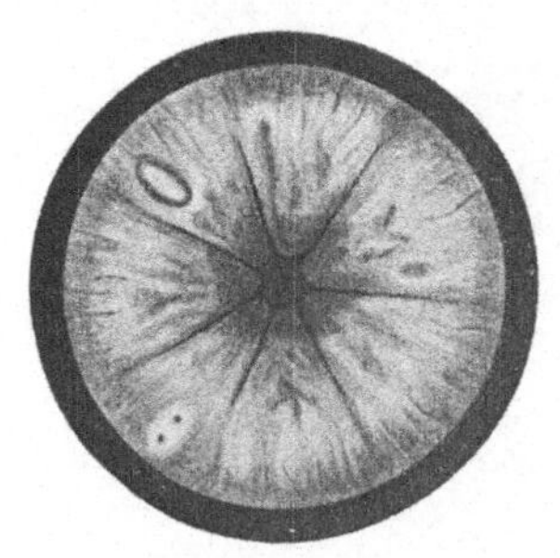

Abb. 11. Entzündliches Infil- trat der Harnröhrenschleim- haut in der Umgebung von endourethralen Drüsen bzw. Lakunen und Sekretverhaltung in einer endourethralen Drüse bzw. Lakune (Pseudoabszeß). Urethroskopisches Bild

Sekretion, wodurch die Harnröhre in einen dauernden Reizzustand gelangt. In weiterer Folge derartiger Zustände kann es durch Einwanderung von Eiterkeimen in die Harnblase zu einer nicht spezifischen Zystitis kommen (Stümpke, Hertle).

Symptome

Die Harnröhre ist jener Teil des Urogenitalapparates, der bei der Tripperansteckung wohl in erster Linie und am häufigsten erkrankt. Sie ist in 90 bis 95% aller frischen Erkrankungen beteiligt. Keineswegs jedoch ist die Infektion bei den verschiedenen Individuen gleich sinnfällig, da dieselbe in einem Fall alle Erscheinungen einer akuten Entzündung zeigt, in anderen Fällen jedoch kaum subjektive und objektive klinische Merkmale setzt. Anscheinend ist das zarte Gewebe jugendlicher, blonder Individuen für eine stärkere Gewebsreaktion durch die Infektion mehr disponiert. Das Allgemeinbefinden wird durch einen einfachen Harnröhrentripper nur wenig in Mitleidenschaft gezogen. Manche Frauen werden oft erst gelegentlich einer Untersuchung aus anderen Gründen vom Arzt auf ihr Leiden aufmerksam gemacht und sind nicht imstande, den Beginn der Erkrankung anzugeben, oder dieselbe wird erst nach erfolgter Infektion eines Mannes entdeckt. Andere Frauen jedoch verspüren Jucken und Brennen in der Harnröhre, ein Gefühl von Kitzeln bei oder nach der Harnentleerung, häufigen Harndrang, letzteren besonders dann, wenn die Infektion bis zum Blasenhals hinaufgekrochen ist und durch das entzündliche Ödem ein Reiz auf die Muskulatur des Blasenhalses und des Trigonum ausgeübt wird. Im subakuten und chronischen Stadium macht die gonorrhoische Harnröhrenentzündung nur mehr wenig oder gar keine Beschwerden.

Die objektiven Zeichen einer typisch verlaufenden frischen gonorrhoischen Harnröhreninfektion werden am zweiten bis dritten Tage nach der Ansteckung offenbar. Die äußere Harnröhrenmündung ist durch entzündliche Hyperämie gerötet, die Schleimhaut der Harnröhre quillt infolge entzündlicher Schwellung über die Harnröhrenöffnung heraus. Im akuten Stadium ist in derselben ein anfangs seröses, dann gelbes, eitriges Sekret sichtbar, das im weiteren Verlaufe nach ungefähr drei bis vier Wochen rahmig oder schleimig wird. Nach beiläufig sechs bis zehn Wochen verschwindet das Sekret fast ganz und tritt nur nach mechanischen Insulten oder sekretionsfördernden Reizen wieder auf.

Wenn nach Abklingen der Harnröhrenentzündung die Gonokokken nur mehr in einer Krypte oder Drüse der Harnröhre angesiedelt sind, so spritzt oft erst auf Druck von der Scheide her Eiter aus der Harnröhrenöffnung heraus. Zugleich mit der Harnröhre sind häufig auch die Gänge in der Umgebung der äußeren Harnröhrenöffnung erkrankt. Die Harnröhrengonorrhoe verläuft bei der Frau im allgemeinen milde, die Beschwerden verschwinden meist nach drei bis vier Wochen, allerdings ohne daß auch immer die Gonokokken aus dem Sekret verschwunden sind. In manchen Fällen, besonders wenn sich die Gonokokken in endourethralen

Drüsen festgesetzt haben, wo sie dem Harnstrahl und der Behandlung nicht leicht zugänglich sind, kann eine gonorrhoische Erkrankung der Harnröhre selbst Jahre hindurch bestehen bleiben.

Diagnose

Bei Rötung und Schwellung der äußeren Harnröhrenöffnung und eitrigem Sekret in der Harnröhre ist jedesmal der Verdacht auf eine gonorrhoische Harnröhrenentzündung gegeben. Dabei ist jedoch zu berücksichtigen, daß Hyperämie und Schwellung der äußeren Harnröhrenmündung auch nach mechanischen Insulten, z. B. nach Kohabitation oder Masturbation vorkommen kann und anderseits eitriges Sekret, wenn auch nur ganz ausnahmsweise, bei Infektion der Harnröhre mit anderen Keimen, z. B. Colibazillen, oder bei schwerem Blasenkatarrh vorkommen kann. Außerdem ist zu beobachten, daß das Sekret, welches in der äußeren Harnröhrenmündung liegt, keineswegs aus der Harnröhre stammen muß, sondern auch aus der Scheide dahin verschmiert sein kann. Häufig führt ein einfacher Desquamationskatarrh eines Skeneschen Ganges zur Verwechslung mit einer Harnröhrengonorrhoe.

Die Prüfung auf das Vorhandensein von Harnröhrensekret geschieht am sichersten in der Weise, daß zuerst die äußere Harnröhrenöffnung der zu Untersuchenden, die einige Zeit vorher nicht uriniert haben soll, mit einem Tupfer gereinigt, dann mit dem Zeigefinger in die Scheide eingegangen und die Harnröhre von oben nach unten durch Druck gegen die Schoßfuge herabmassiert wird. Wenn sich zwischen den Längsfalten der Harnröhre oder in den endourethralen Drüsen Sekret angesammelt hat, so wird bei dem Ausstreifen der Harnröhre Eiter in der äußeren Harnröhrenöffnung sichtbar. Bei dieser Massage fühlt sich die Harnröhre manchmal hart an, ein Beweis dafür, daß auch die Muscularis urethrae am Entzündungsprozeß beteiligt ist.

Bei Zweifel, ob es sich um eine einfache Harnröhrenentzündung oder um einen Blasenkatarrh handelt, kann die Zweigläserprobe gute Dienste leisten, wobei die Trübung bloß der ersten Harnpartie auf eine Erkrankung der Harnröhre hinweist. Zur Unterstützung der Diagnose kann in Ausnahmsfällen auch das Urethroskop (Valentine, Luys, Glingar) herangezogen werden. Bei der Ableuchtung der Harnröhrenschleimhaut sehen wir im akuten Stadium eine gerötete, leicht blutende und geschwollene Schleimhaut, zwischen deren Falten Eiter abgelagert ist, bei chronischen Fällen häufig weißliche Infiltrate von verschiedener Form und Größe. Strikturen, die bei der Frau allerdings nur ganz ausnahmsweise vorkommen, lassen sich mit Hilfe des Harnröhrenkatheters oder des Urethroskops leicht nachweisen.

Entscheidend für die Diagnose der Urethritis gonorrhoica ist stets nur der Gonokokkennachweis im Harnröhrensekret selbst. Zu diesem Zwecke wird in der oben geschilderten Weise die Harnröhre von oben nach unten gegen die Schoßfuge zu ausgedrückt. Das Sekret wird mit Hilfe einer ausgeglühten Öse oder eines watteumwickelten dünnen Tamponträgers aus dem unteren Teil der Harnröhre entnommen. Wenn dasselbe sehr spärlich oder kaum nachweisbar ist, so wird es am besten mit einem stumpfen kleinen Löffel zusammen mit den oberflächlichen Epithelzellen von der Harnröhrenwand abgeschabt. Wir verwenden ein Eisenstäbchen, das einerseits als Öse und anderseits als abgestumpfter Spatel endigt. Das Sekret wird gleich nach der Entnahme auf einem Objektträger dünn ausgestrichen und nach Fixation gefärbt. Bei spärlicher Sekretion in einem späteren Stadium der Entzündung scheint auch der urethrale Probetampon

Abb. 12. Spatel mit ösenförmigem Ende zur Sekretentnahme (natürliche Länge 16 cm)

(Kritzler) gut verwertbar zu sein, der einige Stunden in die Harnröhre gelegt, sich mit Sekret vollsaugt und dann für die mikroskopische Untersuchung genügend Material enthält.

Behandlung

Die Harnröhrengonorrhoe heilt nicht ganz selten ohne Behandlung aus oder es verschwinden wenigstens deren Symptome. Trotzdem ist sie zu behandeln. Auch darüber, ob die Harnröhrengonorrhoe schon im akuten Stadium behandelt werden soll, bestehen kaum Meinungsverschiedenheiten. Ganz besonders dann ist die Behandlung der akuten Harnröhrengonorrhoe baldigst in Angriff zu nehmen, wenn sich die Gonokokken, wie es anfangs häufig der Fall ist, ausschließlich in der Harnröhre angesiedelt haben. Die frühzeitige Behandlung hat dabei den Zweck, eine Übertragung der Infektion von der Harnröhre auf die Gebärmutter zu verhindern, während die Gefahr eines Übergreifens auf die Blase und weiterhin auf die Nierenbecken kaum besteht. Tatsächlich gelingt es ausnahmsweise, derartige Fälle von ausschließlicher Infektion der Harnröhre durch absolutes Koitusverbot, Unterlassen jedes vaginalen oder zervikalen Eingriffes, täglich mehrmalige Desinfektion der Harnröhre, Einstauben des Vorhofes und heiße Sitzbäder abortiv zu behandeln.

Interne Behandlung

Um eine Durchspülung der Harnröhre von oben her zu erzielen, soll reichlich Flüssigkeit, wie Preblauer Wasser, Lindenblütentee oder Blasentee (Folia uvae ursi, Herba herniar. aa partes), ferner ein Harndesinfiziens wie Urotropin (= Hexamethylentetramin), Hexal (= Sulfosalizylsäure + Hexamethylentetramin), Helmitol (= Anhydromethylenzitronensäure + Hexamethylentetramin), Salol (= Salizylsäurephenylester) oder dergleichen gegeben werden. Balsamica, wie Sandelöl, Kopaivbalsam oder Kubebenöl, sind kaum nötig und werden höchstens bei den äußerst selten auftretenden quälenden Tenesmen verwendet.

Während der akuten Entzündungserscheinungen soll die Diät eine blande sein.

Örtliche Behandlung

Da die Tripperansteckung der Harnröhre im allgemeinen im Epithel abläuft und die Harnröhre beim Weibe einen kurzen Kanal darstellt, ist die örtliche Behandlung meist einfach. Sobald sich jedoch Gonokokken in die Harnröhrendrüsen einnisten, sind dieselben dem reinigenden Harnstrom und den keimtötenden Mitteln nur schwer zugänglich und geben Veranlassung zu einem hartnäckigen und langwierigen Ablauf der Ansteckung. Die Mittel, welche uns für die örtliche Behandlung zur Verfügung stehen, sind in erster Linie desinfizierende und adstringierende Medikamente, ferner Wärme und Licht. Die Medikamente können in flüssiger, salbiger oder fester Form in die Harnröhre eingebracht werden. Für die flüssigen Lösungen kommen die Verfahren der Einspritzung, der Durchspülung mit rückläufigem Katheter und schließlich der Auswischung mittels Tampontragers in Betracht. Diese Methoden sind die gebräuchlichsten und bequemsten. Vor jedem instrumentellen Eingehen in die Harnröhre muß vorerst die Kranke Harn lassen, um das Sekret herauszuspülen. Die flüssigen Medikamente sollen am besten in einer Temperatur von 40 bis 45⁰ C eingespritzt werden.

Injektionsbehandlung. Dieselbe wird mit Hilfe einer 5 bis 10 ccm fassenden Hartgummispritze durchgeführt, die entweder selbst einen

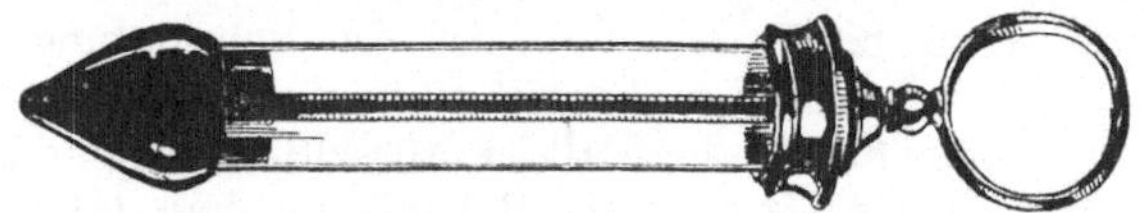

Abb. 13. Tripperspritze nach N e i s s e r

konischen Ansatz besitzt oder der eine Harnröhrenkanüle aufgesetzt wird. Als Injektionsspritze mit konischem Ansatz wird vielfach die für die Behandlung der vorderen Harnröhre beim Manne übliche Neissersche Spritze verwendet. Nachdem die Kranke Harn gelassen hat, werden mit Hilfe derselben 2 bis 5 ccm der Injektionsflüssigkeit eingespritzt, dann wird der Spritzenkonus durch einige Minuten auf die äußere Harnröhrenmündung aufgedrückt gehalten, damit das Medikament nicht abfließen und längere Zeit auf die Harnröhrenschleimhaut wirken kann. Diese Spritze gibt uns auch die Möglichkeit, eine Selbstbehandlung der Kranken durchführen zu lassen. Es ist meist notwendig, daß die Frauen dieselbe mit Hilfe eines Spiegels einüben. Doch ist zu bemerken, daß manche Kranke nicht die nötige Geschicklichkeit und Geduld haben, um eine Selbstbehandlung durchzuführen.

Für die Behandlung des Harnröhrentrippers durch den Arzt kommt in erster Linie der Fritschsche Spritzenansatz in Betracht. Derselbe ist 7 bis 9 cm lang und läuft in eine olivenförmige Anschwellung aus, hinter welcher kleine Öffnungen, sogenannte Augen angebracht sind. Nachdem die Patientin die Blase entleert hat, wird der Ansatz in die Harnröhre soweit vorgeschoben, daß die Olive desselben die Harnröhre gegen die Blase abschließt. Nun werden 5 bis 10 ccm der Injektionsflüssigkeit eingespritzt. Diese Spritzenansätze aus vulkanisiertem Kautschuk werden außer Gebrauch in einer Glasschale mit Des-

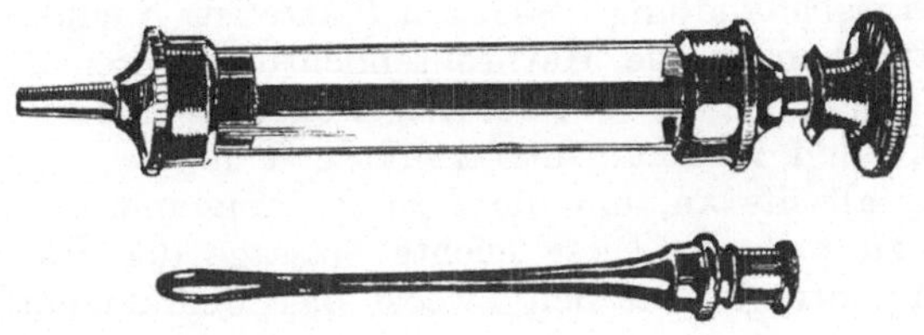

Abb. 14. Spritze und Spritzenansatz nach Fritsch

infektionsflüssigkeit, Sublimat-, Oxyzanat-, Boroform- oder Lysoformlösung aufbewahrt. Wir verwenden auch statt des Hartgummiansatzes einen ähnlich gebauten, aus Silber verfertigten, der sich leicht auskochen läßt. Selbstverständlich können an Stelle eines derartigen Ansatzes auch Glas-, Gummi- oder Seidenkatheter verwendet werden. Für Instillationen in die hintere Harnröhre eignet sich der elastische Katheter nach Guyon. Vor der Harnröhrenbehandlung soll die Patientin Harn lassen, nach derselben ist sie aufzufordern, den Harn möglichst lange anzuhalten.

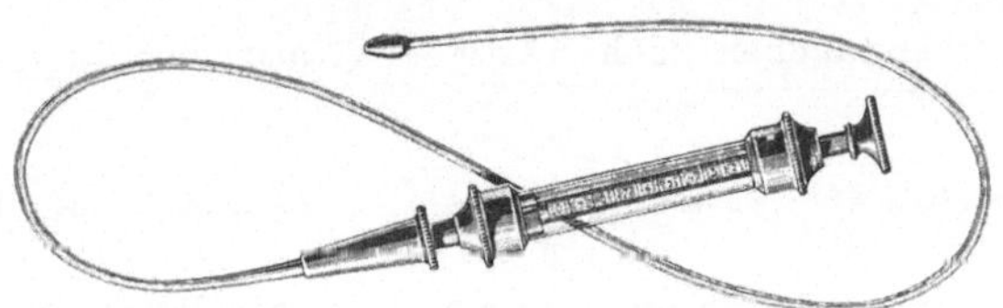

Abb. 15. Elastischer Katheter und Spritze nach Guyon

Bei der Spülbehandlung der Harnröhre werden mittels rückläufigen Katheters wenig konzentrierte, gewärmte Lösungen durchgespült.

Auswischverfahren. Flüssige Medikamente können weiterhin auch mit Hilfe eines watteumhüllten Tampenträgers in die Harnröhre zwecks Auswischung derselben eingebracht werden. Dieselben sollen ungefähr die Länge und Dicke einer mittelstarken Stricknadel und zur Anwickelung von Watte an einem Ende eine Riefelung haben. Sehr brauchbar sind die Sängerschen Silber- oder Nickelinstäbchen; doch können auch ohne die Wirksamkeit einer Silberlösung herabzusetzen, gewöhnliche Eisenstäbchen verwendet werden. Auch der für die Intrauterinbehandlung bestimmte Chrobaksche Tamponträger eignet sich für die Auswischung der Harnröhre. Nicht geeignet sind wegen ihre Dicke die Playfairschen Sonden. Die Tamponträger werden am besten trocken in hohen Sterilisationsbüchsen aufbewahrt. Vor dem Gebrauch werden sie in das Medikament getaucht und nach Entleerung der Blase vorsichtig und ohne jede Gewalt unter drehenden Bewegungen in die Harnröhre hinaufgeschoben, wobei das tamponfreie Ende des Stäbchens entsprechend dem Verlauf der Harnröhre leicht gesenkt wird. Bei frisch entzündeter oder enger Harnröhre, kann die Einführung der Stäbchen zu einer Schleimhautverletzung mit Blutabgang führen, für welchen Fall die Injektionsbehandlung besser am Platze ist. Nachdem das watteumwickelte Stäbchen in die Harnröhrenlichtung unter drehender Bewegung hinaufgeschoben ist, geht der Zeigefinger des Arztes in die Scheide ein und drückt den medikamentgetränkten Tampon gegen die Harnröhrenwandung allseits an, um die Lösung innig mit der Schleimhaut in Berührung zu bringen. Diese leichte Massage der Harnröhrenwand über dem Tamponträger hat den Zweck, das Medikament auch in die

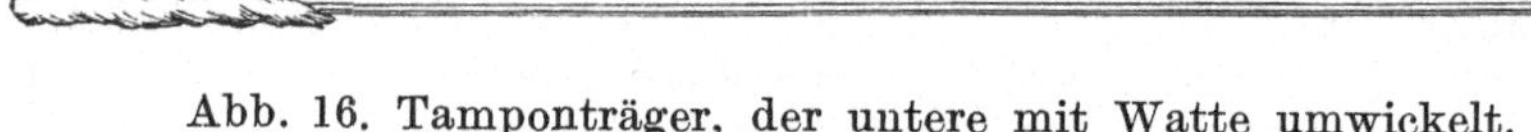

Abb. 16. Tamponträger, der untere mit Watte umwickelt.
(Natürliche Länge 26 cm)

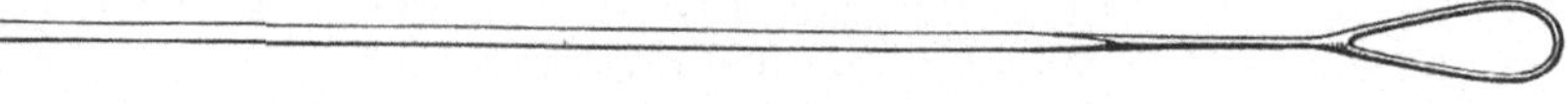

Abb. 17. Silberstäbchen nach Sänger. (Natürliche Länge 30 cm)

Abb. 18. Tamponträger nach Chrobak. (Natürliche Länge 25 cm)

Vertiefung zwischen den Längsfalten der Schleimhaut hineinzubringen und allfällig infizierte Harnröhrendrüsen und Krypten auszuquetschen. Sie eignet sich daher besonders für jene Fälle, wo wir aus der verzögerten Heilung auf eine Einnistung von Gonokokken in die Lakunen der Harnröhre schließen können.

Als Desinfektionsmittel sind im Gebrauche: 1 bis 10%ige Protargol-, Argonin- und Larginlösungen, 0,2 bis 2%ige Argentamin-, Ichthargan-, Argentum nitricum- und Cholevallösungen. Auch 2 bis 5%ige Jodtinktur eignet sich besonders für ältere Fälle. Am wirksamsten von allen scheint die Höllensteinlösung zu sein. Dieselbe wird anfangs natürlich in geringerer Konzentration auch bei frischen Fällen gut vertragen, da die weibliche Harnröhre nicht so empfindlich wie die männliche ist. Sehr empfiehlt es sich, die Medikamente zu wechseln, da bei längerem Gebrauche eine Anpassung an das Mittel einzutreten und dasselbe dadurch weniger wirksam zu werden scheint. Welches von den Silberpräparaten angewendet wird, ist ziemlich gleichgültig, doch ist als Regel zu merken: Je akuter der Entzündungsprozeß, um so weniger konzentriert sei die Lösung. Während die Injektionen in die Harnröhre täglich ein bis zweimal erfolgen können, dürfen Auswischungen höchstens einmal im Tage durchgeführt werden.

Salbenbehandlung. Weiters wird auch die Salbenbehandlung nach Almkvist bei Harnröhrengonorrhoe angewendet. Dieselbe eignet sich jedoch besser für die Gebärmutter. Auch Asch hat eine Spritze zur Salbeninjektion angegeben und mit gutem Erfolge Novinjektolsalbe eingespritzt, deren wirksames Desinfiziens Protargol ist. Selbstverständlich muß nach der Salbeneinspritzung vor die äußere Harnröhrenöffnung ein Tampon gelegt werden.

Stäbchenbehandung. Vielfach in Verwendung kommen auch die löslichen Harnröhrenstäbchen (Bacilli urethrales, Styli urethrales, Urethralsuppositorien), wobei das desinfizierende Medikament in einem bei Zimmertemperatur festen, bei Körperwärme zerfließenden Vehikel verwendet wird. Dieselben werden z. B. in folgender Weise verschrieben: Rp. Argent. proteinic. 0,1, Butyr. Cacao 0,9. M. f. bac. urethr. crassitudine 3 mm, longitudine 5 bis 6 cm. Oder Rp. Zinci sulfurici 0,2, Alum. crud. 0,5. Butyr. Cacao qu. s. ut f. bac. urethr. Das Medikament kann natürlich auch in höherer oder niedrigerer Zusammensetzung verschrieben werden oder durch ein anderes Silberpräparat ersetzt werden.

Da bei der Verflüssigung des Kakaoöls die Schleimhaut mit einer Fettschichte überzogen wird und daher das freiwerdende Desinfiziens nicht so stark mit der Schleimhaut in Berührung kommt, so werden neuerdings wasserlösliche Harnröhrenstäbchen verwendet, die jedoch wieder den Nachteil geringer Gleitfähigkeit haben, wodurch die Einführung etwas schmerzhaft empfunden wird. So wurde von Asch folgendes Rezept angegeben: Sacch. alb. subt. pulv., Sacch. lactis, Gummi arabic. aa 3,0, Tragacanth., Glycerin qu. s., Choleval 10%, Nr. XII crassitudine 4 mm longitudine 70 mm.

Wasserlösliche Stäbchen finden sich auch fertig im Handel und werden verschrieben: Rp. Cholevalstäbchen oder Rp. Delegon (5%ige Protargolstäbchen) Nr. XXV, Größe I 24 mm lang, 4 mm dick, Größe II 50 mm lang, 6 mm dick, oder Rp. Styli Spuman à 0,5 g cum Argento nitrico (0,15%), oder Rp. Gonostyli Albargini (0,2%), 10 cm lang. Bezüglich der Cholevalstäbchen ist zu bemerken, daß sie bei der Einführung wegen ihrer rauhen Oberfläche als auch bei der Auflösung schmerzhaft empfunden werden.

Um die Harnröhrenschleimhaut möglichst zu entfalten, wurden von Arneth 6 bis 8 mm dicke und 3 bis 7 cm lange Glasstäbchen mit einem medikamentösen Überzug angegeben, der Argentamin oder Argentum nitricum in Kakaobutter suspendiert enthält. Um ein Hineingleiten in die Harnblase zu verhindern, trägt der Stift einen plattenförmigen Ansatz an einem Ende. Das Stäbchen bleibt zehn bis zwanzig Minuten liegen. Durch Ausdehnung der Harnröhre wird die

Schleimhaut entfaltet und das Medikament kann auch in die Tiefe zwischen den Harnröhrenfalten gelangen.

Nach Einführung der Stäbchen bleibt die Kranke am besten durch mindestens fünf Minuten in Rückenlage. Vor dem Aufstehen wird ein großer Wattetampon in den Scheideneingang gelegt, damit das abfließende Desinfektionsmittel die Wäsche nicht beschmutzt. Die Harnröhrenstäbchen eignen sich am besten für alle Fälle mit geringer Sekretion aus der Harnröhre und vor allem für die Selbstbehandlung, sei es, daß sie die ärztliche Behandlung unterstützen oder ersetzen soll. Bei Einführung der Harnröhrenstäbchen ist die Vorsicht zu beobachten, daß sie nicht in die Blase hineingeschoben werden, da sich sonst um den Fremdkörper herum ein Blasenstein entwickeln könnte.

Heizsonden- und Lichtbehandlung. Schließlich werden auf Grund der Tatsache, daß die Gonokokken bei höheren Temperaturen zugrunde gehen, zur Abtötung derselben Heizsonden (Rost, Schücking, Seitz, Gutmann) verwendet, ohne jedoch eine weitere Verbreitung zu finden. Auch die Behandlung mit Leuchtsonden (Gauß, R. Franz) hat sich wegen der Umständlichkeit und Kosten der Apparatur nicht durchgesetzt. Auch vor Einführung der Stäbchen und Sonden ist die Patientin anzuweisen, Harn zu lassen.

Kauterisationsbehandlung. Besondere Schwierigkeiten bei der Behandlung macht die Erkrankung der urethralen Krypten und Drüsen, die einen Schlupfwinkel für Gonokokken darstellen, von wo aus der Prozeß nicht nur immer wieder aufflackern, sondern auch anderorts übertragen werden kann. Die Behandlung dieser Infektionsherde besteht in der Ausbrennung mit 20%iger Argentum nitricum-Lösung oder dem Galvanokauter oder Spaltung unter Einstellung mit dem Urethroskop.

Um die Behandlung der Harnröhre schmerzlos zu machen, können entweder vor derselben 3 bis 5 ccm einer 5%igen Novokain-, Eukainoder Alypinlösung instilliert werden oder es kann nach oder mit Einführung des desinfizierenden Medikamentes ein Harnröhrenstäbchen mit Kokain eingelegt werden.

Vakzine- und Proteinkörperbehandlung

Da nach den neueren Erfahrungen die Injektion von Vakzine und Proteinkörpern auch die offene Schleimhautgonorrhoe günstig zu beeinflussen vermag, kann dieselbe ausnahmsweise bei der Harnröhrengonorrhoe, besonders wenn der Genitalapparat miterkrankt ist, versucht werden. Über die Technik und Anwendung finden sich Angaben bei der Abhandlung über Vakzination und Reiztherapie.

4. Harnblase (Vesica urinaria)

Anatomie

Die Harnblase (Vesica urinaria) liegt im kleinen Becken dicht hinter der Schoßfuge. Sie hat im leeren Zustande die Form eines plattgedrückten Eies, im gefüllten die einer Birne oder Kugel. Man unterscheidet den Körper (Corpus vesicae), der nach oben vorne in den Scheitel (Vertex), nach unten hinten in den Blasengrund (Fundus vesicae) und nach unten vorne in den Blasenhals (Collum vesicae) übergeht. Vom Scheitel bis zum Nabel zieht das mittlere Nabelband (Ligamentum umbilicale medium). Die Blasenwandung setzt sich aus drei Schichten zusammen: 1. Der Bauchfellüberzug (Tunica serosa) bekleidet den Scheitel und den größten Abschnitt des Blasengrundes. Die vordere Wand ist durch Bindegewebe mit der Schoßfuge und den medialen Teilen des Schambeines, die untere mit dem Diaphragma urogenitale verbunden. 2. Die Muskelschichte (Tunica muscularis) besteht außen aus längstverlaufenden, in der Mitte aus zirkulären und unter der Schleimhaut netzförmig verlaufenden Bündeln. Auch von der Nachbarschaft treten quergestreifte Muskeln zur Blasenmuskulatur. 3. Die Blasenschleimhaut (Tunica mucosa) setzt sich aus zweischichtigem Übergangsepithel, in den oberen Schichten aus großen, platten, in den tieferen Schichten aus kubischen bis zylindrischen Zellen zusammen. Sie ist durch eine lockere Tela submucosa mit der Muskelschicht verbunden und legt sich bei leerer Blase in zahlreiche Falten. Nur im Bereiche des dreieckigen Feldes der unteren Wand (Trigonum vesicae Lieutaudi) bleibt sie glatt. Die seitlichen hinteren Ecken dieses Dreieckes sind durch die 3 bis 4 mm breiten, länglichen Harnleiterwülste (Plicae uretericae) gekennzeichnet, in denen die Mündungen der Harnleiter (Orificia ureteris) liegen. Von einer Harnleitermündung zur anderen zieht an der Basis des Dreieckes als flache Vorwölbung das Ligamentum interuretericum. Die Spitze des gleichschenkeligen Dreieckes fällt mit der inneren Harnröhrenöffnung (Orificium urethrae internum) zusammen. In der Schleimhaut des Fundus und Corpus sind verästelte tubulöse Drüsen (Glandulae vesicales), sowie einzelne Lymphknötchen (Noduli lymphatici vesicales) eingelagert. Die Schleimhaut ist glänzend, gelbrosa, gegen die Harnröhrenöffnung zu gefäßreich. Die Arterien kommen teils aus der Arteria umbilicalis, teils aus der Arteria hypogastrica, wobei zahlreiche Verbindungen zwischen beiden Gefäßgebieten bestehen. Die Venen bilden ein reich entwickeltes, untereinander anastomosierendes Netz.

Die Lymphbahnen, die sich unterhalb des Bauchfells, in der Muskelschicht und in der Schleimhaut ausbreiten, ziehen hauptsächlich zu den hypogastrischen und iliakalen Drüsen. Die Nerven der Harnblase stammen aus dem sympathischen Plexus hypogastricus und aus dem dritten bis vierten Sakralnerven, die sich zum Plexus vesicalis vereinigen.

Pathologische Anatomie und Histologie. (Cystitis colli gonorrhoica, Cystitis corporis gonorrhoica)

Über das Aufsteigen der gonorrhoischen Infektion von der Harnröhre in höher gelegene Abschnitte der Harnwege sind unsere Kenntnisse noch mangelhaft, da nur wenig derartige Beobachtungen vorliegen. Während nach Ansicht der Andrologen die Gonorrhoe nicht so selten in die Blase aufsteigt, wird die gonorrhoische Blasenerkrankung von den Gynäkologen für eine sehr seltene Erkrankung gehalten. Unberechtigterweise wird bei Gonorrhoekranken mit Harnbeschwerden ohne weiters eine Beteiligung der Blase angenommen. Die Seltenheit des Aufsteigens ist in verschiedenen Ursachen gelegen. In erster Linie ist hervorzuheben, daß die Gonorrhoe der Harnröhre beim Weibe in den meisten Fällen verhältnismäßig rasch zur Heilung kommt und nur selten chronisch wird. Ferner ist normalerweise die Harnröhre gegen die Blase zu fest verschlossen und dadurch ein Regurgitieren von Eiter aus der Harnröhre in die Blase nicht möglich. Weiters ist bei der Gonorrhoe des Weibes infolge der einfachen anatomischen Verhältnisse die Möglichkeit einer Harnstauung kaum gegeben und schließlich leistet das kubische oder plattenförmige Epithel der Blasenschleimhaut bei Erwachsenen gegen die Ansiedlung oder Einwanderung von Gonokokken Widerstand. Tatsächlich sind die wenigen einwandfrei beobachteten Fälle nur bei jugendlichen oder schwangeren Frauen beschrieben. Es scheint demnach nur die Epithelzartheit der Blasenschleimhaut bei jungen Mädchen und die Epithelauflockerung bei Schwangeren eine Gewebsdisposition abzugeben.

In einem kleinen Teil der gonorrhoischen Harnröhrenentzündungen kommt es dennoch zum Überschreiten der Sphinktergrenze. Die Ausbreitung findet zunächst im gefäßreichen Trigonum und im Bereiche des Sphinkterrandes, welches Gebiet entwicklungsgeschichtlich der Harnröhre zugehört, statt, während der übrige Teil der Blase nicht befallen wird. Es kommt zur Cystitis colli oder Trigonitis gonorrhoica, welche Erkrankung auch chronisch werden kann. Die Schleimhaut über dem Sphinkter und auf dem Trigonum ist entzündlich gewulstet, dunkelrot, fleckig gefärbt, mit Epitheltrübungen und Desquamation, sowie Blutaustritten versehen.

Subjektiv werden dieselben Merkmale wie bei der Cystitis corporis wahrgenommen. Aus diesem Grunde wird sehr häufig unberechtigterweise eine Erkrankung der ganzen Blase angenommen. Auch der Eitergehalt des Harnes wird in diesem Sinne gedeutet. Das beschriebene cystokopische Bild ist für jede Cystitis colli bezeichnend und weist keineswegs auch nur mit einiger Sicherheit auf eine gonorrhoische Ansteckung hin. Wahrscheinlich wird bei länger bestehender oder behandelter Harnröhrenentzündung der Blasenhals nicht selten mit Gonokokken infiziert, doch dürften dieselben sehr bald einer Misch- oder Sekundärinfektion mit anderen Keimen Platz machen, so daß die Reizzustände im Anschluß an eine gonorrhoische Urethritis keineswegs von vornherein auf eine Gonorrhoe bezogen werden dürfen.

Ein Aufsteigen der gonorrhoischen Infektion in den Blasenkörper tritt jedenfalls nur ganz ausnahmsweise ein, wie aus den wenigen beschriebenen Fällen hervorgeht. Der erste Fall wurde von Finger beschrieben, weiterhin wurden Fälle von Kalischer, Felecki, Bierhof,

Zangenmeister, Stöckel, Knorr, Jäger und Linzenmeier mit-
geteilt, deren Diagnose auf cystoskopische und bakteriologische Untersuchungen aufgebaut ist.

Die erste pathologisch-anatomische Beobachtung stammt
von Wertheim, der das Präparat einer gonorrhoischen Cystitis beschrieb,
das von einem Mädchen mit einer frischen Harnröhrengonorrhoe herrührte.
Das Epithellager der Blase zeigte typische Gonokokkenrasen, die selbst
bis in das subepitheliale Bindegewebe vorgedrungen und an einer Stelle
sogar in ein Kapillargefäß eingewandert waren. Finger, Ghon und
Schlagenhaufer fanden das Epithel teilweise abgestoßen, das subepitheliale Bindegewebe leukozytär infiltriert.

Symptome

Die gonorrhoische Cystitis kann mit hohem Fieber oder aber auch
nur mit körperlichem Unbehagen beginnen. Eine anhaltende Temperatursteigerung weist stets auf eine Mitbeteiligung des Nierenbeckens hin. Im
übrigen sind die Erscheinungen einer gonorrhoischen Cystitis die gleichen
wie bei einem Blasenkatarrh, der durch andere Keime hervorgerufen ist.
Während der Gesunde drei bis viermal im Tage uriniert, empfindet der
Cystitiker den Harndrang häufiger, stündlich, halbstündlich, sogar fortwährend (Pollakiurie). Dadurch, daß bei Cystitis auch des Nachts Harndrang besteht und der Patient aus dem Schlafe geweckt wird, unterscheidet sich der cystitische vom nervösen Harndrang, der Nachts keine
Beschwerden macht. Die Ursache für den cystitischen Harndrang ist das
entzündliche Ödem im Bereiche der Blasenschließmuskulatur und die
erhöhte Reizbarkeit der Blasenwand bei stärkerer Dehnung. Bei akuter
Entzündung besteht Schmerz bei der Harnentleerung entweder am
Beginn oder während derselben, häufig aber auch, besonders bei der
Entzündung des Blasenhalses, am Schlusse der Miktion. Im chronischen
Stadium der Entzündung sind natürlich die Schmerzen wesentlich
geringer. Der Harn ist flockig getrübt und zeigt meist Eiweiß in Spuren.
Eiter im Harn (Pyurie) findet sich besonders bei frischeren Fällen,
wobei sich derselbe beim Stehen schnell zu Boden setzt, so daß der Harn
klar wird. Der Bodensatz enthält wenig Epithelien, reichlich Leukozyten
und typische intrazelluläre und extrazelluläre gramnegative Diplokokken.

Bei chronischer Cystitis finden sich oft reichliche Lymphozyten, neben frischen auch zerfallene Eiterzellen und degenerierte
Epithelien. Die Sedimentierung geht dabei nicht so vollständig vor
sich. Blut im Harne, wenn auch bei den bisher bekannten Fällen nicht
beschrieben, dürfte bei frischen Fällen gelegentlich auch als Beimengung
vorkommen. Nach Angabe einiger Autoren (Finger u. a.) soll die
schokoladbraune Farbe des Harnes mit gewissen Einschränkungen für
eine gonorrhoische Blasenentzündung kennzeichnend sein. Die Reaktion des cystitischen Harnes ist in der Mehrzahl der Fälle sauer. Ohne
Berechtigung wurde daher von Du Mesnil die saure Reaktion des Harnes

als für die gonorrhoische Cystitis als charakteristisch hingestellt. Das erste cystoskopische Bild einer Gonorrhoe des Blasenkörpers wurde von Finger beschrieben und als charakteristisch für die Erkrankung hingestellt. Weitere Beschreibungen stammen von Kalischer und Knorr. Die erste mit Hilfe des Cystoskops angefertigte Abbildung der gonorrhoisch erkrankten Blasenschleimhaut bringt Zangenmeister, eine weitere sehr gelungene Linzenmeier. Nach diesen Beschreibungen und Abbildungen ist im Gegensatz zu anderen Cystitiden, die in flächenhafter, kontinuierlicher Ausbreitung auftreten, eine inselförmige Zerstreuung der Entzündungszentren, also die maculopapulöse Form für die gonorrhoische Cystitis bezeichnend. Die Gefäße zeigen starke Injektion. Auf der im übrigen hellgelben Schleimhaut finden sich eine Menge kleiner, scharf umschriebener, rundlicher hämorrhagischer Pünktchen und Knötchen, welche einer Purpura sehr ähneln, sich aber über die Schleimhaut erheben. Linzenmeier fand drei linsengroße, blutig tingierte Stellen, die in der Mitte eine stecknadelkopfgroße gelbliche Erhabenheit tragen. Derselbe konnte demnach die von Finger, Kalischer, Zangenmeister und Knorr mitgeteilten Blasenbilder bestätigen, bewies jedoch gleichzeitig, daß es auch sicher gonorrhoische Cystitiden ohne diese Merkmale der Blasenschleimhaut gibt, indem er einen einwandfreien Fall von Blasengonorrhoe mitteilte, der das gewöhnliche Blasenbild einer akuten Cystitis aufwies. Selbstverständlich ist das als für die Gonorrhoe charakteristisch hingestellte Blasenbild nur vorübergehend zu beobachten und verschwindet im Verlaufe der Heilung oder Behandlung. Im übrigen ist auch das inselförmige Auftreten der Entzündung nicht ausschließlich für die Gonorrhoe charakteristisch.

Diagnose

Die allgemeinen Erscheinungen und die örtlichen Symptome des Harndranges, Schmerzes und Eiterharnes, sowie der Gonokokkennachweis im Harn allein geben keinen sicheren Hinweis für das Bestehen einer gonorrhoischen Infektion des Blasenkörpers. Diese Merkmale weisen wohl auf eine entzündliche Erkrankung der Blase hin, die im Anschluß an eine gonorrhoische Urethritis entstanden sein kann, keineswegs aber auf eine sicher gonorrhoische Infektion des Blasenkörpers oder Trigonum. Der Blasenkatarrh ist vielmehr in der überwiegenden Mehrzahl der Fälle durch eine Sekundärinfektion mit anderen pathogenen Keimen wie Coli, Staphylokokken, Streptokokken u. a. im Anschluß an eine gonorrhoische Urethritis entstanden.

Weder der Gonokokkennachweis im gefärbten Sedimentpräparat des Katheterharnes, noch die typische, aus dem Katheterharn gezüchtete Gonokokkenkultur gibt uns ohne das typische Blasenbild einen vollständig sicheren Beweis für die Infektion des Blasenkörpers, da auch bei dem mittels Katheterismus entnommenen Harne die Gonokokken aus der Harnröhre stammen können. Linzenmeier verlangt daher zur einwandfreien Diagnosestellung, daß Harn im Ausmaß von 50 bis 100 ccm durch die gänzlich unschädliche suprasymphysäre Punktion der Blase mit einer feinen Nadel entnommen werde. Aus dem gleichen Grunde ist es ein widersinniges Unternehmen, wenn, wie das oft geschieht, bei Gonorrhoekranken mit Harndrangbeschwerden Urin in ein Laboratorium geschickt wird in der Absicht, bei positivem Gonokokkenbefund eine gonorrhoische Cystitis diagnostizieren zu können.

Eine Blasengonorrhoe darf bei positivem Gonokokkenbefund im Harn und den übrigen klinischen Merkmalen wohl mit großer Wahrscheinlichkeit angenommen werden, kann einwandfrei jedoch nur aus dem kulturellen Gonokokkennachweis des steril durch Blasenpunktion entnommenen Harnes diagnostiziert werden.

Die Zweigläserprobe ist auch bei der Frau zu verwerten. Ist der Harn nur in der ersten Portion eitrig trüb, in den folgenden Portionen klar, so besteht keine Cystitis. Ist der Harn in allen Teilen trüb, so besteht meist Cystitis. Es können selbstverständlich aber auch oberhalb der Blase gelegene Abschnitte, wie Nierenbecken, Niere oder auch paravesikale Abszesse der Ursprungsort des Eiters sein. Im übrigen sollen bei der Frau aus dem ohne Katheter entleerten Harn niemals diagnostische Schlüsse gezogen werden.

Behandlung

Wenn wir von der Behandlung sprechen, so ist es für dieselbe gleichgültig, ob es sich um eine Blasenentzündung durch Gonokokken oder um eine Sekundärinfektion mit anderen Keimen nach gonorrhoischer Urethritis oder Cystitis handelt. Da jedenfalls nach gonorrhoischer Urethritis verhältnismäßig häufig Cystitiden entstehen, ist darauf zu sehen, daß bei der Behandlung der Harnröhre nicht Keime in die Harnblase eingeschleppt werden. Jeder Eingriff an der Harnröhre und in der Harnblase soll daher unter aseptischen Vorsichtsmaßregeln vorgenommen und nach demselben allenfalls eine Spülung mit Argentum nitricum 1 : 1000 vorgenommen oder wenigstens ein inneres Harndesinfiziens gegeben werden.

Hygienisch-diätetische Behandlung. Bei der Behandlung der Cystitis gonorrhoica bzw. postgonorrhoica haben wir in erster Linie hygienisch-diätetische Maßnahmen zu verordnen. Dazu gehört bei akuter Entzündung Bettruhe, die den Harndrang mildert, ferner gleichmäßige Wärme. Dieselbe kann verabfolgt werden in Form von warmen Umschlägen um den Unterleib und über den Damm. In gleicher Weise wirken auch Thermophore, warme und heiße Sitz- oder Vollbäder. Da nur die Wärme den Schmerz mildert, soll niemals Kälte, auch nicht bei akuter Blasenentzündung, zur Anwendung kommen. Wichtig für die Behandlung ist auch eine reizlose Kost. Als Getränk ist zu empfehlen: Milch, leichter Tee, Milchkaffee und Limonaden. Einen guten Einfluß auf die Beschaffenheit des eitrigen Harnes haben gewisse Teesorten, die einzeln oder zusammengemischt gegeben werden können, wie: Folia uvae ursi, Herba herniariae, ferner Folia Bucco u. a. Ein bis zwei Eßlöffel des Tees werden gekocht, damit die wirksamen Stoffe herausgezogen werden. Man läßt zwei bis drei Tassen täglich trinken. Verboten ist der Genuß von kohlensäurehältigen Getränken, Alkohol und aller scharf gewürzten Speisen.

Zur Ruhigstellung der entzündeten Organe, sowie zur Herabsetzung des Harndranges wirken Sedativa und Hypnotica günstig. Wir geben Morphium oder Pantopon in Form von Tropfen, Pulver oder als Suppositorium 0,01 bis 0,02 ccm mehrmals täglich. Gut wirkt auch Pyramidon als Stuhlzäpfchen allenfalls unter Zusatz von Opiumtinktur oder Papaverin. Letzteres wird auch zusammen mit Harndesinfizientia verschrieben: Papaverini muriatici 0,10, Saloli 0,25, Urotropin 0,50, D. tal. Nr. XII, S. dreimal täglich 1 Pulver oder als Stuhlzäpfchen: Papaverini hydrochlorici 0,06, Butyr, Cacao. q. s. ut fiant suppos. analia Nr. X, S. täglich zwei Zäpfchen. Balsamica, die bei der männlichen Gonorrhoe vielfach verwendet werden, finden bei der Cystitis des Weibes nur selten Anwendung.

Intern-antiseptische Mittel. Dieselben bezwecken eine desinfizierende Wirkung auf den Harn. Am häufigsten werden Urotropin (Hexamethylentetramin) und Salol (salizylsaures Phenol) gegeben. Beide werden in Dosen von 0,5 täglich zwei- bis dreimal in Pulver oder Tablettenform in Wasser oder Tee gegeben. Urotropin ist nur in saurem Harn wirksam, da sich nur dann Formaldehyd abspalten kann. Deshalb soll bei alkalischem Harn Hexal oder Salol verwendet werden. Urotropin macht bei längerem Gebrauch Magenbeschwerden, ist aber im allgemeinen unschädlich. Nur ganz ausnahmsweise kann Albuminurie oder Hämaturie auftreten. Salol zerfällt im Darm in Salizylsäure und Phenol und kommt im Harn als Salizylsäure und Phenolätherschwefelsäure zur Ausscheidung.

Örtliche Behandlung. Die gonorrhoische bzw. postgonorrhoische Cystitis heilt im allgemeinen rasch aus. Im akuten Stadium derselben ist eine örtliche Behandlung derselben direkt unangebracht. Erst wenn die akuten Reizerscheinungen einer Cystitis abgeklungen sind und eine Pyurie bestehen bleibt, soll die örtliche Behandlung einsetzen, da jede Ausdehnung der entzündlichen Blase und jede Berührung mit dem Katheter schmerzhaft empfunden wird. Aus diesem Grunde werden besonders bei der akuten gonorrhoischen Cystitis nach dem meist rasch abklingenden Reizstadium nur Instillationen, am besten mit einer Guyonschen Tropfspritze gemacht. Bei leerer Blase werden 10 bis 20 Tropfen einer 1 bis 2%igen Argentum-nitricum-Lösung oder einer ½ bis 1%igen Protargollösung eingeträufelt. Diese Einträufelungen geben meist nach kurzer Zeit gute Erfolge. Spülungen werden in mehreren Portionen von 30 bis 50 ccm durchgeführt. Da bei Auswaschung der Blase mit Hilfe der Spülkanne eine Kontrolle des Widerstandes der entzündeten Blasenwand nicht möglich ist, so soll dieselbe nur mit Hilfe der 100 ccm fassenden Blasenspritze durchgeführt werden. Die Spülflüssigkeit muß stets lauwarm sein, weil zu heiße oder zu kalte Flüssigkeit Schmerzen und Harndrang verursacht. Im Gegensatz zu den Cystitiden anderer Herkunft kann bei der gonorrhoischen Blasenentzündung bald mit Argentum nitricum-Lösung 1 : 3000 bis 1 : 500 gespült werden. Damit dieselbe gut wirken kann, empfiehlt sich bei stark eiterhaltigem Harne, vorher die Blase mit 3%iger Borsäurelösung oder Hydrargyrum oxycyanatum-Lösung 1 : 5000 zu reinigen. Der auf die Silbernitratspülung folgende Schmerz und Harndrang p legt bald zu schwinden. Das Silbernitrat bewirkt, abgesehen von der bakteriziden Wirkung, eine Ätzung und Gerinnung der Blasenschleimhaut. Eine ähnliche Wirkung haben auch die anderen Silbersalze, die zum Teil reizloser, aber schwerer löslich sind, so Argonin (Argentum caseinicum) 1 : 500, Protargol (Argentum proteinicum) 1 : 1000, Albargin (Argentum nitricum und Gelatose) 1 : 1000 u. a. Im allgemeinen gilt als Regel, die akute Cystitis mehr allgemein und innerlich zu behandeln, bei der chronischen Cystitis mehr die örtliche Behandlung anzuwenden. Ob täglich oder nur alle zwei Tage gespült werden soll, hängt vom Reizzustand der Blase, von der reizenden Wirkung des Medikaments und dessen Zusammensetzung ab. Ist die Entzündung nur auf das Collum vesicae beschränkt, was sehr oft der Fall ist, so kann man mit Hilfe eines Urethroskops die entzündete Schleimhaut des Blasenhalses durch Watteträger mit ½ bis 1%iger Höllensteinlösung betupfen.

5. Harnleiter (Ureter), Nierenbecken (Pelvis renis)

Anatomie

Der Harnleiter (Ureter) ist ein muskulöshäutiger Schlauch, der trichterförmig aus dem Nierenbecken hervorgeht, retroperitoneal verläuft, unter dem breiten Mutterband in das Parametrium gelangt, die Arteria iliaca und uterina kreuzt und schließlich, die Wand des Fundus vesicae schräg durchbohrend, in das Trigonum mündet. Seine Länge beträgt 28 bis 34 cm, sein Durchmesser ungefähr ½ cm. Die Wand des Harnleiters besteht aus drei Schichten, der Tunica adventitia, der Tunica muscularis, die außen und innen aus längsverlaufenden und in der Mitte aus kreisförmig verlaufenden Muskelfasern zusammengesetzt ist, und der Tunica mucosa mit kleinen tubulösen Drüsen oder Krypten. Die Schleimhaut ist von einem mehrschichtigen Plattenepithel überzogen und in der Längsrichtung gefaltet. Es werden drei Engen unterschieden, im Isthmus 1½ cm vom Nierenbeckenende entfernt, in der Linea arcuata pelvis und schließlich an der Einmündung in die Blase.

Die Niere (Ren) hat die Form einer Bohne, liegt neben der Wirbelsäule, an ihrer Vorderfläche vom Bauchfell bedeckt, an ihrer hinteren Fläche dem Musculus quadratus lumborum und der Pars lumbalis des Zwerchfells aufliegend. Die linke Niere reicht vom elften Brustwirbel bis zum dritten Lendenwirbel, die rechte liegt in der Regel etwas tiefer und erreicht den vierten Lendenwirbel. Ihre Befestigung geschieht durch ihre Blutgefäße und das Bindegewebe, das durch Fetteinlagerung zur sogenannten Capsula adiposa wird. Auf die Anatomie und genauere Gewebsstruktur der Niere braucht h er nicht näher eingegangen zu werden, da bei der gonorrhoischen Infektion das Nierenbecken von Bedeutung ist.

Das Nierenbecken (Pelvis renalis) ist ein trichterförmiger Sack, der aus den Nierenkelchen (Calices renales) hervorgeht und sich in dem Harnleiter fortsetzt. Die Wandung des Nierenbeckens und der Kelche besteht aus drei Schichten, einer äußeren bindegewebigen Tunica adventitia, einer mittleren Tunica muscularis und der inneren Tunica mucosa, die kleine tubulöse Drüsen (Glandulae pelvis renalis) oder häufiger nur einfache Krypten besitzt. Das Epithel der dünnen Schleimhaut ist zylindrisch. Die Arteria renalis versorgt das Nierenbecken und den oberen Harnleiter. Die Gefäßversorgung des übrigen Harnleiters geschieht durch einen Ast der Arteria hypogastrica und Arteria iliaca communis, Zweige der Arteria ovarica, Arteria haemorrhoidalis media und Arteria vesicalis inferior. Die Venen münden oben in die Vena renalis, in der Mitte in den Plexus ovaricus und unten in den Plexus vesicalis. Die Lymphbahnen haben durch die Drüsen an der Aorta, Cava und Vasa hypogastrica, sowie direkt entlang des Ureters selbst eine Verbindung mit denen der Niere und der Blase.

Pathologische Anatomie. (Ureteritis gonorrhoica, Pyelitis gonorrhoica, Pyelonephritis gonorrhoica)

Die Ansichten, ob es zu einer gonorrhoischen Infektion des Harnleiters und Nierenbeckens kommen kann und auf welche Art dieselbe zustande kommt, sind noch geteilt. Jedenfalls liegt noch so geringes Beobachtungsmaterial vor, um aus genügend feststehenden Tatsachen endgültige Schlüsse ziehen zu können.

Eine Infektion des Nierenbeckens kann auf aszendierendem und deszendierendem Wege erfolgen. Bei der aszendierenden Infektion gelangen die Keime von tiefer gelegenen Abschnitten des Harntraktes nach höher gelegenen, demnach von der Harnröhre, dem Blasenhals oder der Blase in den Harnleiter und in das Nierenbecken. Zum Überwandern der Bakterien aus der Harnröhre in den Harnleiter bedarf es dabei keineswegs der Miterkrankung des Blasenkörpers, sondern es genügt die Infektion des kurzen Zwischenstückes, welches das Trigonum bildet, das gewissermaßen eine Brücke zwischen innerer Harnröhrenöffnung und Harnleitermündung darstellt. Auf den anatomischen Zusammenhang zwischen Harnröhre, Trigonum und Harnleiter wurde bereits von Luschka, Waldeyer, Charpy, Kalischer u. a. hingewiesen. Derselbe besteht sowohl bezüglich der Anordnung der Muskulatur als auch der Blutversorgung, indem Harnleiter, Trigonum und obere Harnröhre aus den Arteriae vesicales inferiores versorgt werden. Das Aufsteigen der Keime kann auf verschiedene Weise erfolgen. Die Keime können bei infiziertem Blaseninhalt durch die Lichtung des Harnleiters aufwärts wandern. Dabei muß die Schlußvorrichtung der Harnleitermündung gestört sein, die darin besteht, daß sich die untere Harnleitermündung nur während des Ausspritzens von Harn in die Blase nur für ganz kurze

Zeit öffnet und sich dann sofort wieder schließt. Tatsächlich kann sich unter abnormen Verhältnissen eine antiperistaltische Bewegung einstellen oder es kann durch starke Blasenfüllung der Harnleiter überdehnt und vorübergehend gelähmt werden, wodurch Blaseninhalt in das Nierenbecken hinaufgelangen kann. Auch durch Krämpfe des Sphinkter und Detrusor vesicae kann bei Blasenhals- oder Blasenentzündung der Ventilverschluß des Harnleiters überwunden werden. Jedenfalls spielt bei dieser Art des Aufsteigens die Harnstauung eine wesentliche Rolle. Tatsächlich wurde gonorrhoische Pyonephrose bei intaktem Harnleiter beobachtet (Israel). Weiters können die Keime im Gewebe entweder in der Schleimhaut oder in der Wandung des Harnleiters aufwärts wandern. Dieser Vorgang ist jedoch noch nicht sicher erwiesen. Ferner kann das Aufsteigen der Infektion ins Nierenbecken durch die Lymphbahnen erfolgen, die längs des Harnleiters verlaufen. Diese Art des Aufsteigens wurde im Tierversuch von Bauerreisen nachgewiesen. Schließlich kann die Infektion durch Eigenbewegung der Bakterien erfolgen. Da letztere Eigenschaft dem Gonococcus fehlt, kommt diese Infektionsart hier nicht in Betracht.

Zum Zustandekommen der Infektion der oberen Harnwege gehört außer der Anwesenheit pathogener Bakterien eine durch Harnstauung bedingte Disposition. Die Stauung im Harnleiter oder Nierenbecken dürfte wohl kaum je durch Rückstauung des in der Blase angesammelten Harnes bedingt sein. Eine größere Bedeutung kann der Stenosierung des Harnleiters infolge Injektion, Druck oder Schwellung seiner Wandung zukommen. Druck oder Zug am Harnleiter kann vielleicht gelegentlich durch einen Adnextumor oder durch geschrumpfte pelviperitonitische Stränge oder durch eine schrumpfende Parametritis zustande kommen. Hauptsächlich dürfte die entzündliche Schwellung der Blasen- oder Harnleiterschleimhaut Bedeutung für das Zustandekommen haben, indem durch die Hyperämie bei entzündlichen Erkrankungen der Beckenorgane die Harnleiterwandung verengt wird. Auch die Auflockerung der Schleimhaut während der Menstruation, in der Schwangerschaft und im Wochenbett dürfte bei der Harnstauung eine Disposition für eine Infektion abgeben. Die Hyperämie und Lockerung der Schleimhaut schafft natürlich außer der Möglichkeit einer Stauung auch häufig die Bedingung für eine Infektion.

Für das relativ häufige Auftreten der Harnleiterdilatation und Harnstauung in der Schwangerschaft wird auch die Dextrotorsio und Dextroversio der schwangeren Gebärmutter verantwortlich gemacht, die durch Längsstreckung oder starke Biegung des im kleinen Becken liegenden Harnleiterteiles zu einer Zugwirkung und infolgedessen Stenosierung des Harnleiters führt. Jedenfalls schafft die Schwangerschaft leicht eine Disposition für das Aufsteigen der Gonorrhoe im Harnapparat. Trotzdem ist bei der relativ häufigen Schwangerschaftspyelitis dem Gonococcus eine wesentliche Bedeutung keineswegs beizulegen, weder als Erreger noch als Wegmacher für eine Mischinfektion oder Sekundärinfektion durch andere Keime. Abgeschwächte Muskelarbeit infolge

Atonie des Harnleiters scheint bei allgemeiner, konstitutioneller Schwäche oder Allgemeinerkrankung eine gewisse Rolle für das Zustandekommen einer aufsteigenden Infektion abzugeben.

Zur Infektion des Nierenbeckens kann es auch auf hämatogenem oder deszendierendem Wege kommen. Diese Infektionsart durch Vermittlung der Blutbahn ist für die Koliinfektion häufig und einwandfrei nachgewiesen. Auch für den Gonococcus scheint die Möglichkeit einer hämatogenen Infektion des Nierenbeckens gegeben zu sein, wie der Fall Himmelhebers beweisen dürfte. Eine gonorrhoisch infizierte Wöchnerin bekam in der zweiten Woche ein pyämisches Fieber. Die Niere wurde deutlich tastbar und schmerzhaft und im Blute ließen sich durch die Kultur Gonokokken nachweisen. Dabei bestand keine Cystitis und der Harn erwies sich bei wiederholter Untersuchung völlig steril. Besonders bei gonorrhoischer Endocarditis wurden hämorrhagische Nephritiden beobachtet, die durch Gonokokken oder wahrscheinlicher durch Toxine entstehen können (Colombini). Gonokokken wurden wiederholt im Harnsediment bei Pyelitis, vereinzelt im Nierenbecken bei Pyonephrose (Kapsammer) und in Nierenabszessen (Weishaupt) gefunden.

Wenn auch bei den Pyelitisfällen sicher gonorrhoischer Herkunft in dem aus dem Nierenbecken gewonnenen Harn fast nie Gonokokken, sondern fast immer Staphylokokken, Bacterium coli und andere Bakterien gefunden werden, so sind doch einzelne Fälle von Pyelitis gonorrhoica sichergestellt, die fast immer mit einer Schwangerschaft zusammenhängen (Spalding, Pavone, Kreps, Schottmüller, Barney, Bockhardt u. a.). Nach den bisher vorliegenden Mitteilungen kommt es nur sehr selten zu einem Aufsteigen des Gonococcus in höhere Abschnitte des Harntraktes. Jedenfalls geht aber der Gonococcus hier sehr bald zugrunde und wird durch einen sekundär eindringenden Keim bald verdrängt, so daß er nicht mehr nachweisbar ist. Das Zustandekommen der Sekundärinfektion wird offenbar häufig durch die örtliche Behandlung der Harnröhre und Harnblase gefördert.

Diagnose und Behandlung

Die klinische Diagnose der gonorrhoischen Pyelitis oder Ureteritis ist auf Grund der klinischen Nierenbeckensymptome und des Gonokokkennachweises im Nierenbecken zu stellen. Dabei begegnen wir jedoch für eine vollständig einwandfreie Diagnose sehr leicht dem Einwand, daß die Gonokokken aus den tiefer gelegenen Abschnitten beim Harnleiterkatheterismus in das Nierenbecken verschleppt worden sind. Wegen Bumms Einwendung, daß häufig gramnegative Diplokokken im Harntrakt gefunden werden, müssen wir versuchen, in allen derartigen Fällen das Kulturverfahren heranzuziehen.

Die Behandlung einer gonorrhoischen Pyelitis erfolgt nach denselben Regeln wie die Behandlung einer Nierenbeckenentzündung anderer Herkunft.

6. Scheide (Vagina)

Anatomie und Histologie

Die Scheide bildet einen von vorne nach hinten abgeplatteten Schlauch, der in der Achse des Beckens liegt. Sowohl von der vorderen als auch von der hinteren Wand springen Längsfalten (Columnae rugarum anteriores et posteriores) vor. Der unmittelbar hinter der Harnröhre gelegene und fast bis zum Vorhof herabreichende Teil der Columna rugarum anterior wird Harnröhrenwulst (Carina urethralis) genannt, der besonders bei Frauen, die schon geboren haben, deutlich vorspringt und dadurch sichtbar wird. Außer diesen Längsfalten bestehen noch Quer- und Schrägleisten (Rugae vaginales). Der engste Teil der Scheide ist der Eingang. Im jungfräulichen Zustand ist derselbe durch eine häutige Schleimhaut (Hymen) deutlich vom Vorhof getrennt, der meist muldenförmig ist. Nach oben zu ist die Scheide durch das Scheidengewölbe (Fornix vaginae) abgeschlossen, in das der Scheidenteil der Gebärmutter (Portio vaginalis uteri) als Zapfen hineinragt. Zur genaueren Bestimmung sprechen wir von einem vorderen, hinteren und seitlichen Scheidengewölbe. Die Wandung der Scheide besteht aus Schleimhaut (Tunica mucosa) und einer Muskelschicht (Tunica muscularis), die aus netzförmig angeordneten, glatten Muskelfasern und Bindegewebe zusammengesetzt ist.

Die Scheidenschleimhaut besteht ebenso wie der Portioüberzug aus einem starken, mehrfach geschichteten Pflasterepithel, in das hinein sich die Papillen der bindegewebigen Tunica propria erheben. Letztere enthält ein Netz plexusartig angeordneter Gefäße, deren Äste bis in die Papillen hineinreichen. Der histologische Aufbau zeigt die Epithelzellen in der Basalschicht von kubischer Gestalt und dicht aneinanderliegend, darüber eine breite Schicht polygonaler Zellen, gegen die Oberfläche zu platte, flache Epithelien, die im Gegensatz zur äußeren Haut keine Verhornung aufweisen. Die Zwischensubstanz zwischen den Epithelzellen der oberen Schichten ist mit Glykogen reichlich durchsetzt. Die oberflächlichen, platten Zellen befinden sich fortwährend in Abstoßung. Die Papillen, welche als Ausläufer des subepithelialen Bindegewebes in das Epithel hinein vorspringen, enthalten an ihrer Spitze kleine Lymphfollikel. In jeder normalen Scheidenschleimhaut sieht man Leukozyten und Lymphozyten in mäßiger Zahl, die nach der Lichtung der Scheide zu nach außen wandern. Das Epithel bietet, so lange es intakt bleibt, infolge seiner festen Zellfügung einen sicheren Schutzwall gegen die meisten bakteriellen Infektionen. Ein Drüsensekret der Scheidenwand gibt es nicht, da Drüsen in derselben gänzlich fehlen. Es ist daher falsch, von Scheidensekret zu sprechen.

Die Scheidenschleimhaut unterliegt gewissen physiologischen Veränderungen, die einerseits durch das Lebensalter, andererseits durch die Schwangerschaft bedingt sind. Diese Veränderungen beziehen sich auf den Glykogengehalt und den damit im Zusammenhang stehenden Säuretiter des Scheideninhaltes. In der Schwangerschaft besteht

ödematöse Durchtränkung, Gefäßerweiterung und reichlicher Glykogengehalt, sowie Hypertrophie der Papillen und Erhöhung des Säuretiters.
Im Greisenalter tritt Epithelatrophie, Verminderung des Glykogen-
gehaltes und Herabsetzung des Säuretiters ein.

Physiologie des Scheideninhaltes und der Scheidenwand

Der Scheideninhalt, fälschlicherweise als Scheidensekret bezeichnet, setzt sich zusammen aus seröser Transsudatflüssigkeit aus
den Blut- und Lymphgefäßen der Scheide, aus platten Scheidenepithelien, ferner aus zahlreichen Bakterien und spärlichen Leukozyten. Außerdem findet sich auch unter normalen Verhältnissen im Prae-
menstruum dem Scheideninhalt Zervixschleim beigemengt. Die seröse
Transsudatflüssigkeit gelangt durch die Lymphfollikel, die bis nahe an
die Oberfläche emporragen, in die Scheide.
Die Menge der Leukozyten ist offenbar
abhängig von der Zahl der Fremdkeime
im Scheideninhalt. Die Reaktion des
Scheideninhaltes ist normalerweise sauer,
bedingt durch die Gärungsmilchsäure,
die unter dem Einfluß von bestimmten
Bakterien aus dem Glykogen entsteht,
das mit dem Transsudatstrom aus dem
Scheidenepithel ausgeschwemmt wird
(Zweifel). Der Scheideninhalt zeigt je
nach seiner Zusammensetzung makroskopisch ein verschiedenes Aussehen.
Er ist entweder weißlich oder gelblich,
wäßrig-flüssig oder trocken, bröck-
lig-krümmlig oder schleimig. Bei
weißlich-gelblichem Inhalt tritt nicht
selten auch schaumige Beschaffenheit auf. Gelegentlich spielt die Farbe
ins grünlich-gelbe hinein.

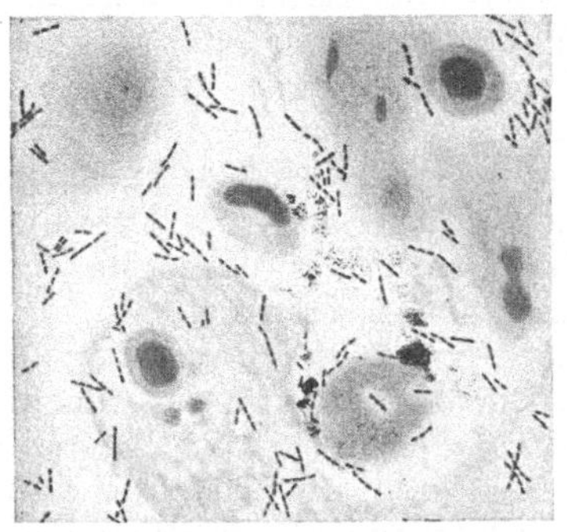

Abb. 19. Abstrich aus dem
Scheidengewölbe bei normalem
Scheideninhalt. Plattenepithelien, Schleim, vereinzelte Leukozyten und zahlreiche Scheidenstäbchen

Die Scheidenbakterien haben im Verein mit Säuregehalt, bakteriellen
Stoffwechselprodukten, Gewebssaft, Leukozyten und Sauerstoffmangel
die Fähigkeit, eingedrungene Keime, besonders Wundkeime abzutöten
und unschädlich zu machen. Diese Eigenschaft des Scheideninhaltes
haben Menge an nichtschwangeren, Bumm, Döderlein und Krönig
an schwangeren Frauen studiert und als Selbstreinigung der Scheide
bezeichnet. Diese Fähigkeit des Scheideninhaltes geht leicht verloren und
es können sich dann verschiedene Keime ansiedeln, die die normalen
Scheidenbakterien überwuchern.

Die wichtigsten Bewohner der Scheide gehören der Gruppe der
Vaginalbazillen an, die auf gesundem Scheidengewebe meist in Reinkultur vegetieren. Nach Manu of Heurlin können zwei Typen unterschieden werden. Die häufiger vorkommende Stäbchenform, Bacillus

vulgaris und die kokkoide Form, Bacillus ordinarius. Die zweite Gruppe ist die der Pseudodiphtheriebazillen. Ferner finden sich in der Scheide Saccharomyces und Bacterium coli, seltener auch Bacterium acidi lactici und Bacillus acidi lactici. Neben diesen falkultativ aeroben Arten sind von den anaeroben, das den Scheidenbazillen nahestehende Comma variabile noch zu nennen. In seltenen Fällen werden in der Scheide Parastreptokokken, Streptococcus intestinalis, Pneumokokken, Tetragenus anaerobius und schließlich Heubazillen, Hefebazillen, Staphylokokken und Proteusarten, in stark verunreinigten Scheiden gelegentlich auch Trichomas vaginalis, eine Flagellate, gefunden. Wir ersehen daraus, daß die bakteriologische Differenzierung des Scheideninhaltes eine mannigfaltige Flora ergibt.

Kennzeichen der normalen und pathologischen Scheidenflora. Der Bakterienreichtum im Genitalschlauch nimmt von unten nach oben zu ab, so daß derselbe im Bereiche der Vulva und des Vorhofes am größten und im Scheidengewölbe und im untersten Abschnitt des Halskanales gering ist, während der obere Halskanal, die Corpushöhle und die Eileiterlichtung als steril anzusehen sind (Walthard). Die Frage, welche Bakterienflora der Scheide als normal und welche als pathologisch zu bezeichnen ist, wird verschieden beantwortet. Döderlein, Heurlin und andere haben jenen Scheideninhalt als normal bezeichnet, der im wesentlichen nur Vaginalbazillen enthält. Uns erscheint mit Menge und Jaschke diese strenge Begrenzung nicht gerechtfertigt, da sonst nur fünfzehn von hundert schwangeren Frauen eine normale Bakterienflora in der Scheide aufweisen würden. Es soll demnach nur dann von

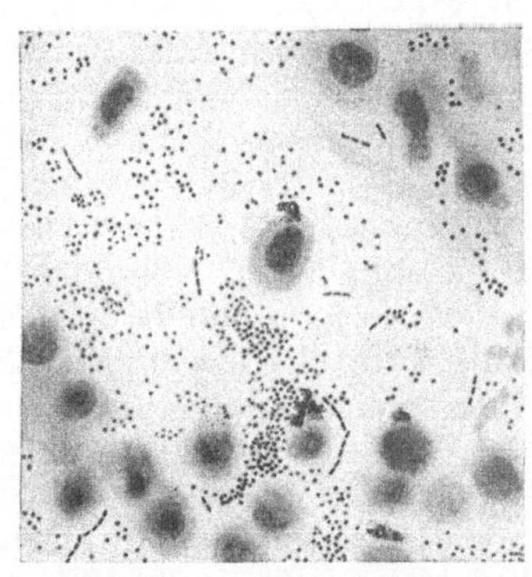

Abb. 20. Abstrich aus der Scheide bei eitriger Kolpitis. Plattenepithelien, reichlich Leukozyten und fast ausschließlich Kokken; Scheidenstäbchen fehlen.

einer Scheidenerkrankung gesprochen werden, wenn auch klinische Krankheitserscheinungen und nachweisbare Schleimhautveränderungen vorhanden sind. Der vorübergehende Nachweis von irgendwelchen Infektionskeimen in der Scheide, so z. B. von Streptococcus pyogenes allein berechtigt nicht, die Scheide als krank zu bezeichnen. Derartige pathologische Keime können jedoch bei Herabminderung der biologischen Widerstandsfähigkeit der Scheidenschleimhaut virulent werden und zur Erkrankung führen. In allen diesen Fällen finden wir dann die Vaginalbazillen mehr oder weniger verdrängt und durch Kokken überwuchert.

Da die Flora des Scheideninhaltes sich in allen pathologischen Fällen aus allen möglichen Bakterien zusammensetzt, so ist es schwer, sich ein

Urteil über die klinische Bedeutung derselben zu bilden. Heurlin, Löser und R. Schröder haben daher auf Grund eingehender kultureller Differenzierungen der Scheidenbakterien unter normalen und pathologischen Verhältnissen drei bis vier Grundtypen aufgestellt und dieselben als verschiedene Reinheitsgrade bezeichnet.

Letztere Unterscheidung hat wohl das klinische Verständnis für die Biologie der Scheide gefördert, praktisch jedoch bisher keine große Brauchbarkeit erlangt. Bei Reinheitsgrad I zeigt der Scheideninhalt feinkrümmelige, bei Reinheitsgrad II mehr milchige Beschaffenheit. Bei Reinheitsgrad III und IV ist der Inhalt im ganzen dünnflüssig, reichlicher, weiß oder gelb, manchmal auch schaumig.

Wahrscheinlich bestehen zwischen Fluor und Scheidenflora, Widerstandskraft der Scheidenschleimhaut und Säuretiter des Scheideninhaltes bestimmte ursächliche Zusammenhänge. Wir wissen nur dabei noch nicht, ob der verminderte Säuretiter die Ursache für das Aufwachsen der pathologischen Flora, ob der geringere Säuregehalt erst die Folge einer Zurückdrängung der säurebildenden Vaginalstäbchen ist, oder ob vielleicht eine andere Ursache für den mangelnden Selbstschutz der Scheide vorhanden ist. Nach den neueren Arbeiten scheint der normale Scheidenmikrobismus darauf zu beruhen, daß die intakte Scheidenwand in ausreichender Menge ein glykogenhaltiges Transsudat liefert, das ein den Vaginalbazillen zusagendes Nährmaterial darstellt, in dem sie neben anderen Stoffwechselprodukten Milchsäure in so reichlicher Menge bilden, daß pathogenen Keimen das Aufkommen dadurch unmöglich gemacht wird. Nach den Untersuchungen von Gräfenberg scheint der Säuretiter des Scheideninhaltes mit dem Werden und Vergehen des Corpus luteum im Zusammenhang zu stehen, indem derselbe im Intermenstruum zum Zeitpunkt der Ovulation den Tiefpunkt, kurz vor dem Einsetzen der Blutung den Höhepunkt und unter dem Einfluß der Menstruation einen raschen Abstieg aufweist. Außer den oben angeführten, allgemein konstitutionellen und erworbenen pathologischen Zuständen spielen örtliche, mechanische, chemische oder toxische Schädigungen eine Rolle.

Pathologie des Scheideninhaltes und der Scheidenwand

In der Scheide fast jeder genitalkranken Frau finden sich Keime, die unter gewöhnlichen Umständen harmlos sind, die aber unter bestimmten Bedingungen virulent werden können. Für dieses Verhalten der Infektionserreger in der Scheide hat Löser den Namen des latenten Mikrobismus, Salomon den des endogenen Mikrobismus geprägt. Durch allgemeine oder örtliche Schädigungen des Organismus, die seine Widerstandskraft herabsetzen, können derartige, scheinbar saprophytär lebende Keime in ihrer Virulenz gesteigert und infektionstüchtig gemacht werden.

Die Bakterienflora des Scheideninhaltes ist demnach wahrscheinlich abhängig von dem biochemischen Verhalten des Scheidengewebes. Nur wenn eine genügende Menge von Glykogen im Scheidenepithel aufgespeichert ist und mit dem Saftstrom ausgeschwemmt wird, kann sich die für das Wachstum der normalen Scheidenbakterien, die der Gruppe der Vaginalbazillen angehören, notwendige Gärungsmilchsäure bilden, in der anderseits die pathologischen Keime, die einen sauren Nährboden nicht vertragen, zugrundegehen. Mit einer Abnahme der Säurebildung in der Scheide geht auch meist eine vermehrte Durchlässigkeit einher, die zum Fluor albus führt. Die Verminderung des Säuretiters führt dazu, daß der Bacillus vaginalis vulgaris und ordinarius spärlich auftritt und die Kokkenformen im Scheideninhalt zunehmen. Diese Außenkeime verursachen dann auf dem minderwertigen Scheidengewebe oberflächliche Entzündungen, wodurch dem Transsudat des Scheidenepithels reichlich Leukozyten beigemengt werden. Eine derartige Minderwertigkeit des Gewebes, die beim Eindringen von Außenkeimen leicht zu einer Umstimmung des normalen Scheidenmikrobismus führen kann, findet sich bei konstitutionellen physiologischen und erworbenen pathologischen Zuständen, die mit einer allgemeinen oder örtlichen Minderwertigkeit oder Schädigung des Gewebes einhergehen.

So entsteht bei Frauen mit Unterernährung und im Greisenalter eine Herabsetzung der biologischen Eigenschaften des Scheidenepithels, die einwandernden Außenkeimen einen günstigen Nährboden abgibt.

Eine Gewebsdisposition für das Entstehen eines weißen oder gelben Ausflusses findet sich auch bei Frauen mit chlorotischem oder phthisischem Habitus, bei Tuberkulose der Lungen, der Drüsen oder anderer Organe, bei Lupus, ferner bei Infantilismus des Gesamtorganismus oder bei Hypoplasie des Genitales, bei Dystrophia adiposogenitalis, bei Habitus asthenicus, bei Basedow, bei Geisteskrankheiten, bei allgemeinen Kreislaufstörungen infolge von Herzkrankheiten, bei Sympathicotonie, bei Krebskachexie, schließlich bei Vernichtung oder Schädigung der Eierstocksfunktion nach Operations- oder Röntgenkastration. Möglicherweise ist überhaupt die abnorme Eierstocksfunktion, also die Hypo- und Dysfunktion des Eierstocks das Primäre bei der Kolpitis (Labhardt u. a.).

Auch interkurrente Erkrankungen, wie Typhus, Grippe, Angina und Intoxikationen durch bestimmte Medikamente können eine Änderung des Mikrobismus in der Scheide zur Folge haben.

Außerdem kann eine Gruppe herausgehoben werden, wo vielleicht vorerst das Substrat der Scheidenwandung nicht gelitten hat, wo aber durch wiederholte Infektionen mit pathogenen Keimen schließlich die normalen Vaginalbazillen überwuchert werden. Hieher gehören Darmerkrankungen, die mit Diarrhoe einhergehen, Wurmkrankheiten, besonders durch Oxyuren bedingte, ferner Bakteriurie bei Blasen- und Nierenbeckeninfektionen.

Eine pathologische Veränderung des normalen, mit Fluor einhergehenden Scheidenmikrobismus kommt manchmal auch bei erstmaliger Kohabitation zustande, indem Keime, zumeist Streptokokken vom Präputialsack des Mannes in die Scheide eingeschleppt werden. Die gleiche Möglichkeit besteht bei Masturbation.

Ferner können Erosionen am Scheidenteil der Gebärmutter bei Cervikalkatarrh, Epitheldefekte der Scheidenwand infolge Pessares, Neubildungen am Scheidenteil und der Scheide die Ansiedlung von Fremdkeimen begünstigen und dadurch einen eitrigen Fluor erzeugen. Hervorzuheben ist, daß sich an den Erosionen leicht Außenkeime ansiedeln, die dann sekundär auch die Cervixschleimhaut infizieren können.

Auch nach Geburten und Fehlgeburten vergehen oft Wochen, bis eine normale Bakterienflora in der Scheide wieder zurückkehrt.

Bei der Entstehung des vaginalen Fluors bilden demnach zwei Umstände die Hauptrolle, einerseits konstitutionelle oder erworbene Funktionsuntüchtigkeit des Scheidenepithels, anderseits die Ansiedlung pathogener Außenkeime, welche die normale Flora überwuchern.

Fluor vaginalis. Als Folge konstitutioneller oder erworbener Untüchtigkeit des Scheidenepithels einerseits, sowie der Ansiedlung pathogener, die normale Flora überwuchernder Außenkeime anderseits entsteht der Fluor vaginalis mit mehr oder weniger starker Entzündung der Scheidenwand. Wir können demnach alle Übergänge vom Fluor albus mit kaum veränderter Scheidenwand zum Fluor flavus mit schwerer Scheidenentzündung beobachten. Als Fluor ist jedes objektiv nachweisbare Abfließen vermehrten Scheideninhaltes zu bezeichnen. Der Ausfluß ist keine Krankheit an sich, sondern nur ein Symptom, das sich sowohl bei Erkrankungen im Bereich des Genitalapparates als auch bei extragenitalen Störungen findet.

Bei einfachem Fluor albus ist die Scheidenhaut überhaupt nicht verändert. Es besteht nur eine starke Desquamation des Scheidenepithels und eine vermehrte Leukozytendurchwanderung durch das Epithel. Die Bakterienflora ist wenig verunreinigt und entspricht dem ersten oder zweiten Reinheitsgrad. Klinisch äußert sich derselbe in Vermehrung des mehr milchigen Scheideninhaltes und reichlichem Abgang desselben nach außen. Bei starker Verunreinigung des Scheidenmikrobismus und damit einhergehender Vermehrung der Leukozyten entsteht ein Fluor flavus. Klinisch äußert sich derselbe durch die gelbe Farbe des reichlichen Scheideninhaltes. Die entzündlichen Veränderungen sowie der Ausfluß wechseln wiederholt ihre Beschaffenheit und zeigen eine gewisse Abhängigkeit vom Menstruationszyklus insofern, als sie vor und nach der Regel verstärkt auftreten.

Die Diagnose ergibt sich aus der Menge und dem Aussehen des Scheideninhaltes sowie der veränderten Scheidenschleimhaut. Bei der mikroskopischen Untersuchung des Scheideninhaltes finden sich Plattenepithelien, Zelldetritus, reichlich Leukozyten und eine verunreinigte Bakterienflora.

Kolpitis simplex. Jeder Fluor, der durch eine starke Verunreinigung der Scheide durch Außenkeime bedingt ist, geht mit einer Entzündung der Scheidenwand einher. Wir dürfen aber nur dann von Kolpitis sprechen, wenn mikroskopisch dem klinischen Bilde Hyperämie, Aufquellung und Leukozyteninfiltrate entsprechen.

Die Kolpitis kommt dadurch zustande, daß die Scheide infolge ihrer Gewebsuntüchtigkeit und die abnorme Reaktion des Scheideninhaltes die Schutzkraft gegenüber dem Eindringen von Außenkeimen verliert, wodurch letztere eine Entzündung der Scheidenwand hervorrufen können. Als Ursachen kommen einerseits chemische, thermische, mechanische oder bakteriotoxische örtliche Schädigungen, anderseits endogen bedingte Störungen des Scheidenmikrobismus und -chemismus in Betracht, wodurch pathogene Keime virulent werden. In den seltensten Fällen der so häufig vorkommenden Kolpitis dürfte dieselbe durch direktes Eindringen von Keimen in das Epithel und die benachbarte Gewebschicht hervorgerufen werden, sondern meist wird die Scheidenwand durch toxische Stoffwechselprodukte der pathogenen Bakterien oder durch den mechanischen Reiz des Gebärmutterausflusses geschädigt werden. Keinesfalls dürfen die in der Scheide nachweisbaren pathogenen Keime ohneweiters als Ursache einer Kolpitis beschuldigt werden:

Die Scheidenschleimhaut zeigt entzündliche Hyperämie. Bei der mikroskopischen Untersuchung finden sich erweiterte Kapillaren, Rundzelleninfiltrate im subepithelialen Bindegewebe und manchmal entsprechend den Papillen Verdünnung oder Defekte des Epithels. Der mit der Entzündung einhergehende Ausfluß entsteht durch die vermehrte Transsudation der Schleimhaut. Die im Transsudat enthaltenen Leukozyten wandern durch das geschädigte oder auch durch das intakte Epithel hindurch.

Klinisch unterscheiden wir verschiedene Formen der Scheidenentzündung. Am häufigsten kommt die Kolpitis simplex vor. Dieselbe ist vor allem durch den gelbweißen oder reingelben, manchmal auch schaumigen Ausfluß merkbar, der seiner Stärke nach sehr wechselt, zeitweise ganz verschwindet, vor und nach der Regel sich meist verstärkt. Bei Zervikalkatarrh findet sich eine starke Schleimbeimengung. Die Frauen haben dabei fortwährend das Gefühl von Feuchtsein und verspüren in der Scheide und an den äußeren Geschlechtsteilen Jucken. In der Leibwäsche werden gelbe Flecken beobachtet. Bei der Spiegeluntersuchung zeigt die Scheidenwand und auch meist der Scheidenteil eine rötliche Schwellung. Häufig ist gleichzeitig auch die Vorhofschleimhaut entzündlich verändert, manchmal besteht bei starkem Ausfluß auch eine Dermatitis der äußeren Geschlechtsteile.

Kolpitis maculosa. Manchmal sind außer der allgemeinen Rötung der Scheidenschleimhaut an einzelnen Stellen, besonders im Scheidengewölbe, tiefrote, erhabene Flecke zu sehen, die dadurch zustande kommen, daß durch das verdünnte Epithel die geschwellten Papillen des subepithelialen Bindegewebes hindurchschimmern, ohne daß sie über die

Oberfläche der Haut erhaben sind. Diese Scheidenentzündung mit fleckiger Rötung wird als **Kolpitis maculosa** bezeichnet.

Kolpitis senilis. Die Scheide von klimakterischen Frauen zeigt häufig eine starke Verdünnung der Schleimhaut, besonders im Bereich desEpithels. Infolge dieser Verdünnung ist die Schleimhaut sehr leicht verletzlich und häufig mit zahlreichen roten Flecken gesprenkelt, die umschriebenen Sugillationen entsprechen. Zugleich besteht auch eine deutliche Glykogenverminderung in der Scheide. Diese Beschaffenheit der Scheide von Klimakterischen verhindert die Selbstreinigung und begünstigt die Ansiedlung und Vermehrung von Außenkeimen, wobei sich ein starker, gelber Ausfluß entwickelt. Dieser Zustand wird als **Kolpitis senilis** bezeichnet. Bei der minderwertigen Beschaffenheit des Epithels von Greisinnen ist auch die Ansiedlung von Gonokokken leichter möglich, die jedoch infolge mangelnder Gelegenheit zur Infektion selten zur Beobachtung kommt.

Kolpitis granularis. Als eine besondere Art der Scheidenentzündung ist hier noch die **Kolpitis granularis** anzuführen. Bei derselben kommt es **zur Anhäufung von Leukozyten in der Umgebung der Blutgefäße in der Papille der bindegewebigen, in das Pflasterepithel der Scheidenschleimhaut hineinreichenden Tunica propria.** Diese kleinzellige Infiltration kann entweder mehr diffus sein, wobei Ausläufer in die Papille hinein reichen, oder sie bildet an der Spitze ein scharf umschriebenes Knötchen, das in einem präformierten Raum liegt und demnach als Lymphfollikel anzusprechen ist. Die Rundzelleninfiltrationen lassen sich oft auch bis in das Schleimhautepithel hinein verfolgen. Diese subepithelialen Infiltrationen bedingen die körnigen Vorwölbungen der Scheidenschleimhaut und da an der Stelle der Hervorragung häufig das Epithellager verdünnt und die Papille gefäßreicher ist, kommt die Rötung der Knötchen zustande. Durch diese Epithelverdünnung und verstärkte Vaskularisation können auch sehr leicht bei geringem Trauma Suggilationen in der gekörnten Scheidenwand entstehen. Der eitrige Scheideninhalt bei Kolpitis granularis kommt gleichfalls infolge Durchwanderung der Rundzellen durch das Epithel hindurch nach dem Scheidenrohr hin zustande. Anscheinend können die scharf umschriebenen Lymphknötchen auch ohne entzündliche Reizung vorkommen, wie sie sich auch im Bereich der übrigen Genitalorgane, besonders in der Gebärmutter vorfinden. Wir hätten demnach zwischen einer Kolpitis mit diffuser leukozytärer Infiltration der Papillen auf entzündlicher Grundlage und zwischen einer Vergrößerung der scharf umschriebenen präexistenten Lymphknötchen in der Papille unter dem Einfluß der Entzündung zu unterscheiden. **Schirschoff** benennt letztere Form der Kolpitis granularis, wobei Gebilde auftreten, die den Noduli lymphatici des Dünndarms gleichen, als **Kolpitis nodularis seu follicularis.** Die Kolpitis granularis ist im allgemeinen eine **entzündliche Reaktion des Schleimhautpapillarkörpers auf den Reiz irgendwelcher Sekrete,** also eine Reizvaginitis, wobei vielleicht eine lymphatische Disposition der Scheide angenommen werden kann. Sie beruht auf einer durch vermehrte Sekretion bedingten Schwellung und Hypertrophie der Papillen einer entzündlich hyperämischen Scheidenschleimhaut. Da die Körnelung der Scheide bei gonorrhoischer Infektion oft vorkommt, wird sie vielfach mit Unrecht als gonorrhoische Erkrankung bezeichnet.

Sie wird bei nichtschwangeren und schwangeren Frauen, unter diesen besonders bei jugendlichen Erstgeschwängerten beobachtet. Auch mangelnde Reinlichkeit scheint eine begünstigende Rolle zu spielen.

Weiß hat in 10% der Geburten Kolpitis granularis festgestellt, von denen sicher die Hälfte nichts mit Gonorrhoe zu tun hatte. Der sichere Nachweis der Gonokokken gelang sogar nur in 21 von hundert dieser Fälle. Die Kolpitis granularis ist daher ebenso wie die spitzen Kondylome

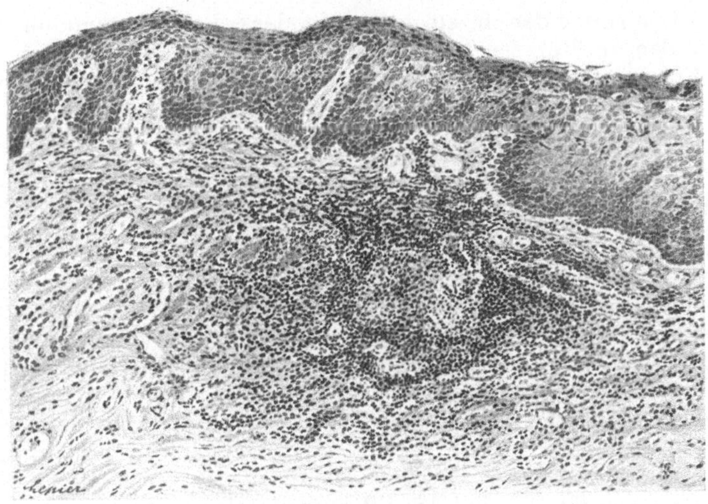

Abb. 21. Kolpitis granularis. Im Bereiche der Papillen und im subpapillären Gewebe knötchenförmige Anhäufung lymphoider Zellen. Das Epithel über solchen Stellen verdünnt, stellenweise abgehoben, zahlreiche Wanderzellen enthaltend
(Präp. des Maria Theresia-Frauenhospital in Wien)

nur als eine paragonorrhoische Gewebsveränderung aufzufassen (Menge). Die Kolpitis granularis geht meist, besonders in der Schwangerschaft, mit einer stark eitrigen Sekretion einher. Bei der digitalen Untersuchung fällt die körnige Beschaffenheit der Scheidenwand auf, indem dichtgedrängte Knötchen über das Niveau der Schleimhaut emporragen. Bei der Inspektion im Spiegel zeigen diese Knötchen eine starke Rötung ihrer Kuppe, die sich von der übrigen hyperämischen Scheidenschleimhaut deutlich abhebt. Diese Körnelung kann sich über die ganze Scheidenwand erstrecken, ist aber besonders häufig im Bereich des Scheidengewölbes und greift manchmal auch auf den Scheidenteil über. Als Ursache für die entzündliche Reizung des Papillarkörpers ist

meist ein reichlicher, eitrig-schleimiger Ausfluß aus der Gebärmutter zu beobachten. Außerdem findet sich infolge dieser Hyper-
sekretion oft auch an den äußeren Geschlechtsteilen eine Dermatitis.
Wenn die geschilderten Symptome festgestellt werden, so ist in An-
betracht der relativ häufigen Ursache einer Gonorrhoe stets nach
Gonokokken im Zervixsekret zu suchen.

Ein ähnliches Bild der Scheidenschleimhaut bedingt die von Winkel
zuerst beschriebene Kolpohyperplasia cystica (Kolpitis emphy-
sematosa), bei der zahlreiche, ebsen- bis bohnengroße, mit Gas gefüllte
Zysten auftreten, die durch gasbildende Keime im subepithelialen Bindegewebe bedingt sind. Diese Scheidenerkrankung ist jedoch außerordentlich selten.

Die Diagnose der einzelnen Formen der Scheidenentzündung ergibt
sich aus den angeführten klinischen Merkmalen. Bakteriologisch findet
sich meist eine starke Verunreinigung der Scheide durch Keime. Von einer
spezifischen, durch bestimmte pathogene Keime bedingten Kolpitis darf
nur bei Nachweis dieser Keime in der Schleimhaut selbst gesprochen werden.

Verhalten der Scheide und des Vorhofes bei der gonorrhoischen Infektion, Kolpitis gonorrhoica

Gerade wie beim Nachweis von Streptokokken im Scheideninhalt eine
bestehende Scheidenentzündung nicht als Kolpitis streptococcica bezeichnet wird, so dürfen wir auch eine Scheidenentzündung bei gonorrhoischer Infektion des Genitales nicht ohneweiters als Kolpitis
gonorrhoica bezeichnen, da hiezu das Eindringen von Keimen in die
Scheidenwand gehört. Mandl und Bumm haben zwar den Beweis
erbracht, daß Tripperkeime in die Scheidenwand eindringen können, doch
siedeln sich dieselben so gut wie niemals in der Schleimhaut der erwachsenen Frau an. Sowohl das Pflasterepithel der Scheide erwachsener
Frauen als auch die chemische Reaktion und die Bakterienflora bieten
einen Schutz gegen die Ansiedlung und das Eindringen von Gonokokken
in die Scheidenschleimhaut. Nur unter ganz besonderen Verhältnissen,
wenn die Schleimhaut die notwendige Widerstandskraft noch nicht erreicht
hat, wie bei jungen Mädchen, oder wenn die Schleimhaut ihre Widerstandskraft durch Atrophie oder durch ödematöse Durchtränkung verloren hat,
wie bei Greisinnen, Kastrierten oder Schwangeren, können sich ausnahmsweise Gonokokken ansiedeln. Auch hier dürfen wir nur dann von
einer echten Kolpitis gonorrhoica sprechen, wenn wir die Gonokokken im
Scheidenepithel nachweisen können. Gonokokken, die sich im abfließenden
Zervixsekret und im Scheideninhalt finden, gestatten keineswegs die
Diagnose auf eine gonorrhoische Scheidenentzündung. Anderseits ist
das Fehlen von Gonokokken im Scheideninhalt kein Beweis gegen das
Vorhandensein einer gonorrhoischen Infektion des Uterus, da die Gonokokken durch die Bakterien der Scheidenflora überwuchert sein können.
Es ist überhaupt nicht zweckmäßig, das sogenannte Scheidensekret für
die Diagnose der Gonorrhoe heranzuziehen.

Wenn es bei der erwachsenen Frau auch so gut wie niemals zur Ansiedlung von Tripperkeimen in der Scheidenwand kommt, so geht doch die gonorrhoische Infektion des Uterus fast immer mit einer Kolpitis einher. Diese Kolpitis simplex bei Gonorrhoe, die auch als Reizvaginitis bezeichnet werden kann, entsteht infolge einer chemisch-toxischen Reizung der Scheidenwand durch den pathologischen Scheideninhalt, der wahrscheinlich durch die Umstimmung der normalen Bakterienflora infolge der Anwesenheit von Gonokokken und durch das pathologische Uterussekret bedingt wird.

Die klinischen Symptome der Scheidenentzündung bei Gonorrhoe unterscheiden sich durch nichts von der Kolpitis simplex anderer Herkunft. Bei geringer Reinhaltung finden sich ausnahmsweise eitrige Beläge oder leicht blutende Epithelverluste.

Diese durch die Anwesenheit von Gonokokken im Cervixsekret oder im Scheideninhalt hervorgerufene Kolpitis simplex bleibt sehr häufig auch noch bestehen, wenn die Gonokokken schon längst aus dem Cervixsekret oder dem Scheideninhalt geschwunden sind, wahrscheinlich häufig durch die pathogenen Keime bedingt, die sich im Anschluß an eine gonorrhoische Infektion im Halskanal ansiedeln oder den Mikrobismus der Scheide verändert haben. Manchmal bleibt die entzündliche Hyperämie der Scheidenwand bestehen, wenn auch der Ausfluß schon sehr gering geworden ist. Im allgemeinen kann man aber feststellen, daß mit fortschreitender Heilung der Gonorrhoe auch eine Besserung der Scheidenflora eintritt. Diese Entzündungshyperämie der Scheide und des Vorhofes verstärkt sich meist zur Zeit der Regel und gibt dann einen Hinweis, daß die gonorrhoische oder postgonorrhoische Entzündung der inneren Geschlechtsteile noch nicht abgeklungen ist. Natürlich sind diese sekundären Veränderungen der Scheide bei bestehender gonorrhoischer Infektion auch in besonderem Maße von der allgemeinen Konstitution des Individuums und der örtlichen Disposition der Scheide abhängig. So kann bei sehr kräftigen Frauen oder widerstandsfähigem Scheidenepithel von Frauen, die schon geboren haben, trotz Gonorrhoe die Kolpitis gar nicht oder nur ganz vorübergehend auftreten.

Wenn auch zugegeben werden muß, daß unter besonderen Umständen eine Scheidengonorrhoe vorkommen kann (Mandl, Bumm, Asch, Döderlein, R. Schröder), so kommt dieselbe außer nach Exstirpation der inneren Genitalien nie isoliert vor. Sie ist stets mit schwerer eitriger Gebärmuttergonorrhoe vergesellschaftet und heilt stets in wenigen Wochen aus, so daß es bei der erwachsenen Frau eine chronische Scheidengonorrhoe überhaupt nicht gibt. Die klinischen Symptome stimmen mit der Kolpitis simplex oder granularis überein.

Behandlung

Allgemeine Behandlung. Die Behandlung der Scheidenentzündung hat sich nach der Ursache und dem Wesen der Erkrankung zu richten. Handelt es sich um einen einfachen vaginalen Fluor, der auf allgemeiner oder konstitutioneller Erkrankung beruht, so soll eine allgemein kräftigende Behandlung mit Eisen- und Arsenpräparaten, Badekuren, Moor- oder Schwefelbädern, Klimawechsel einsetzen. Bei Annahme einer Hyperfunktion oder Dysfunktion von Drüsen mit innerer Sekretion ist der Versuch mit Organotherapie, mit Eierstocks- oder pluriglandulären Präparaten am Platze. Fleischarme und gewürzlose Nahrung scheinen die übrige Behandlung günstig zu unterstützen.

Biologische Behandlung. Bei Umstimmung des Scheidenmikrobismus kann außer allgemeinen therapeutischen Maßnahmen auch der Versuch mit einer biologischen Therapie im Sinne Lösers und Schweitzers mit Bazillosan gemacht werden. Diese Behandlung geht von dem Gesichtspunkt aus, daß der Nährboden der Scheidenschleimhaut nur schwer dauernd umgestimmt werden kann, daß dagegen durch Einführung von Keimen, die den normalen Scheidenstäbchen gleich oder nahe verwandt sind, dieselben im Kampfe gegen die fremden Außenkeime unterstützen und diese schließlich verdrängen können. Das Bazillosan, das von der chemischen Fabrik in Güstrow, Mecklenburg, hergestellt wird, kommt in Form von Pulver zu drei Gramm und in Form von Tabletten zu zehn Stück in einer Phiole in den Handel. Erstere werden mit Hilfe eines Spiegels in die Scheide eingefüllt, letztere können auch von der Patientin selbst eingeführt werden. Die Erfolge mit diesem Bakterienpräparat, das auch wir vielfach versucht haben, sind keinesfalls sichere und wahrscheinlich nur im Sinne einer Austrocknung der Scheide zu deuten. Jedenfalls ist das Bazillosen unwirksam bei starkem Zervikalkatarrh, da in dem alkalischen Sekret desselben die sauer lebenden Bazillen nicht gedeihen können. Es muß demnach der Gebärmutterkatarrh, also auch die gonorrhoische Cervicitis, vor Anwendung des Präparates lokal behandelt werden. Das Präparat hat auch keinen Erfolg bei sehr reichlich eitrigem Fluß, wenn nicht vorher eine kurzdauernde antiseptische Therapie mit Argentum nitricum oder Argobol und dergleichen eingeleitet wird, ferner bei Glykogenmangel im Scheidenepithel. Hier kann ein Versuch mit Eierstockspräparaten gemacht werden.

Zu der biologischen Behandlung gehört in gewissem Sinne auch die Zuckerbehandlung (Kulm), wobei durch Einbringen von Zucker in die Scheide bei alkalisch reagierendem Scheideninhalt ein Umschlag desselben in saure Reaktion erzielt werden kann, die mit zu den Schutzeinrichtungen der Scheide gehört. Dabei werden die gewöhnlichen Scheidenbewohner zu Säurebildnern gemacht. Im gleichen Sinne wirkt auch die Hefebehandlung. Der therapeutische Wert der Bierhefe beruht darauf, daß die Hefezellen nach ihrer Einverleibung stark zu keimen beginnen, durch den Gärungsvorgang pathogene Keime abtöten und giftige Stoffwechselprodukte unschädlich machen. Die Hefe wirkt teils direkt, indem sie die Krankheitserreger zerstört, teils indirekt, indem sie die Scheide zu einem schlechten Nährboden für gewisse Keime, besonders Staphylo- und Streptokokken macht. Der Biozyme-Bolus besteht aus gärkräftiger, lebender Kulturhefe mit zwei Teilen Bolus sterilisata purissima und 20 % Zuckerpulver. Die

Wirkung besteht in der Überwucherung der Bakterien durch die sich stark vermehrenden Hefezellen und in der Leukozytoseanregung infolge ihres großen Nukleingehaltes. Durch die Mitwirkung des Zuckers wird eine schnelle Gärung eingeleitet, bei welcher sich Kohlensäure und Alkohol entwickelt. Außerdem wirkt das Präparat austrocknend und antiseptisch. Die Einbringung des Präparates geschieht nach Reinigung der Scheide von Sekret mittels Wattetupfer, indem 5 bis 10 g des Pulvers auf Gazetampons oder direkt mit Hilfe eines Scheidenbläsers eingeführt werden. Die Hefebehandlung wird täglich oder jeden zweiten Tag durchgeführt. Die Hefe soll nach 24 Stunden mit Kamillentee oder 4%iger Wasserstoffsuperoxydlösung herausgespült werden. Günstige Erfolge bei Vaginitis purulenta und Kolpitis granularis gravidarum werden auch von den Hefepräparaten Levurinose oder Mycodermin berichtet. Außer der Veränderung der Scheidenflora wird auch eine Umstimmung der Scheidenschleimhaut beobachtet. Hieher gehört auch die Glyzerinbehandlung.

Eine biologische Beeinflussung des Scheideninhaltes sollen auch die 0,1 bis 1%igen Milchsäurespülungen nach Zweifel und Döderlein bezwecken. Da jedoch die normale, saure Reaktion des Scheideninhaltes von der Gärungsmilchsäure kommt, die unter dem Einfluß von bestimmten Bakterien aus dem zwischen den Scheidenepithelien abgelagerten, mit dem Scheidentranssudatstrom aus dem Plattenepithel ausgeschwemmten Glykogen entsteht, so kann die künstlich eingeführte Milchsäure nur ganz vorübergehend wirken. Um einen normalen gleichbleibenden Säuregrad des Scheideninhaltes für längere Zeit herbeizuführen, wird Milchsäure und Natriumlaktat in bestimmter Zusammensetzung als Puffergemisch Normalactol in den Handel gebracht. Mit der 1:3 verdünnten Pufferlösung wird an sieben hintereinander folgenden Tagen die Scheide mittels Tupfer gründlich ausgewischt (Naujoks) oder es werden zwei- bis dreimal wöchentlich mit der Lösung getränkte Scheidentampons eingeführt. Eine Verbesserung der physiologischen Scheidenflora und des Scheidenwandnährbodens bezweckt auch die Einführung von Tampovagan nutritiv — Scheidenkugeln, die Milchzucker, 0,4 % Gärungsmilchsäure und Glykogennährsalze enthalten, und von Tampovagan cum acido lactico 5%. Ähnliche Zusammensetzung haben Ester-Dermasan-Ovula.

Spülbehandlung. Wenn auch bei gesunder Scheide die wiederholten Spülungen abzulehnen sind, so können dieselben bei Entzündung der Scheide als bequemste Methode der Behandlung nicht entbehrt werden. Die Spülung soll die Scheide von dem reichlich abfließendem Sekret reinigen, gegenüber den pathologischen Keimen desinfizierend wirken, die Scheidenwand leicht ätzen, schließlich eine Hyperämie der Scheidenwand und dadurch eine Umstimmung der Zirkulation und Anregung der Resorption bewirken.

Die Reinigung erfolgt natürlich durch die mechanische Wirkung der Spülflüssigkeit allein. Als solche kann Leitungswasser, Kamillen-,

Salbei- oder russischer Tee, abgekochtes Wasser oder physiologische Kochsalzlösung verwendet werden. Die Irrigation darf niemals kalt, sondern stets nur erwärmt vorgenommen werden.

Die desinfizierende Wirkung einer Spülung wird durch den Zusatz von Medikamenten erreicht. Es ist dabei klar, daß die in die Scheide eingebrachten, antiseptischen Mittel nicht nur die pathologischen Außenkeime, sondern auch die normalen Scheidenkeime in ihrer Virulenz herabsetzen, in höherer Konzentration sogar die Scheidenwand schädigen und damit Entzündung und Fluor begünstigen. Als desinfizierende Spülung wird Kalium hypermanganicum 1 : 1000, Lysoform 1 : 200, Wasserstoffsuperoxyd 3 : 100, Liquor Aluminis acetici 2 : 100, Formalin 2 : 100 verwendet. Da die Scheide stark resorptionsfähig ist, darf niemals Sublimat verwendet werden.

Als adstringierende Medikamente, die entzündungshemmend auf die Scheidenwand wirken sollen, werden hauptsächlich verwendet: Alaun (1 Teelöffel auf 1 l Wasser), Tannin, essigsaure Tonerde, roher Holzessig (3 Eßlöffel auf 1 l Wasser), Zincum sulfuricum, Alumen crudum aa 50 (1 Teelöffel auf 1 l Wasser). Zincum sulfuricum 2 : 100. Wir verschreiben hauptsächlich Zincum chloratum, Aqua fontis aa 150 (1 Kaffeelöffel auf 1 l warmes Wasser).

Wenn auch die gewöhnliche körperwarme Spülung allein schon eine Hyperämie der Scheidenschleimhaut bewirkt, so kann zur Erhöhung dieser Hyperämie eine Heißwasserspülung von 48 bis 50⁰ C durchgeführt werden. Damit diese höheren Temperaturgrade in der Vulva keine Schmerzen machen, muß dieselbe eingefettet, die Spülung mit einem Röhrenspiegel oder durch einen eigenen birnenförmigen Apparat gemacht werden. Bei dieser Heißwasserspülung werden 10 bis 20 Liter durchgespült.

Was nun die Technik der Scheidenspülung anbelangt, so ist zu bemerken, daß dieselbe besser mit einer Spülkanne (Irrigator) als mit einer Scheidenspritze vorgenommen werden soll. Zur Spülkanne gehört ein 1 bis 1½ m langer Gummischlauch und ein reiner Glas- oder Hartgummiansatz. Alle Spülungen sollen im Liegen mit erhöhtem Gesäß durchgeführt werden, was am besten durch Unterschieben der Leibschüssel erreicht wird. Das Spülrohr darf nur auf Fingerlänge eingeführt werden, die Spülung selbst darf nur unter geringem Druck erfolgen. Um bei der Irrigation die Scheide gut zu entfalten und um Schmerzen durch zu hohe Temperaturen der Spülflüssigkeit zu vermeiden, sind auch Rücklaufspülinstrumente angegeben, die gut brauchbar sind.

Bei schwerer Kolpitis wird manchmal auch eine desinfizierende Auswischung der Scheide mit 2 bis 5%iger Jodtinktur, 2 bis 5%iger Argentum nitricum-Lösung oder ein Argentumbad gemacht. Zu diesem Zwecke wird die Silberlösung in die durch Spiegel entfaltete Scheide eingeschüttet oder mittels Katheter in die geschlossene Scheide eingespritzt.

Trockenbehandlung. Außer durch Spülung können antiseptische oder adstringierende Medikamente auch in Form von Pulver, Emulsion, Salbe

oder Suppositorium in die Scheide eingebracht werden. Bei der Trockenbehandlung wird Bolus sterilisata, Tierkohle (Carbo animalis)
oder Zusammensetzungen derselben verwendet. Als letztere sind 3%iger
Choleval-Bolus und Argobol im Handel.

Salbenbehandlung. Salben werden besonders bei starkem Juckreiz der
Scheide verwendet und zwar Zinksalbe oder Ichthyolsalbe, die mittels
Tampon eingeführt werden. Infolge der ausgezeichneten, wasserentziehen-
den und entzündungshemmenden Eigenschaft sind die mit Ichthyolglyzerin getränkten Scheidentampons fast allgemein im Gebrauch. Statt
Ichthyol kann auch Thigenol oder Cehasol mit Glyzerin zusammengesetzt sein.

Suppositorienbehandlung. Die Vaginalsuppositorien haben vor
allem den Vorteil, daß sich die Patientinnen das Medikament in einem
bei Körpertemperatur löslichen Vehikel selbst einführen können. Als
Vehikel für die medikamentösen Scheidenkugeln soll Kakaobutter oder
besser Gelatine verschrieben werden. Sehr verwendbar sind: Rp. Globuli
vaginales gelatinosi cum Ichthyoli (5 bis 10%) oder Thigenol
0,4, Butyr Cacao 4,0 M. f. glob. vag. S. Scheidenkugeln. Als im Handel
befindliche, fertige Präparate sind anzuführen: Gonoballi cum Protargol, Globuli vaginales cum Ichthyoli (5 oder 10%) Gelastoid,
Thiosept globuli vaginales, die aus Glyzeringelatine und 10%
Thioseptöl, einem Destillat aus Tiroler Ölschiefer bestehen, ferner Styli
Spuman oder Eusemori-Tabletten. Da die letzteren in der Feuchtigkeit
Kohlensäuregas entwickeln, welches in die Falten der Scheide eindringt,
so kann auf diese Weise Ichthyol oder Argentum nitricum, mit denen
die Styli beschickt sind, in die Nischen der Scheide eindringen. Die
Choleval-Vaginal-Tabletten wirken bei wiederholter Anwendung
auf die Scheidenschleimhaut reizend und werden daher nach unserer Er-
fahrung besser nicht verwendet. Die Milchzucker, Milchsäure und Glykogen
enthaltenden Tampovagankugeln können auch mit 3 und 10%
Ichthyol, 2% Argentum proteinicum, 0,1% Hydrargyrum oxycyanatum
oder 1% Choleval verschrieben werden. Wegen der Möglichkeit der
Selbstbehandlung und der guten antiphlogistischen Wirkung verschreiben
wir sehr viel die Ichthyol- und Thioseptscheidenkugeln, die über die
Nacht eingeführt werden. Am folgenden Morgen wird die durch die
Körperwärme gelöste Gelatinmasse durch Scheidenspülung mit warmen
Wasser oder Kamillentee entfernt. Auch vor der Einführung der
Scheidenkugel empfiehlt sich eine warme Scheidenspülung.

Lichtbehandlung. Dieselbe hat bei der Kolpitis sehr günstige Erfolge
zu verzeichnen. Zu diesem Zwecke sind mehrere Apparate angegeben,
so der Bestrahlungsapparat von Engelhorn.

Was schließlich die Behandlung der Kolpitis simplex bei
Uterusgonorrhoe anbelangt, so wird dieselbe nach denselben Grund-
sätzen behandelt. Bei sehr starkem gonorrhoischen Ausfluß kann anfangs
Choleval-Bolus oder Argobol verwendet werden. Selbstverständlich muß
bei gonorrhoischer Cervicitis oder Endometritis dieselbe als Ursache der
Kolpitis in erster Linie behandelt werden.

7. Gebärmutter (Uterus)

Anatomie und Histologie

Die Gebärmutter (Uterus) hat die Gestalt einer von vorne nach hinten abgeplatteten Birne. Der obere, verdickte Teil ist der Körper (Corpus uteri), dessen oberster Abschnitt Gebärmuttergrund (Fundus uteri) heißt. Der untere, dünne Abschnitt ist der Hals (Cervix uteri), der zum Teil in die Scheide hinein ragt. Demnach werden am Halsteil zwei Abschnitte unterschieden, die Portio supravaginalis und die in die Scheide ragende Portio vaginalis. Der Gebärmutterkörper ist von sehr verschiedener Größe, bei Frauen, welche noch nicht geboren haben, ungefähr taubeneigroß, bei solchen, welche entbunden oder bei denen durch lange Zeit Entzündungs- oder Stauungserscheinungen bestanden haben, hühner- bis gänseeigroß, bei hypoplastischen Individuen dagegen oft nur kirschengroß. Die Muskelwand des Gebärmutterkörpers schließt eine Höhlung (Cavum uteri) ein, die auf dem frontalen Durchschnitt dreieckig begrenzt erscheint, auf dem sagittalen Durchschnitt jedoch eine spaltförmige Lichtung aufweist, da die vordere und hintere Wand einander anliegen. In den oberen seitlichen Winkeln der dreieckigen Höhle liegen die Eileitermündungen (Ostia uterina tubarum), im unteren Winkel derselben befindet sich der innere Muttermund (Orificium internum uteri) als leichte Einschnürung. Von hier bis zum äußeren Muttermund (Orificium externum uteri) verläuft entsprechend der Cervix uteri der Halskanal (Canalis cervicis uteri). Der äußere Muttermund ist bei Frauen, die noch nicht geboren haben, grübchenförmig, während er nach vorausgegangenen Geburten eine spaltförmige Form annimmt. Die Längsachse der Gebärmutter verläuft nicht gerade, sondern bildet bei normaler Haltung derselben an der Grenze zwischen Corpus und Cervix einen nach vorne zu stumpfen Winkel (Anteflexio-versio uteri). Die Länge des Halskanales ist bei Erwachsenen ungefähr 3 cm, die Länge des gesamten Gebärmutterkanales 7 bis 8 cm. Nicht selten kommt auch die Retroflexio-versio uteri angeboren vor, wobei der Knickungswinkel nach hinten sieht.

Die Wandung der Gebärmutter besteht aus drei Schichten. Diese sind in der Reihenfolge von außen nach innen: 1. Der Bauchfellüberzug (Tunica serosa, Perimetrium). Derselbe schlägt sich von den Nachbarorganen, Blase und Mastdarm, und von der Beckenwandung auf die Gebärmutter. 2. Die Muskelwand (Tunica muscularis, Myometrium), welche bei weitem die Hauptmasse des ganzen Organes ausmacht, besteht aus einem Geflecht glatter Muskelfasern. 3. Die Gebärmutterschleimhaut (Tunica mucosa, Endometrium). Dieselbe bildet im Bereich des Gebärmutterkörpers eine glatte Oberfläche, im Bereich der Cervix dagegen symmetrisch angeordnete Falten, die wegen ihrer Gestalt als palmenförmige Falten (Plicae palmatae) bezeichnet werden.

Die Schleimhaut stellt im Bereich des Corpus eine faltenlose

Membran von 1 mm Dicke dar und besteht hauptsächlich aus einem zell-
reichen, feinfaserigen Stroma, welches der Träger des Oberflächenepithels, der Drüsen sowie der Gefäße und Nerven ist. Das Oberflächenepithel besteht aus einer einfachen Lage von niedrigem, zylindrischem
Flimmerepithel, dessen Zellen untereinander durch Protoplasmabrücken
verbunden sind. Die Richtung der Flimmerbewegung läuft ebenso wie in
den Eileitern in der Richtung nach außen ab. Das Oberflächenepithel
senkt sich in Form von einfachen, tubulösen Drüsen in das Stroma, denen
jedoch eine nur ganz geringe sezernierende Tätigkeit zukommt. Im Bereich des Halskanales ist das Zylinderepithel der Oberfläche und der
Drüsen wesentlich höher. Die hirschgeweihartig verzweigten, großen
Zervixdrüsen sondern reichlich Schleim ab. Das Stroma der Cervixschleimhaut ist weniger zellreich als das der Corpusschleimhaut. Die
Portio vaginalis ist von mehrschichtigem Plattenepithel bekleidet, das
sich von dem der Scheide in keiner Weise unterscheidet.

Pathologische Anatomie und Histologie (Endometritis gonorrhoica)

Im akuten Stadium findet sich makroskopisch entzündliche
Hyperämie, Schwellung der Schleimhaut, Vermehrung des
Sekretes und Beimengung von Eiter zu demselben. Im chronischen
Stadium ist die Entzündung meist nur mehr auf einzelne Schleimhaut-
herde beschränkt. Die entzündlichen Veränderungen bei der gonorrhoischen Endometritis entsprechen im allgemeinen dem histologischen
Bilde, das für die Gebärmutterschleimhautentzündung überhaupt charakteristisch ist. Die histologischen Veränderungen bestehen hauptsächlich in der leukozytären Infiltration des Stromas, wobei
nach Länsimäki im akuten Stadium die vielkernigen, feingranu-
lierten, neutrophilen Leukozyten, im subakuten Stadium die ein-
körnigen Lymphozyten und im chronischen Stadium die Plasmazellen überwiegen. Letztere sind zwar nicht spezifisch, aber für die
chronische Schleimhautgonorrhoe ungemein charakteristisch. Die Stroma-
zellen selbst werden dabei auch vergrößert und nehmen manchmal
sogar deziduale Formen an oder zeigen reichlich Mitosen. Die Binde-
gewebsfibrillen des Stromas machen anscheinend eine Verdickung
und Vermehrung mit. Dabei scheint auch eine Neubildung von
Kapillaren stattzufinden. Die Exsudatzellen gelangen aus den
Infiltraten des Stromas durch das Epithel der Oberfläche und
der Drüsen hindurch und bilden zusammen mit dem schleimigen
Sekret der Drüsen und den abgestoßenen Epithelzellen das sogenannte Sekret. Inwieweit dabei das Epithel durch den Entzündungs-
vorgang eine Schädigung erfährt, darüber besteht keine einheitliche
Auffassung. Während Länsimäki die beobachteten Defekte im Ober-
flächen- und Drüsenepithel der Schleimhaut auf menstruelle Vorgänge zurückführt, ist R. Schröder der Ansicht, daß dieselben
die Folgen der gonorrhoischen Infektion sind. Im Bereiche der
Cervix werden auch Epithelmetaplasien beobachtet, indem an der Stelle

der Gonokokkenansiedlung das einfache Zylinderepithel in geschichtetes kubisches oder Plattenepithel umgewandelt wird. Die Gonokokken finden sich immer im Sekret und häufig unter dem metaplastischen Epithel. In der Tiefe des Gewebes werden sie bei den üblichen Untersuchungen nicht leicht nachgewiesen. Das beruht darauf, daß sie oft schon bald nach der Infektion aus dem Gewebe verschwinden und bei einem oberflächlichen Abstrich aus dem Halskanal mit der Öse nicht gefunden werden können. Bumm konnte in einem Pseudoabszeß eines Ovulum Nabothi Gonokokken nachweisen. Ob dieselben bis in die tiefsten Schleimhautschichten und bis in die Muskulatur gelangen können, ist fraglich. Während Wertheim Präparate beschrieben hat, wo die Gonokokken auch in die Muskelschicht eingewandert sind, halten Bumm und Menge dieses Tieferdringen für unwahrscheinlich oder höchst selten. Echte, durch Gonokokken hervorgerufene Abszesse in der Gebärmutterwand haben Mailener und Menge beschrieben. G. A. Wagner fand in Querschnitten durch die Cervix nur in wenigen Schnitten und auf kleine Stellen beschränkt entzündliche Veränderungen. An solchen Stellen fehlt das Zylinderepithel. Das Stroma ist auch unter intaktem Epithel von Leukozyten, besonders Plasmazellen durchsetzt. Gonokokken finden sich ausschließlich in

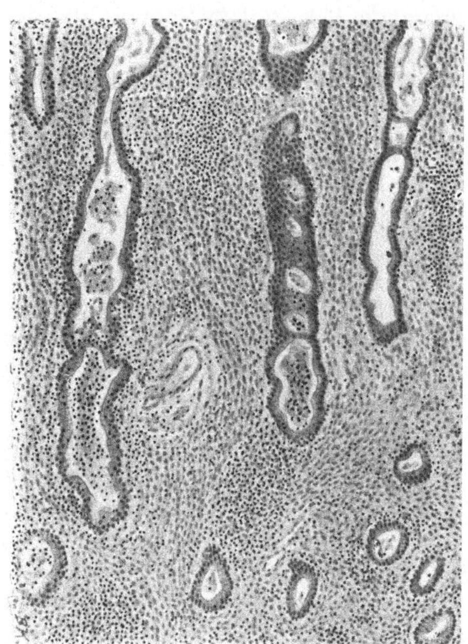

Abb. 22. Endometritis gonorrhoica corporis acuta. Leukozytäre Infiltration des Stromas, Ablagerung von Rundzellen in den Drüsenschläuchen, Neubildung von Blutgefäßen
(Präp. der II. Universitätsfrauenklinik in Wien)

Belägen, die aus Leukozyten bestehen, teils freiliegend, teils innerhalb segmentkerniger Leukozyten.

Die gonorrhoische Infektion des Corpus uteri erfolgt ausschließlich aszendierend. Die Gonokokken besiedeln zuerst das Epithel rasenförmig und dringen dann in kleinen Zügen durch die intraepithelialen Lücken in die oberflächlichen Stromaschichten (Uter, Tussenbrock, Wertheim, Bumm). Ob die Gonokokken auch in die tiefen Drüsen der Schleimhaut oder gar bis in die Muskulatur vordringen können, ist bis heute noch nicht eindeutig entschieden. Menge fand wohl in den Uterindrüsen reichliche Leukozytenansammlungen, konnte aber an diesen Stellen Gonokokken nicht nachweisen. Nach Wertheim können sie bis in die Muscularis vordringen, da sich bei gonorrhoisch infiziertem Uterus auch hier kleinzellige Infiltrate finden. Da diese Leukozytenanhäufungen fast stets um die Gefäße herum angeordnet sind, werden sie von Bumm und Menge auf eine Fernwirkung der Gonokokkentoxine zurückgeführt. Jedenfalls steht fest, daß die Gonokokken nur ausnahmsweise und dann wahrscheinlich nur vorübergehend sich in der Tiefe des Schleimhautstromas und in der Muskelschicht ansiedeln.

Auch die verbreitete Ansicht, daß die Gonokokken sich lange Zeit hindurch in der Körperschleimhaut erhalten können, ist durch neuere Untersuchungen (R. Schröder) unsicher geworden, die den zyklischen Veränderungen der Gebärmutterschleimhaut Rechnung tragen. Nach diesen histologischen Befunden gelangen die Gonokokken in das Oberflächenepithel der Mucosa, unter dem sich dann Leukozytenansammlungen bilden. Diese Leukozyten dringen bis zur Oberfläche, deren Epithel zahlreiche kleine Defekte und Ulzerationen aufweist. Die Drüsen und die tieferen Stromaschichten bleiben frei, nur in den Lymphbahnen sieht man Züge von Leukozyten. Mit der Abstoßung der Funktionalisschicht gelegentlich der nächsten Menstruation werden die oberflächlichen Entzündungsherde abgestoßen, nicht aber die Gonokokken ausgeschieden. Die zurückbleibenden Gonokokken setzen sich auf der Basaliswunde fest, die nunmehr in den nächsten Tagen von Leukozyten und Plasmazellen durchsetzt wird. Die Reste der Funktionalis und die oberen Schichten der Basalis werden dicht infiltriert. Diese weitgehende Infiltration verhindert die Schleimhaut, auf die Reize der normal erfolgenden nächsten Ovulation zu reagieren. Es kommt nicht zur Proliferation der Schleimhaut. Erst nach einigen Wochen klingt die Entzündung ab und die Schleimhaut vermag dann einigermaßen auf Hormonreize zu reagieren. Gewöhnlich erfolgt die Ausbildung einer richtigen Funktionalis beim direkten Ovarialzyklus nach erfolgter Infektion der Schleimhaut. Die Funktionalis ist dann ganz normal ausgebildet und nur im Stroma findet man eine geringe Vermehrung von Leukozyten und Plasmazellen, die wahrscheinlich von Herden der Basalis herstammen. In der Tiefe der neu aufgewachsenen Schleimhaut findet man oft noch Mengen von Rundzellen und Plasmazellen im Stroma, während die Oberfläche bereits vollkommen frei ist. Schließlich schwinden auch die Zellinfiltrate in der Basalis vollständig und die Schleimhaut hat wieder vollkommen normale Beschaffenheit angenommen. Natürlich kann durch Neuinfektion der Schleimhaut der Prozeß sich mehrmals wiederholen. Nach R. Schröder wird demnach die Corpusschleimhaut im Gegensatz zur Cervix wenigstens in der Oberfläche sehr bald gonokokkenfrei, während sich in der Tiefe die entzündlichen Infiltrate längere Zeit erhalten. Die Ergebnisse dieser Untersuchungen müssen noch nachgeprüft werden, stimmen jedoch mit großer Wahrscheinlichkeit nicht für jene Fälle von chronischer Uterusgonorrhoe, bei denen gerade nach der Menstruation die Gefahr der Gonokokkenübertragung vorhanden ist, wie die klinische Erfahrung vielfach lehrt.

Während der Halskanal bei der gesunden Frau sehr keimarm ist und höchstens harmlose Saprophyten enthält, sind nach der gonorrhoischen Infektion die Gonokokken in Reinkultur vorhanden und das Cervixsekret rein eitrig. Letzteres wird allmählich eitrig-schleimig, schließlich glasig-schleimig, und enthält dann oft keine Gonokokken mehr, sondern eine Bakterienflora ähnlich wie in einer stark verunreinigten Scheide. Als Folge dieser sekundären Infektion mit saprophytären oder pyogenen Keimen kommt es zu postgonorrhoischen Katarrhen des Gebärmutterhalses, die oft Jahre hindurch andauern können.

Symptome

Im klinischen Sprachgebrauch wird meist zwischen einer Cervicitis gonorrhoica und einer Corpusgonorrhoe unterschieden. Es muß jedoch von vorneherein betont werden, daß diese Unterscheidung im allgemeinen weder nach den subjektiven noch nach den objektiven Krankheitsmerkmalen mit Sicherheit gemacht werden kann. Die Erfahrung lehrt, daß bei längerem Bestehen der Erkrankung die gonorrhoische Infektion in den allermeisten Fällen nicht bloß die Cervix, sondern auch das Corpus ergreift. Ferner ist darauf hinzuweisen, daß die klinischen Symptome einer gonorrhoischen Endometritis sich kaum von denen anderer Herkunft unterscheiden.

Die subjektiven Beschwerden bei der Uterusgonorrhoe sind häufig sehr gering. Es gibt viele Frauen, die von dem Bestehen ihrer Erkrankung nichts wissen, da die Beschwerden entweder gänzlich fehlen oder mit physiologischen Vorgängen in Zusammenhang gebracht werden. Meistens werden sie durch den Ausfluß auf das Bestehen der Erkrankung aufmerksam, seltener durch Schmerzen. Im akuten Stadium klagen die Frauen über Brennen an den äußeren Geschlechtsteilen infolge des Ausflusses, über dumpfe Schmerzen im Kreuz oder Unterbauch, ferner über Müdigkeit in den Beinen. Das Aufsteigen der Infektion in die Corpushöhle geht in einzelnen Fällen schleichend vor sich, während es in anderen Fällen von stürmischen Krankheitserscheinungen begleitet ist. So weisen klopfende Schmerzen im Becken, schmerzhafte Krämpfe, Temperaturanstiege auf 38 bis 40 Grad mit oder ohne Frost auf eine Beteiligung des Corpus hin. Krampfschmerzen empfinden besonders Frauen, die noch nicht geboren haben, da bei denselben offenbar infolge der Enge des inneren Muttermundes der Abfluß des vermehrten Sekretes erschwert ist. Charakteristisch für das Aufsteigen der Gonorrhoe in die Corpushöhle ist auch die verstärkte Menstruation. Dieselbe ist hervorgerufen teils durch die entzündliche Hyperämie in der Gebärmutterschleimhaut, teils durch die Schleimhautdefekte, die im Gefolge der Entzündung auftreten. Die Regeln kurz nach der Infektion sind häufig blutsturzartig, bleiben manchmal Monate hindurch verlängert und verstärkt oder kehren alle 8 bis 14 Tage wieder, auch bei Frauen, die früher regelmäßig menstruiert waren. Selbstverständlich sind diese Menstruationsunregelmäßigkeiten individuell verschieden und auch von der Eierstocksfunktion beeinflußt. Besonders übermäßige Blutungen weisen auf eine Mitbeteiligung der Anhänge am gonorrhoischen Prozeß hin.

Das klinische Hauptsymptom der Endometritis gonorrhoica ist der Fluor. Derselbe ist bei der frischen Infektion eitrig, später schleimig-eitrig und schließlich vorwiegend schleimig. Das Aussehen des sogenannten Ausflusses hängt übrigens nicht allein von der Beschaffenheit des Uterussekretes, sondern auch von den Beimengungen des Scheideninhaltes ab.

Bei der bimanuellen Untersuchung erscheint die Portio manchmal aufgelockert. Während die akute Cervixgonorrhoe infolge Armut des Collum an sensiblen Nerven schmerzlos verläuft, weist Druckschmerzhaftigkeit des Corpus auf ein wahrscheinliches Aufsteigen der Infektion in die Corpushöhle oder in die Anhänge hin. Die Größe der Gebärmutter ist in diagnostischer Hinsicht nicht zu verwerten, da dieselbe schon normalerweise sehr schwankend ist. Bei der Einstellung im Scheidenspiegel zeigt sich der Scheidenteil geschwellt, von geröteter, glänzender und gespannter Schleimhaut überzogen. Bei Frauen, die geboren haben, sieht man manchmal die hochrote, entzündlich veränderte Zervixschleimhaut vorquellen, die bei Berührung leicht blutet. Bei starkem Sekretausfluß zeigen die Muttermundslippen, besonders die hintere, infolge der mechanischen Abschilferung des Oberflächenepithels einen roten Hof (Erosio simplex). Dieselbe ist jedoch ebenso wie die manchmal zu beobachtende Erosio cystica, die durch eine Zervixdrüsenhypertrophie zustande kommt, für die Gonorrhoe keineswegs pathognomisch. Die hypertrophischen und zystisch erweiterten Zervixdrüsen, welche bei der Erosio cystica als sogenannte Nabothsbläschen an den Muttermundslippen sichtbar sind, können ausnahmsweise vereitern und Gonokokken enthalten (Bumm). Aus dem Muttermund sieht man meist schleimig-eitriges Sekret austreten. Das makroskopische Aussehen des Uterussekretes zeigt keinerlei Merkmale, aus denen man auf die Herkunft aus der Cervix oder aus dem Corpus schließen könnte. Ebenso wenig gibt es ein für die Gonorrhoe charakteristisches Aussehen des Sekretes.

Diagnose

Allein entscheidend ist die mikroskopisch-bakteriologische Untersuchung des Gebärmuttersekretes. Dasselbe wird meistens nur aus dem Halskanal entnommen. Dazu dient entweder ein scharfer Löffel, ein kleines Spatel, eine Platinöse, ein watteumwickelter, sterilisierter Tamponträger, eine Ansaugspritze oder auch die Heucksche Sekretzange. In relativ frischen Fällen wird man mit dieser Art der Untersuchung das Auskommen finden, da die Gonokokken in diesem Stadium fast immer im Cervixsekret gefunden werden.

In chronischen Fällen und bei geringer Sekretion darf man sich auf den negativen Ausfall der Cervixsekretuntersuchung nicht verlassen, sondern

muß zwecks Untersuchung Cervixschleimhaut mit dem scharfen Löffel ab-
kratzen und ferner trachten, auch das Corpussekret zur Untersuchung
zu gewinnen. Der Vorgang ist fol-
gender: Der Scheidenteil wird in der
Weise eingestellt, daß die Scheide
durch einen hinteren Rinnenspiegel

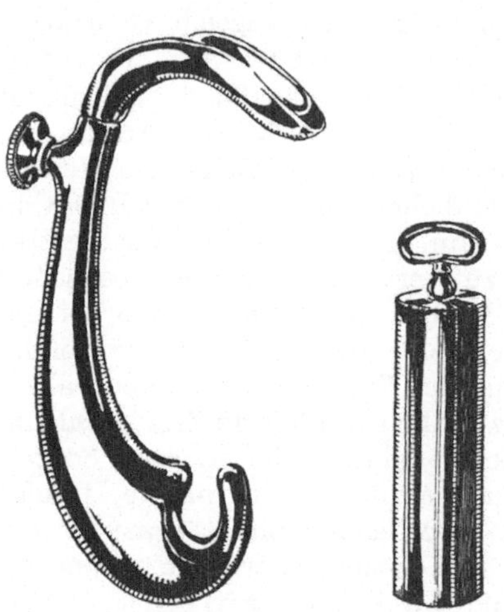

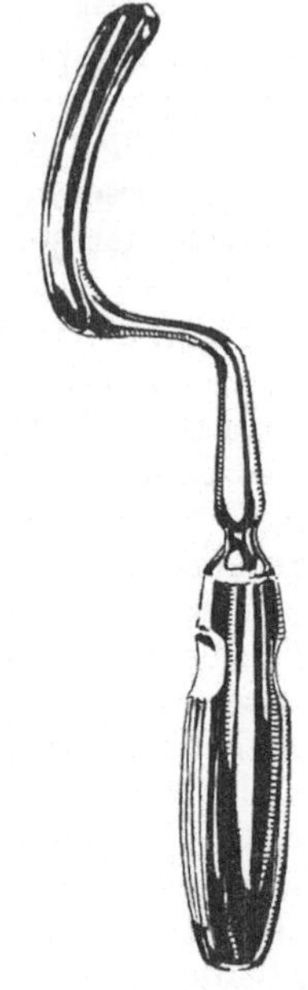

Abb. 23. Hinterer Rinnenspiegel mit
Anhänggewicht

Abb. 24. Vorderer Spiegel

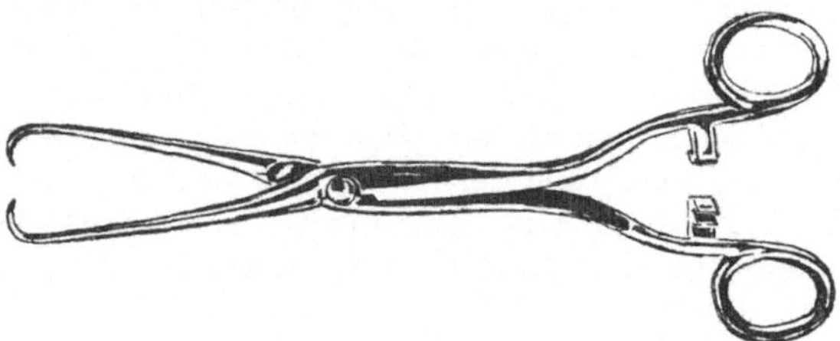

Abb. 25. Kugelzange

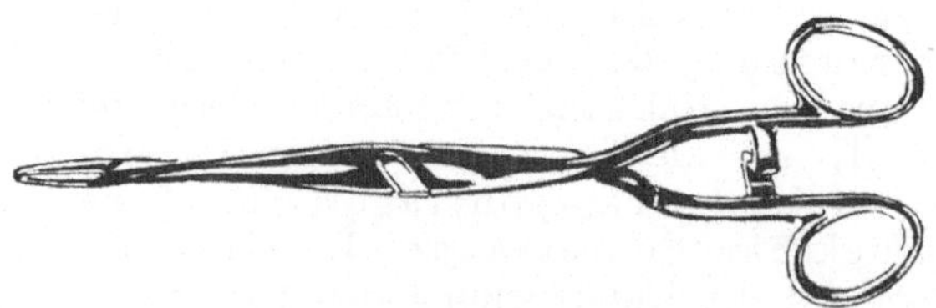

Abb. 26. Tupferzange

mit angehängtem Gewicht nach hinten und durch eine vordere Rinne
nach vorne zu entfaltet wird. Letztere kann zeitweise von der Patientin

selbst gehalten werden, damit der Arzt auch die linke Hand frei bekommt. Röhrenspiegeln sind wegen der Schmerzhaftigkeit der Einführung zu verwerfen. Bei guter Zugänglichkeit kann die Scheide auch durch einen selbsthaltenden Scheidenspiegel, z. B. ein Speculum nach Trélat entfaltet werden. Ein Anhacken des Scheidenteiles mit einer Kugelzange ist bei geschickter Einstellung fast nie notwendig. Scheidenteil und Scheidengewölbe werden mit Hilfe einer mit Watte versehenen Tupferzange trocken abgewischt. Nach Reinigung des Halskanales vom Sekret, Desinfektion desselben mit Alkohol und abermaliger Auswischung mit einem Wattestäbchen, wird ein dünner Intrauterinkatheter bis zu den Tubenecken hinaufgeführt. Wir verwenden hiezu den von uns konstruierten, dünnen Silberkatheter (F. Leiter, Wien). Auch ein abgeschnittener Harnleiterkatheter (Bucura) oder ein Guyonscher Katheter mit kleinem Knopf kann verwendet werden. Unser Silberkatheter hat den Vorteil gegenüber letzteren, daß er leicht auskochbar ist. Sobald das Ende des Intrauterinkatheters sich im Gebärmuttergrund befindet, wird mit Hilfe einer Spritze Sekret angesaugt. Nachdem der Katheter herausgezo-

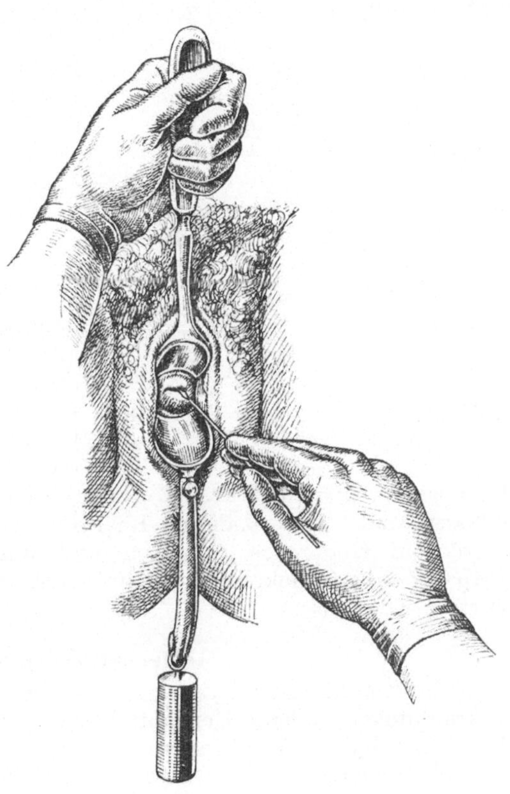

Abb. 27. Einstellung des Scheidenteiles zwecks Sekretentnahme aus dem Halskanal

gen ist, wird der Inhalt desselben auf einen Objektträger ausgespritzt und auseinandergestrichen. Durch dieses Vorgehen findet man manchmal noch Gonokokken in Reinkultur, während sie in den übrigen Genitalabschnitten nicht mehr nachweisbar sind. Die Gefahr, daß Gonokokken aus dem Halskanal in die Corpushöhle verschleppt werden, besteht bei gewissenhafter Desinfektion nicht. Im übrigen soll die intracorporale Sekretuntersuchung nur bei chronischer Uterusgonorrhoe vorgenommen werden, wo die Körperschleimhaut fast immer miterkrankt ist.

Ein originelles Hilfsmittel zur Diagnose der Cervixgonorrhoe ist das Gonotest nach L. Danin, das von den Julia-Werken in Freiburg in Baden hergestellt wird. Das Diagnostikum beruht auf der bekannten Tatsache, daß die saure Reaktion des Scheidensekretes unter dem Einfluß einer Gonorrhoe neutral oder alkalisch werden kann. Dasselbe besteht aus einem Gummifingerling, dem an seiner volaren Seite ein blauer und ein roter, entsprechend geeichter Lackmuspapierstreifen angeklebt ist.

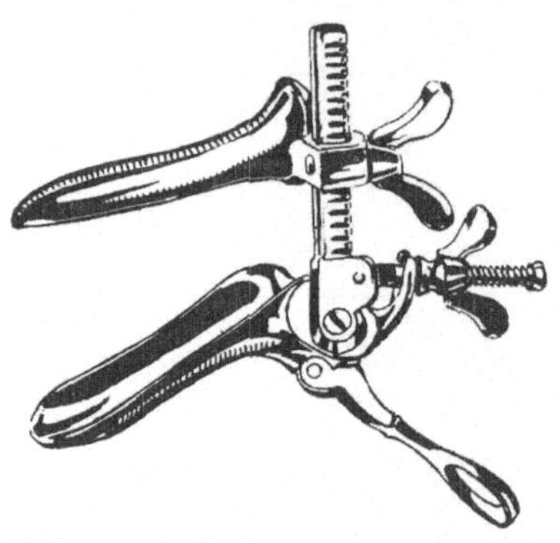

Abb. 28. Selbsthaltender Scheidenspiegel nach Trélat

Der Fingerling wird über den Zeigefinger gestülpt und für einen Augenblick in die Scheide eingeführt. Verändert der blaue Lackmusstreifen nach der Prüfung seine Farbe nicht oder nur wenig, so besteht Gonokokkenverdacht. Nach den vorliegenden Untersuchungen ist das Gonotest als sicheres Diagnostikum nicht zu verwerten, da auch bei nichtgonorrhoischem Fluor manchmal alkalische Reaktion auftritt, da dieselbe an den Tagen vor und nach der Regel trotz bestehender Gonorrhoe sauer ausfallen kann, und da schließlich frische Fälle von Uterusgonorrhoe und reine Harnröhrengonorrhoe damit nicht zu erfassen sind. Die alkalische Reaktion kann uns daher nur den Verdacht auf Gonorrhoe erwecken und uns veranlassen, ein Abstrichpräparat auf Gonokokken zu untersuchen. Damit ist natürlich kein Fortschritt erzielt.

Differentialdiagnose

Ähnliche klinische Symptome wie die Uterusgonorrhoe können auch Erkrankungen anderer Herkunft hervorrufen. So findet sich schleimiger Fluor bei hypersekretorischen Zuständen der Cervixdrüsen ohne Infektion, schleimig-eitriger Fluor bei puerperaler Infektion des Endometriums. Besonders häufig jedoch wird ein eitriger vaginaler Fluor bei Kolpitis simplex irrtümlicherweise auf eine gonorrhoische Endometritis bezogen. Blutungsanomalien, die fälschlich auf Gonorrhoe bezogen werden, kommen vor bei endokrinen Störungen, Wochenbettsinfektion, Neubildung der Gebärmutter oder deren Anhänge. Eine einmalige verstärkte Blutung ist gewissermaßen für eine gonorrhoische Infektion des Endometriums charakteristisch. Das einzige differentialdiagnostische Merkmal gegenüber den erwähnten Erkrankungen ist jedoch stets nur der positive Gonokokkenbefund.

Behandlung

Die Behandlung hat den Zweck, die Gonokokken abzutöten, dieselben aus dem Gewebe und den Schleimhautfalten an die Oberfläche zu bringen, um sie dem Einfluß der Medikamente zugänglicher zu machen, das Gewebe im Kampfe gegen die Gonokokken zu unterstützen, die Schleimhaut umzustimmen, daß sie den Gonokokken nicht mehr zusagt, und schließlich die Verbreitung der Infektion auf noch gesunde oder schon geheilte Organe zu verhindern.

Über die Art und den Zeitpunkt der Behandlung der Uterusgonorrhoe sind die Ansichten geteilt. Es stehen sich die Anhänger der konservativen Richtung und des aktiven Vorgehens gegenüber, wobei mit der weiteren Verbreitung der Gonorrhoe in den letzten Jahren die aktive Behandlung immer mehr und mehr Anhänger gefunden hat. Als allgemeingültige Regel kann jedoch angenommen werden, daß umso weniger örtlich behandelt werden soll, je frischer die Infektion und je stärker die Erscheinungen derselben sind. In Verfolgung dieses Grundsatzes soll eine akute Gonorrhoe des Uterus gar nicht behandelt werden. Bei frischer Infektion soll demnach die Behandlung sich nur auf allgemeine Maßnahmen, wie Ruhigstellung, Reinlichkeit und Schmerzlinderung, beschränken. Zum Zwecke der Ruhigstellung der Geschlechtsorgane hat die Kranke durch mehrere Wochen Bettruhe einzuhalten. Während dieser Zeit sollen Untersuchungen, die übrigens in diesem Zeitpunkte für die Diagnose keinen besonderen Wert haben, auf das Notwendigste eingeschränkt werden. Außerdem sind sexuelle Erregungen durch Lesen erotischer Bücher oder Geschlechtsverkehr strengstens zu vermeiden. Zur Hintanhaltung von Gebärmutterkontraktionen wurde auch Atropin (Bruck) empfohlen und Papaverin von uns verwendet. Es ist jedoch fraglich, ob dadurch ein Aufsteigen der Infektion verhindert werden kann. Die äußeren Geschlechtsteile sind durch tägliche Waschungen auf der Leibschüssel vom Sekret zu reinigen. Scheidenspülungen sollen nicht zu früh vorgenommen werden. Das gleiche gilt von Sitz- und Vollbadern. Zur Schmerzlinderung verwendet man die üblichen Mittel, so besonders Stuhlzäpfchen mit Belladonna, Morphin und seinen Derivaten.

Während die Gebärmutter im akuten Stadium der Erkrankung nicht behandelt werden darf, kann mit der Behandlung der gleichzeitig erkrankten Harnröhre sofort begonnen werden. Eine Ausnahme von der obigen Regel kann dann gemacht werden, wenn bei alter chronischer Gonorrhoe der Anhänge eine Exazerbation der Gebärmuttergonorrhoe unter akuten Erscheinungen auftritt.

Erst sobald die akuten Erscheinungen, insbesondree die Schmerzsymptome vollständig abgeklungen sind, darf die örtliche Behandlung vorsichtig tastend einsetzen. Hiezu werden verschiedene Wege eingeschlagen, wobei die einen sich nur auf vaginale Maßnahmen beschränken, während die anderen die Uterusschleimhaut direkt zu beeinflussen trachten.

Vaginale Verfahren

Spülbehandlung. Dieselbe besteht in Spülungen der Scheide mit warmen, wäßrigen Lösungen von Medikamenten, die entweder desinfizierend oder adstringierend wirken. Zu den ersteren gehören Lysoform, Lysol, Cedoform in 1%iger Lösung, zu den letzteren gehören Alaunpulver oder Acidum tannicum, zwei Kaffeelöffel auf ein Liter Wasser, 50%ige Chlorzinklösung, ein Kaffeelöffel auf ein Liter Wasser, ferner Holzessig, zwei Eßlöffel auf ein Liter Wasser oder Kalium hypermanganicum. Eine eigene Stellung nimmt die in 0,5 bis 1%iger Lösung zur Verwendung kommende Milchsäure ein, die eine Umstimmung der pathologischen Scheidenflora in die normale bezweckt. Die desinfizierenden Lösungen bewirken keine wesentliche Keimverminderung der pathologischen Scheidenflora und haben daher nur den Wert einer mechanischen Spülung. Die Auswaschungen der Scheide müssen stets mit lauwarmem Wasser vorgenommen werden. Es wird auch besonderer Wert auf hohe Temperaturen der Scheidenspülung gelegt, um einerseits die hitzeempfindlichen Gonokokken zu schädigen und anderseits eine Hyperämie der Gewebe zu erzielen. So hat Wagner bei Cervixgonorrhoe durch langdauernde Scheidenspülungen allein, die mit heißem Wasser bei 45⁰ C durch ein besonderes Spekulum ausgeführt werden, Heilung erzielt. Abgesehen von der desinfizierenden und hyperämisierenden Wirkung bezwecken die Scheidenspülungen die mechanische Entfernung des pathologischen Scheideninhaltes.

Trockenbehandlung. Im scheinbaren Gegensatze zur Spülbehandlung steht die Trocken- oder Pulverbehandlung. Dieselbe besteht darin, daß in die durch einen Spiegel zugänglich gemachte Scheide das Pulver — fast ausschließlich wird hiezu Bolus verwendet — mit Hilfe eines Spatels oder eines Pulverbläsers eingebracht wird. Wir vermeiden bei der Gonorrhoebehandlung grundsätzlich Röhrenspiegel, da die Einführung derselben schmerzhaft ist, und ziehen die Benützung von schmalen Rinnenspiegeln vor. Nassauer hat einen eigenen Pulverbläser angegeben, der sich für die Selbstbehandlung der Frau eignet. Die Wirkung der Pulverbehandlung besteht darin, daß das Sekret mit seinen Bakterien vom Pulver mechanisch gebunden wird, wodurch gewissermaßen eine mechanische Desinfektion zustande kommt. Diese mechanische Wirkung wird noch erhöht durch Zusatz von chemischen Desinfektionsmitteln. Von solchen fabriksmäßig hergestellten Präparaten sind besonders hervorzuheben: Argonin-Bolus, Argobol, Choleval-Bolus, Tanargentan-Bolus. Wir verwenden diese Pulver hauptsächlich zur Trockenlegung bei reichlicher Sekretion der Cervix und starker Transsudation der Scheide.

Tamponbehandlung. Seit langer Zeit werden bei Gonorrhoe auch Scheidentampons eingeführt, die mit desinfizierenden Medikamenten, Silbereiweißlösungen oder Ichthyolpräparaten getränkt sind. Die Tampons haben die Aufgabe, einerseits das Sekret aufzusaugen, beziehungsweise zurückzuhalten, anderseits durch den Gehalt an obgenannten Mitteln desinfizierend oder entzündungshemmend zu wirken. Wir verwenden trockene Tampons überdies zu dem Zweck, um die Leibwäsche vor der Beschmutzung mit dem zur Uterusbehandlung verwendeten Medikament zu schützen.

Suppositorienbehandlung. Das desinfizierende Medikament kann auch noch in Form von Globuli, Suppositorien oder Tabletten in die Scheide eingeführt werden. Diese können entweder magistraliter verschrieben werden oder es werden die fabriksmäßig hergestellten Präparate verwendet, z. B.: Rp. Globuli vaginales cum Protargoli 2%, oder Globuli vaginales cum Ichthyoli 5%, oder Choleval-Vaginal-Tabletten, lagenam originalem unam, oder Gonoballi mit Protargol oder Ester Dermasan-Ovula mit Silber. Außer dem resorptiven Ester-Dermasan enthält dieses Präparat Gährungsmilchsäure, Invert- und Milchzucker und physiologische Vaginalsalze in einer Glyzerin-Gelatosemasse. Die Scheidenkugeln eignen sich hauptsächlich zur Selbstbehandlung.

Es gibt eine konservative Richtung, die sich mit einer derartigen vaginalen Behandlungsmethode allein begnügt. Wir stehen aber mit den Anhängern der aktiven Therapie auf dem Standpunkt, daß die vaginalen Verfahren nicht als streng örtliche Behandlung aufzufassen sind, sondern nur solange die einzige Behandlung darstellen dürfen, bis die aktive Therapie des Uterus erlaubt ist, während sie sonst nur zur Unterstützung der letzteren dienen.

Gebärmutterbehandlung

Dieselbe zerfällt in die Behandlung der Cervixschleimhaut und der Corpusschleimhaut. Die erstere gestaltet sich wegen der leichten Zugänglichkeit des Halskanales verhältnismäßig einfach, während die letztere erhöhte Geschicklichkeit und Erfahrung des Arztes erfordert. In jedem Falle darf die örtliche Behandlung der Gebärmutterschleimhaut, insbesondere der Corpusschleimhaut erst im subakuten oder chronischen Stadium der Infektion in Angriff genommen werden. Die Behandlung wird hauptsächlich in der Weise durchgeführt, daß Medikamente in verschiedener Zusammensetzung auf die Schleimhäute gebracht werden.

Allgemeines über Medikamente. Die Einwirkung eines Medikamentes auf die erkrankte Schleimhaut kann dadurch erfolgen, daß das antiseptische oder adstringierende Mittel direkt auf die Schleimhaut gebracht oder auf dem Wege der Blutbahn parenteral zugeführt wird. Da die Gonorrhoe keineswegs nur ein supraepithelialer Prozeß ist, sondern bei längerem Bestehen intraepithelial, intraglandulär oder sogar subepithelial Gonokokken angesiedelt sind, so erwachsen der Behandlung bedeutende Schwierigkeiten. Es genügt daher die Oberflächenantisepsis allein nicht, sondern es müssen Mittel angewendet werden, die imstande sind, eine Abstoßung des Epithels herbeizuführen, um die antiseptische Wirkung auch auf tiefergelegene Schichten auszuüben. Bei der Gonorrhoebehandlung gilt seit langer Zeit das Silber in Verbindung mit einer Säure oder mit Eiweiß als ein Mittel, das zugleich antiseptisch und kaustisch wirkt. Finger konnte feststellen, daß die Silberpräparate bis zur Basis des Epithels wirksam sind, daß dieselben jedoch kaum bis in das submuköse Bindegewebe vordringen können. Eine besondere Tiefenwirkung der Silberpräparate ist daher nicht gegeben.

Am meisten verbreitet ist das Argentum nitricum. Die Wirkung haben wir uns dabei so vorzustellen, daß durch dasselbe ein oberflächlicher Schorf von Silberalbuminat zustande kommt. Die kochsalzhältige Gewebsflüssigkeit löst dieses zu einem leicht löslichen Doppelsalz, Silberalbuminat-Chlornatrium, welches die Tiefenwirkung ausübt. Diese starke Reizwirkung des Doppelsalzes verbietet die Anwendung höher konzentrierter Silbernitratlösungen bei stark entzündeter Schleimhaut. Bei der Bindung von Argentum nitricum durch das Eiweiß des Gewebes wird Salpetersäure frei. Dieselbe gelangt teils als solche, teils als salpetrige Säure zur Resorption. Dadurch sind die Bedingungen für die Tiefenwirkung gegeben (Unna). Dieselben setzen dabei einen Entzündungsreiz, der eine reaktive Hyperämie und gleichzeitig eine vermehrte Saftströmung erzeugt, wodurch die tiefergelegenen Keime an die Oberfläche geschwemmt und dem neuerlich zugeführten Silber aussetzt werden. Wir verwenden fast ausschließlich ½ bis 2%ige Argentum nitricum-Lösung.

Die Silbereiweißverbindungen sind gleichfalls viel in Verwendung, haben aber keinesfalls mehr Tiefenwirkung als Argentum nitricum. Da dieselben das Gewebseiweiß nicht mehr fällen und dadurch keinen Schorf hervorrufen, gelten dieselben als weniger reizend und können daher in höherer Konzentration verwendet werden. Von den Silbereiweißverbindungen sind anzuführen: Protargol (Argentum proteinicum) in 2 bis 10%iger Lösung (Rp. Argentum proteinicum 2, fere cum Glycerino, adde Aquae ad 100; stets frische Lösung!), Argonin (Argentum caseinicum) in 2%iger Lösung, Ichthargan (Ichthyol-Sulfosäure-Silber) in 0,02 bis 0,2%iger Lösung, Argyrol, eine 30% Silber enthaltende Eiweißverbindung in 2 bis 5%iger Lösung, Itrol (Argentum citricum) in 0,02%iger Lösung, schließlich Thigan (Thigenol-Silber) in 2%iger Lösung und zahlreiche andere. Präparate, die außer der Silbereiweißverbindung noch Salpetersäure enthalten, sind Albargin (Gelatose-Silbernitrat) in 2%iger Lösung, ferner Argentamin (Aethylendiaminosilbernitrat) in 1 bis 2%iger Lösung, ferner Hegenon (Silbernitrat-Ammoniak-Albumose) in 0,25%iger Lösung. Als Verbindung von kolloidalem Silber ist anzuführen das Choleval (10%iges kolloidales Silber + Natrium choleinicum) in 0,25 bis 1%iger Lösung. Dasselbe hat durch das gallensaure Natrium eine die Eiterkörperchen zerstörende Wirkung, wodurch besonders die intrazellulären Gonokokken leichter abgetötet werden.

Die Silberlösungen sind dadurch unangenehm, daß sie in der Wäsche Flecken machen. Die von der Argentum nitricumlösung herrührende Beschmutzung wird durch Betupfen mit einer Mischung von je 3 g Salmiak und Sublimatpulver, sowie 500 ccm Wasser beseitigt. Protargolflecke werden aus der Wäsche mit Ammoniak, von den Händen mit Jodkalilösung entfernt. Frischere Albarginflecke lassen sich aus der Wäsche mit Seifenwasser herauswaschen, ältere werden durch 10 bis 20%iges Natriumthiosulfat beseitigt. Jodflecken entfernt man durch Betupfen mit Kaliumpermanganatlösung, bis dieselben dunkelbraun werden. Sodann wird mit verdünnter Salzsäure mehrmals nachgetupft und schließlich etwas Salmiakgeist daraufgegeben.

Neben den Silberverbindungen verwenden wir wegen ihrer Reizlosigkeit, guten Resorbierbarkeit und Tiefenwirkung vielfach folgende Mittel: 1 bis 3%ige Ichthyollösung, 10%iges Jothionöl, 10%iges Ichthyolvasogen, 5 bis 10%ige Jodtinktur. Vielfach wird in letzter Zeit zur antiseptischen örtlichen Behandlung auch Trypaflavin (Diaminomethylakridiniumchlorid) 1:4000 verwendet.

Als rein adstringierende Medikamente kommen in Betracht: 10%iges Zincum sulfuricum, 2 bis 10%iges Zincum chloratum, 10%iges Alumen crudum, 4 bis 10%iges Bismutum subnitricum und 1 bis 2%iges Cuprum sulfuricum.

Von neuen Mitteln ist das Caviblen (Bruksch) anzuführen, das Uranoblen und Silber enthält. Chloregansilber 1:1000 (Zumbusch und Rapp) und Azyl (Bruck) sollen eine Koagulierung des Zelleiweiß, das eine Tiefenwirkung des Silbers verhindert, vermeiden.

Es empfiehlt sich, zuerst mit schwächeren Lösungen zu beginnen und wenn dieselben ohne stärkeren Reiz vertragen werden, auf höher konzentrierte anzusteigen. Manchmal kommt es dabei zu geringen Blutungen, die jedoch ohne Bedeutung sind. Ferner ist es vorteilhaft, das Medikament wiederholt zu wechseln. Während Gonokokken und Schleimhäute auf ein Medikament nicht reagieren, zeigen sie auf Anwendung eines anderen oft prompte Reaktion. Das Wechseln der Medikamente ist auch wegen der von den Bakterien erworbenen Arzneifestigkeit notwendig.

Auswischverfahren. Das am meisten geübte Verfahren ist die Auswischung mit watteumwickelten Stäbchen aus Metall, Hartgummi oder Holz. Derartige Watteträger wurden von Chrobak, Playfair, Sänger, Menge u. a. angegeben. Am besten eignen sich einfache Drahtstäbchen, die an einem Ende gerieft sind. Die Portio wird mit Hilfe von Scheidenspiegeln eingestellt, wobei nur in seltenen Fällen ein Anhaken der vorderen Muttermundlippen notwendig ist. Nach Reinigung der Portio wird der Halskanal mit einem trockenen Watteträger oder mit einem in 10 bis 20%ige Sodalösung getauchten Watteträger vom Schleime gereinigt und dann ein- bis zweimal hintereinander mit einem Watteträger, der mit dem Medikament getränkt ist, ausgewischt. Dabei muß der Watteträger allseits an die Cervixwand fest angepreßt werden. Der letzte soll zwei Minuten liegen bleiben. Soll auch die Körperhöhle behandelt werden, so wird nach Auswischung des Halskanales ein neuer Watteträger durch den inneren Muttermund in die Corpushöhle vorgeschoben. Daß dabei in den meisten Fällen nur wenig von dem Medikament in die Corpushöhle eingebracht wird, hat Zweifel an 24 exstirpierten Uteri gezeigt, deren Höhle er vorher mit Hilfe des watteumwickelten Ätzstäbchens mit Eisenchlorid geätzt hatte, wobei nur in

einem Drittel der Fälle die Substanz in die Corpushöhle eingedrungen
war. Es kann demnach die Auswischung als ein für die
Corpusbehandlung nur wenig wirksames Verfahren betrachtet werden, während es für die Cervixbehandlung sich
gut eignet. Um das Abstreifen des Medikamentes am inneren Muttermund zu verhüten, kann man denselben durch Hegar-Dilatatoren erweitern. Dieses Verfahren ist jedoch zu eingreifend und eignet sich
nicht für ambulatorische Behandlung.

Injektionsbehandlung. Ein weiteres Verfahren besteht in der Einspritzung von flüssigen oder halbflüssigen Medikamenten.
Die Behandlung kann entweder unter Einführung eines Intrauterinkatheters oder einer eigens konstruierten Injektionsspritze vom
äußeren Muttermund aus geschehen. Als Injektionskatheter werden dieselben Instrumente wie für die Sekretentnahme verwendet. Die alte
Intrauterinspritze nach Braun scheint ziemlich allgemein für diesen
Zweck nicht mehr in Verwendung zu sein, da deren Ansatz zu dick ist
und eine Erweiterung des Halskanales erfordert. Sigwart verwendet
einen 6 mm dicken Tubus mit Mandrin. Nach Entfernung des letzteren
wird das Medikament mittels Wattestäbchens oder in fester Form in die
Gebärmutterhöhle eingebracht. Zangemeister hat ein eigenes Cervix-
spekulum angegeben, um den Abfluß des eingespritzten Medikamentes
zu sichern. Jedenfalls sind letztere Verfahren umständlich und infolge
der Notwendigkeit der Halskanalerweiterung nicht ganz ungefährlich.
Um die Dilatation zu vermeiden und jede Verletzung zu verhüten,
verwendet Bucura dünne biegsame Katheter von der Dicke eines
Harnleiterkatheters. G. A. Wagner verwendet ausnahmsweise zwei
durch Gummistreifen verbundene Stücke eines alten Harnleiterkatheters,
deren eines kürzer ist und nur knapp über den inneren Muttermund
hinaufreicht. Diese Anordnung soll den Rücklauf des Medikamentes
sichern. Wir benützen ausschließlich einen von uns konstruierten 3 mm
dicken, aus Silber gefertigten Intrauterinkatheter, dessen
eines Ende knopfförmig aufgetrieben und dessen Ansatz auf jede Hartgummispritze angepaßt ist. Das Instrument wird bei der Firma
J. Leiter in Wien angefertigt. Katheter aus anderen Metallen als Silber
oder Nickelin sollen vermieden werden, weil sich bei Anwendung von
Silberlösungen das Salz mit dem Metall verbindet und dadurch unwirksam
wird. Die Vorbereitung ist die gleiche wie bei jeder anderen Intrauterinbehandlung. Als Medikamente kommen dieselben Lösungen wie bei der
Auswischung in Betracht. Instilliert werden nur ganz geringe Mengen,
also nur wenige Tropfen. Dieses Verfahren eignet sich
hauptsächlich für die intracorporale Behandlung. Über
die Spülung des Uterus durch einen Rücklaufkatheter mit einem
Liter warmer Lösung von Argentum nitricum 1 : 1000 bis 1 : 300
(Bumm) haben wir keine Erfahrungen. Um ein langes Verweilen
des Medikamentes in der Gebärmutterhöhle zu ermöglichen, wurde
von Almkvist vorgeschlagen, vom äußeren Muttermund aus eine Salbe
einzuspritzen. Er verwendet hiezu eine eigene Spritze mit einem oliven-

förmigen Ansatz, der während der Injektion an den äußeren Muttermund angedrückt wird. Die Injektionsmasse besteht aus Albargin 1, Tragacanth 3, Spiritus concentratus 2,5, Aqua destillata 100. Von Linser und Weber wird in gleicher Weise Protargolgelatine von folgender Zusammensetzung verwendet: Protargol 10, Gelatine alba 45, Aqua destillata ad 200. Für die Salbenbehandlung kommt auch die von Asch konstruierte Salbenspritze in Betracht. Derselbe verwendet die von Neisser angegebene Novinjektolsalbe. Die leicht wasserlösliche

Abb. 29. Intrauterinkatheter nach Bucura (Länge 24 cm)

Salbe setzt sich folgendermaßen zusammen: Rp. Protargol 6, Aqua destillata 24, Eucerinum anhydricum, Adeps lanae aa 35. Als sehr unangenehme Nebenerscheinung treten hiebei manchmal nach der Behandlung Gebärmutterkrämpfe und Eileiterkoliken auf. Dieselben werden zweckmäßig durch Belladonna oder Morphiumstuhlzäpfchen bekämpft.

Wir führen die intracorporale Behandlung nur dann durch, wenn die Gonorrhoe der Corpusschleimhaut sicher nachgewiesen ist, ferner auch, wenn bei alten, abgeklungenen Adnexentzündungen noch Gonokokken im Uterus, sei es auch nur in der Cervix, nachgewiesen werden. Frische Entzündungen der Anhänge stellen eine strikte Gegenanzeige gegen die intracorporale Behandlung dar. Dieselbe kann auch bei chronisch rezi-

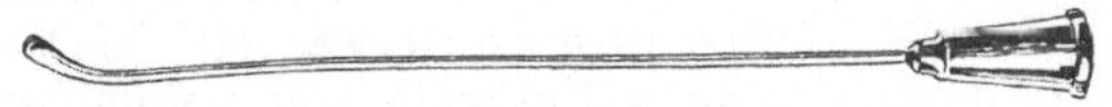

Abb. 30. Intrauterinkatheter aus Silber nach R. Franz (Länge 19 cm)

divierenden Adnexentzündungen angezeigt sein, da eine immer wieder erfolgende Infektion der zur Ruhe gekommenen Adnexe vom infizierten Corpus her als Ursache der Rezidive angesehen werden kann. Die Gefahren der intracorporalen Behandlung und der intrauterinen Behandlung im weiteren Sinne bestehen in der Auslösung von Gebärmutterzusammenziehungen, wodurch gonokokkenhaltiges Sekret in die Eileiter hinaufgepreßt werden kann, ferner in der Möglichkeit einer Gebärmutterverletzung und schließlich in Fehlern gegen die Asepsis. Es sind daher das Anhaken des Scheidenteiles, die Erweiterung des Halskanales, Anwendung von stark ätzenden Medikamenten, Einführung von dicken, spitzen oder schwerfälligen Instrumenten nach Möglichkeit zu vermeiden. Schließlich gehört zur gefahrlosen Durchführung dieser Behandlung eine gewisse Erfahrung und Geschicklichkeit.

Dieselbe soll daher von dem Ungeübten besser unterlassen werden, da sie Schaden zur Folge haben kann.

Stäbchenbehandlung. Eine weitere Methode, bakterizide oder adstringierende Medikamente in die Gebärmutter einzuführen, besteht in der Anwendung fester, bei Körperwärme löslicher Stäbchen. Früher wurden diese Stäbchen hauptsächlich magistraliter verschrieben. So z. B.: Argentum proteinicum 0,02, Butyrum Cacao 1,0, F. bacill. longitudine 4 bis 7 cm, crassitudine 0,4 cm, D. tal dos Nr. X; oder: Zincum sulfuricum, Alumen crudum aa 0,01, Butyrum Cacao 1,0, M. f. bacill., D. tal. dos. Nr. X. Diese mit Kakaobutter zusammengesetzten Stäbchen gelten als weniger wirksam, da infolge des Fettzusatzes die Wirkung auf die Schleimhaut erschwert ist. Als Beispiel für Stäbchen mit fettloser Grundmasse ist folgende Verschreibung nach Klien anzuführen: Ichthargan 1,2, Saccharum album subt. pulverisatum 5, Saccharum lactis, Gummi arabicum pulverisatum aa 1,7, Tragacanth, Glyzerin q. s. (ganz geringe Mengen). ut f. bacill. Nr. XII, longitudine 7 cm, crassitudine 0,4 cm.

In neuerer Zeit haben sich hauptsächlich fertige Präparate eingebürgert, die durchwegs fettfrei sind. Gut gleitfähig und reizlos, aber von geringem Silbergehalt sind die Gonostyli Albargini 1%. Von guter Wirkung sind die Delegonstäbchen, Größe I, die 5% Protargol enthalten und 2,4 cm lang und 0,4 cm dick sind. In gleicher Weise werden auch Tanargentanstäbchen, welche aus einer an Tannin gekuppelten Silbereiweißverbindung bestehen, in den Handel gebracht. Weniger geeignet sind die Cholevalstäbchen, die infolge ihrer rauhen Oberfläche beim Einschieben Blutungen und infolge ihrer Reizung kolikartige Schmerzen in der Gebärmutter verursachen können. In der Absicht, bei der Behandlung eine Tiefenwirkung zu erzielen und das Eindringen des Medikamentes in die feinsten Schleimhautfalten zu ermöglichen, werden die Styli-Spuman verwendet. Die Wirkung dieser Stäbchen besteht darin, daß durch Zufügung von Acidum tartaricum und Natrium bicarbonicum ein feinblasiger Kohlensäureschaum entsteht, welcher der Träger des beigefügten Silbers sein soll. Eine wesentliche Wirkungssteigerung ist dem Kohlensäureschaum jedenfalls nicht zuzuschreiben. Zu erwähnen wären noch die Ortizonstäbchen, welche Wasserstoffsuperoxyd in fester Verbindung enthalten. Dieselben werden auch zur Vorbehandlung vor der Einspritzung mit Silberlösungen verwendet.

In der Annahme, daß nicht die bakteriotrope Wirkung der wesentliche Heilfaktor ist, sondern die durch das Präparat hervorgerufene Gewebsreaktion, werden neuerdings vielfach ein- bis zweimal täglich Pellidolstäbchen in die Cervix eingeführt. Dieselben haben keine Reizwirkung zur Folge, sondern erhöhen durch ihre epithelisierende Kraft den örtlichen Gewebswiderstand und die Regenerationsfähigkeit des Epithels. Das Präparat wird verschrieben: Pellidolstäbchen 8 cm lang, 4 mm stark. Ein Glas zu 10 Stück.

Der Vorgang bei der Einführung der Stäbchen ist folgender:

Um es schlüpfrig zu machen, soll es zuerst für einen Augenblick in heißes Wasser getaucht werden. Nach Einstellung des Scheidenteiles wird das Stäbchen mit einer Kornzange gefaßt und durch den äußeren Muttermund eingeschoben, zwei bis drei Minuten in dieser Lage festgehalten und dann durch einen vorgelegten Scheidentampon fixiert. Meistenteils werden die Stäbchen nur zur Behandlung des Halskanales verwendet. Hiefür genügen 3 bis 4 cm lange Stäbchen. Als Gleitmittel für dieselben kann Glyzerin oder Katheterpurin in Anwendung kommen.

Sollen diese Stäbchen aber auch in die Corpushöhle eingeführt werden, was übrigens nur bei weitem oder künstlich erweitertem inneren Muttermund möglich und überhaupt nicht zu empfehlen ist, so müssen dieselben mit Hilfe eines stäbchenförmigen Instrumentes oder einer Kornzange vorgeschoben werden oder es müssen von vornherein längere, ungefähr 7 cm lange Stäbchen verwendet werden. Die Einführung der medikamentösen Stäbchen in den Halskanal allein bewirkt oft schon Kontraktionen und leichte Blutungen. Als gefährlich ganz zu verwerfen ist die sogenannte Tamponade der Corpushöhle mit medikamentösen Stäbchen nach Haendly.

Streifenbehandlung. In der Absicht, das Desinfiziens länger auf die Gebärmutterschleimhaut einwirken zu lassen, wird ein mit dem Medikament getränkter Streifen aus Watte oder Gaze in die Gebärmutterhöhle eingeführt und dort durch einige Minuten bis Stunden belassen. Die Einführung des Streifens geschieht in der Weise, daß nach Einstellen der Portio ein Watteträger, auf dem der Watte- oder Gazestreifen nur locker angewickelt ist, bis in die Corpushöhle hinaufgeschoben wird. Während eine Kornzange oder eine lange anatomische Pinzette den Streifen zurückhält, wird das Metallstäbchen herausgezogen, so daß nur der Streifen in der Gebärmutter liegen bleibt. Manchmal stößt das Einschieben des Streifenträgers wegen der Enge des inneren Muttermundes auf Schwierigkeiten. In diesen Fällen ist man genötigt, den Muttermund durch Erweiterungsstifte zu dehnen. Am besten eignen sich die glatten, biegsamen Sängerschen Stäbchen. Dieselben werden nach der Gestalt der Gebärmutterhöhle gebogen und mit feiner, langfaseriger Augenwatte in dünner Schicht derart umwickelt, daß ein Fähnchen von $\frac{1}{2}$ cm Länge an der Spitze des Stäbchens stehen bleibt. Der Wattestreifen soll ungefähr 8 bis 9 cm lang sein. Als Medikamente werden die schon angeführten Mittel verwendet. Asch benützt ausschließlich 6 und 10%iges Jodvasogen oder 12 und 20%iges Jothionöl, die weniger reizend wirken, und läßt den Streifen liegen, bis er durch die Zusammenziehungen der Gebärmutter ausgestoßen wird. Diese Behandlung wird durchschnittlich wöchentlich zweimal ausgeführt.

Saugbehandlung. Bei den Erfolgen der Bierschen Stauung ist es naheliegend, daß auch bei der Gebärmuttergonorrhoe versucht wurde, durch Anlegen eines Saugapparates an die Portio Hyperämie und Sekretansaugung zu erzielen. Anschließend an die Saugbehandlung, die zweimal wöchentlich durchgeführt werden soll, ist die Cervixschleimhaut mit Protargol zu desinfizieren. Anscheinend werden mit Hilfe dieses allerdings noch wenig erprobten Verfahrens gute Erfolge erzielt. An den Saugglocken wird an Stelle des bei der Furunkelbehandlung üblichen Gummiballons ein Schlauch mit einer 100 ccm fassenden Spritze verwendet (Matzenauer und Weitgasser).

Heizsondenbehandlung. Da die Gonokokken bei relativ niedrigen Hitzegraden absterben, hat man auch die Hitze durch Anwendung von Heizsonden zur Behandlung herangezogen. Solche Heizsonden wurden von Schücking, Seitz und Frank beschrieben. Es werden dabei Temperaturen von 50 bis 60⁰ C ohne Schaden für die Gebärmutterschleimhaut in halbstündigen Sitzungen angewendet, entweder allein oder in Verbindung mit der desinfizierenden Behandlung. Eine weitere Verbreitung hat dieses Verfahren nicht gefunden.

Leuchtsondenbehandlung. Auch die Lichtbestrahlung wurde zur Behandlung herangezogen. So wurde von Christen eine Leuchtsonde angegeben, die aus einer evakuierten und mit einer Elektrode versehenen Glasröhre von der Form eines weiblichen Harnröhrenkatheters besteht. Dieselbe ist von Reiniger, Gebbert und Schall A. G. in Erlangen hergestellt und wird von einem Hochfrequenzapparat betrieben. Die Dauer der Bestrahlungen beträgt durchschnittlich eine halbe Stunde. Nach unseren Erfahrungen stehen die Erfolge mit der Leuchtsonde in keinem Verhältnis zum Zeitaufwand und den Kosten dieser Behandlung.

Tiefenantisepsis. Da die Gonokokken bei älterer Gonorrhoe infolge ihrer versteckten Lage in den Drüsen oder im Schleimhautepithel der oberflächlich wirkenden Desinfektionsbehandlung nicht zugänglich sind, so wurden auch Versuche mit der Tiefenantisepsis gemacht. Zu diesem Zwecke wurde Rivanollösung 1 : 1000 oder 1 : 500 in die Substanz der Portio eingespritzt. Die starken Schmerzen bei der Injektion wurden durch gleichzeitigen Zusatz von ½%iger Novokainlösung behoben. Dabei werden durch den auf die Cervixdrüsen ausgeübten Gewebsdruck große Mengen zähen Schleimes während der Injektion in den Halskanal entleert, in dem meistens Gonokokken enthalten sind. Die Dauererfolge sind keineswegs zufriedenstellende.

Vakzination. Die aktive Immunisierung durch Einspritzung abgetöteter Gonokokken in bestimmter Verdünnung ist in einem eigenen Kapitel abgehandelt. Bei der Uterusgonorrhoe finden wir nach Vakzination häufig eine Zunahme des Sekretes, manchmal auch ein Blutigwerden desselben als Herdreaktion. Entsprechend der allgemeinen Erfahrung, daß die Behandlung der offenen Schleimhautgonorrhoe mit den käuflichen Vakzinen keine besonderen Erfolge zeigt, konnten auch wir bei der Uterusgonorrhoe nur selten durch die Vakzine Heilung erzielen. In allerletzter Zeit hat man durch Steigerung der Einzeldosen und Verkürzung der Zwischenzeit zwischen den einzelnen Injektionen, sowie durch Verwendung von Eigenvakzine bessere Heilerfolge erreicht. Die Vakzination dient demnach hauptsächlich als Unterstützung der örtlichen Uterusbehandlung.

Pust hat versucht, dadurch eine Autovakzination zu erzeugen, daß er durch mehrere Wochen hindurch auf die Portio eine Verschluß-

kappe aufsetzte. Dabei soll durch die im Halskanal eintretende Sekretstauung in gleicher Weise wie in den Pyosalpingen der Gonococcus absterben und zugleich eine Hyperämie der Cervix entstehen. Die Kappe
wird nur zum Zweck der Abimpfung und Cervixätzung oder während der
Regel abgenommen. Auch bei dieser Behandlung wurde nur vorübergehende Gonokokkenfreiheit des Cervixsekretes erzielt. Mutschler
setzt die genannte Kapsel für einen oder mehrere Tage auf, nachdem
vorerst der Halskanal mit watteumwickelten, durch H_2O_2 angefeuchteten
Stäbchen gereinigt wird und in denselben 5 bis 10%ige Protargolstäbchen
eingeführt werden.

  Proteinkörpertherapie. Dieselbe ist gleichfalls in einem eigenen
Kapitel behandelt. Wirkungsweise und Erfolge dieser Behandlung sind
ungefähr die gleichen wie bei der Vakzination.

  Physikalische Behandlung. Schließlich sind jene Verfahren anzuführen, die als physikalische Heilmethoden bezeichnet werden,
in erster Linie heiße Voll- und Sitzbäder, feuchte Umschläge und
Schlammpackungen, ferner Heißluft, Quarzlampe und Diathermie, in zweiter Linie die hydrotherapeutischen Prozeduren
in Heilbädern. Diese erwähnten Verfahren sind stets als Unterstützung
bei der Behandlung der akuten und chronischen Uterusgonorrhoe heranzuziehen. Für chronische Fälle wurde auch Kauterisation oder gar
Radiumbestrahlung des Halskanales empfohlen.

  Behandlungsschema. Von den angeführten verschiedenen Behandlungsarten müssen wir jene auswählen, die sich je nach dem Stadium
der Erkrankung, je nach den äußeren Umständen, ambulatorische, häusliche oder Spitalsbehandlung, eignen. Selbstverständlich kann die eingehende und schonende Behandlung im Hause oder in der Kranken-
anstalt bessere Erfolge erzielen als die ambulatorische Behandlung in der
Sprechstunde. Erstere sind jedoch aus wirtschaftlichen und gesellschaft-
lichen Gründen keineswegs immer durchführbar.

  Wir halten uns bei der Behandlung ungefähr an folgende Richtlinien, die sich uns bewährt haben: Im akuten Stadium nur allgemeine Maßnahmen, im subakuten und chronischen Stadium
allgemeine Behandlung und örtliche Therapie. Jede schwere
körperliche Arbeit ist zu vermeiden, inbesonders ist während
der Regel Ruhe dringend geboten. Um für ausgiebigen Stuhl zu
sorgen, werden Abführmittel gegeben. Örtliche Behandlung ist in
den ersten Wochen nach der Infektion, bei frischem Aufstieg der
Infektion in die Eileiter, bei Aufflackern eines älteren Infektionsprozesses
strenge verboten und darf auch im subakuten oder chronischen Stadium
nur vorsichtig tastend einsetzen. Wir lassen als häusliche Behandlung
täglich ein bis zwei heiße Scheidenspülungen mit heißem Wasser oder
Chlorzinklösung machen. Jeden zweiten Tag nehmen die Patientinnen
ein heißes Sitzbad von 38⁰ C durch 10 bis 20 Minuten oder auch
ein Vollbad. Stets lassen wir tagsüber dreistündlich zu wechselnde
Dunstwickel machen. In späteren Stadien der Entzündung wird
Heißluft oder Diathermie gut vertragen.

Die örtliche Behandlung beginnen wir erst nach dem Abklingen aller akuten Erscheinungen und setzen dieselbe solange fort, bis die Gonokokken aus dem Sekrete verschwinden oder bis die schleimig-eitrige Sekretion aus der Cervix aufhört. Zuerst wird mit einem Wattetupfer der Scheideninhalt und dann mit einer Kornzange der Schleimpfropf aus der Cervix entfernt. Falls sich letzterer nicht entfernen läßt, wird der Halskanal mit Hilfe eines in Sodalösung getauchten Watteträgers ausgewischt. Hierauf wird der Halskanal meist zweimal hintereinander mittels Watteträger, der vorher mit dem Medikament getränkt wurde, ausgewischt, wobei derselbe allseits fest an die Cervixwand angedrückt wird, um das Medikament mit der Schleimhaut innig in Berührung zu bringen. Wir verwenden bei Anwesenheit von Gonokokken am häufigsten $5-10^0/_0$ige Argentum nitricumlösung, welche den anderen Silberpräparaten mindestens ebenbürtig ist, oder Jodtinktur, bei postgonorrhoischen Cervixkatarrhen meist $10^0/_0$iges Jothionöl oder $10^0/_0$iges Jodvasogen, die sich durch ihre Reizlosigkeit auszeichnen. Die Auswischung des Halskanales .wird bei ambulatorischer Behandlung 2- bis 3mal wöchentlich, bei Spitalsbehandlung ungefähr jeden zweiten Tag vorgenommen. Gleichzeitig wird die sekundäre Kolpitis behandelt, indem anfangs die Scheidenwand einige Male mit $2^0/_0$iger Argentum nitricumlösung ausgewischt oder antiseptisches Pulver wie Cholevalbolus oder Argobol in die Scheide eingebracht wird und später Tampons oder Scheidenkugeln von der üblichen Zusammensetzung eingeführt werden. Die Erosionen der Portio zu behandeln ist meist nicht notwendig, da dieselben mit der Ausheilung der Cervicitis und dem Abklingen der sekundären Kolpitis meist von selbst verschwinden.

Eine örtliche Behandlung der Corpusschleimhaut führen wir nur in jenen seltenen Fällen durch, wo wir nach längerer Behandlung des Halskanales in der Corpushöhle noch Gonokokken nachweisen können oder wo wir nach Ausheilung des Cervixkatarrhes noch starke eitrige Sekretion aus dem Uterus nachweisen können. Der Entschluß zur intracorporalen Behandlung wird dann leichter fallen, wenn bereits beide Adnexe chronisch entzündlich erkrankt sind und keine akuten Erscheinungen mehr machen. Zu diesem Zwecke werden höchstens zweimal wöchentlich mit Hilfe unseres silbernen Intrauterinkatheters vorsichtige Instillationen von einigen Tropfen der bei der Cervixbehandlung angeführten Lösungen in die Corpushöhle eingespritzt. Vor der leichtfertigen Anwendung dieser Instillationen durch ungeübte Hände muß dringend gewarnt werden, da durch dieselben infolge Austrittes von Flüssigkeit durch die Eileiter in die freie Bauchhöhle Kollapse und durch die dabei mögliche Verschleppung von Keimen in die Eileiter ein Aszendieren der Gonorrhoe hervorgerufen werden kann. Sobald auf cervikale oder insbesondere auf intracorporale Behandlung irgendwelche Reizerscheinungen in den Eileitern sich zeigen, muß dieselbe abgebrochen werden. Ist die Gonorrhoe, wie das meist der Fall ist, bereits aszendiert, so soll die örtliche Behandlung des Uterus erst nach dem Abklingen der akuten Entzündungserscheinungen in den Anhängen einsetzen.

Gleichzeitig wird stets die Behandlung der Harnröhre durchgeführt. Vakzine- oder Proteinkörperbehandlung hat nach unseren Erfahrungen nur bei gleichzeitiger Anhangserkrankung eine Berechtigung. Wenn es die Verhältnisse erlauben, soll in dem auf die Erkrankung folgenden Sommer eine Badekur in einem Frauenbad durchgeführt werden. Die strikte Durchführung der Behandlung bis zur Heilung scheitert häufig an Zeitmangel und Geduld der Patientin.

8. Gebärmutteranhänge, Bauchfell, Beckenzellgewebe (Adnexa uteri, Peritoneum, Parametrium)

Anatomie

Der Eileiter (Tuba uterina) verläuft als Rohr von ungefähr 12 cm Länge, im oberen Rande des breiten Mutterbandes (Ligamentum latum) mehrfach gekrümmt, mit der hauptsächlichsten Krümmung nach rückwärts gerichtet. Seine Lichtung wird von der Gebärmutter gegen das Ende zu weiter. Wir unterscheiden drei Hauptabschnitte, deren engster, die Pars interstitialis, mit einer Wandung von lockerem Bindegewebe umhüllt, in der Gebärmutterwand verläuft. Seine Lichtung beträgt hier weniger als einen Millimeter, so daß selbst eine dünne Sonde kaum durchzudringen vermag. Der nächste Abschnitt, der Isthmus tubae, verläuft frei in der Bauchfellduplikatur des breiten Mutterbandes. Derselbe bildet ein ziemlich gerade verlaufendes Rohr, das sich dann in den peripheren Teil, die leicht geschlängelte Ampulle, fortsetzt. Die Wandung der Ampulle ist dünner und ihre Lichtung erweitert sich zum Eileitertrichter (Infundibulum tubae). Dieser Trichter ist in radiär gestellte Fransen, die Fimbrien, gespalten, von denen die größte, bis zum Eierstock reichende und am Bauchfell fixierte Fimbria ovarica als Gleitschiene für das in den Eileiter wandernde Ei von besonderer Bedeutung ist.

Die Wandung des Eileiters besteht aus dem Bauchfellüberzug (Tunica serosa, Perisalpingium), weiters aus der Muskelschicht (Tunica muscularis, Mesosalpingium), die aus längsverlaufenden äußeren und ringförmig verlaufenden inneren Muskelfasern besteht. Die Schleimhautauskleidung (Tunica mucosa, Endosalpingium) ist in den verschiedenen Abschnitten verschieden gestaltet. In der Ampulle zeigt dieselbe vielfach geteilte Leisten, die Plicae tubae ampullares, wo es zur Verzögerung und Ansammlung der Samenfäden kommt und wo die Befruchtung stattfindet. Im Isthmus tubae dagegen finden sich nur niedere Längsfalten (Plicae isthmicae). Im übrigen zeigt die Schleimhaut im ganzen Verlaufe flimmerndes Zylinderepithel, dessen Bewegung von der Bauchhöhlenöffnung gegen die Gebärmuttermündung des Eileiters gerichtet ist.

Durch eine ausgezogene Franse des Trichters, die Fimbria ovarica, mit der Ampulle des Eileiters verbunden liegt an der Rückseite des breiten Mutterbandes der Eierstock (Ovarium), an dieses durch eine Bauchfellfalte, das Mesovarium, befestigt. Der Eierstock ist ein elliptischer, auf zwei Seiten stark abgeplatteter Körper von höckriger Oberfläche. Der Pol des Eierstockes, welcher der Gebärmutter zugewendet ist, wird mit derselben durch das Ligamentum ovarii proprium, einer strangförmigen Falte des Bauchfelles, verbunden, in der glatte Muskelfasern verlaufen. Eigentümlich ist das Verhalten des Bauchfelles am Übergang zum Eierstock. Die Bindegewebsschicht des Bauchfelles macht an der Ansatzstelle des Mesovarium Halt und das Epithel verwandelt sich von dieser Grenzlinie aus, den ganzen Eierstock überziehend, in ein hohes, zylindrisches Epithel, das sogenannte Keim-

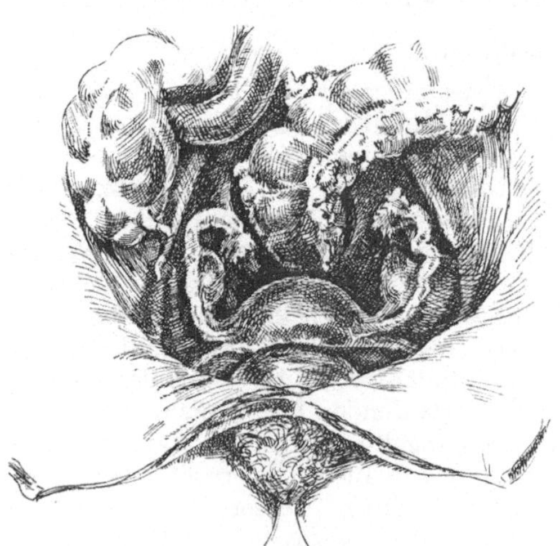

Abb. 31. Topographie des Beckens

epithel. Am Eierstock unterscheiden wir zwei Zonen: 1. Die Randzone, das eigentliche Eierstockparenchym, das, in einem streifigen Bindegewebe eingebettet, die Follikeln mit den Eiern enthält. 2. Die Markzone, die sogenannte Marksubstanz, die, mehr zentral gelegen, an der Stelle des Hilus breit die Rindenzone durchsetzt und der Träger des stark entwickelten Blut- und Lymphsystems im Eierstock ist. Der Eierstock ist das einzige intraabdominal gelegene Genitalorgan, das nicht mit Bauchfell überzogen ist. Der Eierstock hat dadurch eine sehr geschützte Lage, daß er vorne vom Eileiter und breiten Mutterband umschlossen und nach hinten von den Därmen gedeckt ist. Derselbe ist individuell von sehr verschiedener Größe, unterliegt aber auch bei einem und demselben Individuum Größenschwankungen bis auf das Doppelte zur Zeit der Menstruation.

Der Nebeneierstock (Epoophoron), der aus 15 bis 16 blind endigenden Kanälen besteht und in der Mesosalpinx verläuft, sowie die Morgagnischen Hydatiden, die als kleine, gestielte, frei pendelnde Bläschen von den Kanälen des Epoophoron ausgehen, spielen bei der gonorrhoischen Infektion keine Rolle.

Das Bauchfell (Peritoneum) überzieht mit Ausnahme des Eierstocks alle Organe des kleinen Beckens. Im Bereich desselben zieht es von der vorderen Bauchwand über den Blasenscheitel, von der Höhe des inneren Muttermundes an über die Gebärmutter und dann weiter nach hinten herab bis zum Scheidengewölbe und von da auf den Mastdarm. Die Bauchfelltasche zwischen Blase und vorderer Gebärmutterwand führt den Namen Excavatio vesicouterina. Die Tasche zwischen hinterer Gebärmutterwand und Mastdarm heißt Excavatio rectouterina oder Douglassche Tasche.

Pathologische Anatomie und Histologie
Salpingitis gonorrhoica, Pyosalpinx

Die gonorrhoische Infektion des Eileiters und weiterhin des Eierstockes und Bauchfelles erfolgt stets von der Gebärmutter aus aufsteigend. Die pathologisch-anatomischen Veränderungen sind keineswegs immer gleich stark vorhanden. Der Eileiter ist anfangs nur wenig, später meist deutlich verdickt, im akuten Stadium weich, später infolge der Bindegewebshyperplasie seiner Wandung härter. Der seröse Eileiterüberzug ist infolge der entzündlichen Hyperämie injiziert. Die auffallendste Veränderung zeigt die Schleimhaut durch ihre starke Rötung und Schwellung. Aus dem abdominalen Eileiterende quellen die verdickte Eileiterschleimhaut und die entzündlich geröteten Fimbrien hervor. Im akuten Stadium ist häufig Sekret ausdrückbar, das milchig-eitrig, mitunter auch blutig ist. Nach längerem Bestand der Entzündung ist der Bauchfellüberzug des Eileiters mit feinen, schleierförmigen, fibrinösen Auflagerungen überdeckt, unter denen stellenweise das Serosaepithel zugrunde gegangen ist. Das gegen die Bauchhöhle zu gerichtete Eileiterende ist dann meist verschlossen und das Fimbrienende ebenfalls in Bauchfelladhäsionen eingebettet. Der Eileiter ist dabei meist nach hinten um den Eierstock herum in die Douglastasche geschlagen und hier mit dem Beckenbauchfell, dem Eierstock und manchmal mit der Hinterwand der Gebärmutter verwachsen. Nach oben zu finden sich häufig Verwachsungen mit dem Netz, das meist an die Stelle verzogen wird, wo aus der abdominalen Eileiteröffnung Eiter ausgetreten ist. Auch mit Darmschlingen entstehen oft Verlötungen, links mit der Flexura sigmoidea, rechts mit dem Dünndarm.

Die reichlich gefaltete Schleimhaut des Eileiters wird durch die infektiöse Entzündung verdickt, so daß die Falten vielfach aufeinandergepreßt werden. Durch das entzündliche Ödem und die Hyperämie zeigen die Falten an ihren Spitzen eine kolbenförmige Auftreibung, die von Schridde als charakteristisch für Gonorrhoe hingestellt wurde. Dieselbe kommt jedoch auch bei Salpingitiden anderer Herkunft vor. Das Oberflächenepithel geht an einzelnen Stellen zugrunde und an den Stellen dieser Epitheldefekte verkleben die Schleimhautfalten miteinander. Infolge dieser Verklebung verlegt sich auch die Eileiterlichtung. Im Eiter finden sich zahlreiche Leukozyten, Lymphozyten und Plasmazellen. Während durch den sich stauenden Eiter und durch die von den Bakterien stammenden Stoffwechselprodukte das Epithel der Falten vielfach verloren geht, bleibt es an anderen Stellen mit den Flimmerhaaren erhalten. Auch im Bindegewebe der Schleimhautfalten und um die Blutgefäße in der Muskelschicht kommt es zu Leukozyteninfiltrationen. Hier finden sich ebenso wie bei der Endometritis Leukozyten, Lymphozyten und Plasmazellen in wechselnder Menge.

Die Folge der Entzündung im Eileiter und in der Umgebung des abdominalen Tubenendes ist meist der Eileiterverschluß. Derselbe kommt hauptsächlich durch Verklebung und Verwachsung der geschwollenen Schleimhautfalten zustande und wird auf verschiedene Weise erklärt. Einerseits kann bei Schwellung der Falten und bei Verlängerung des Eileiters sich der freie Rand über das Fimbrienende hinwegschieben (Kleinhans), oder es werden bei Flüssigkeitsansammlung im Eileiter die Tubenfimbrien in die Lichtung hereingeholt (Opitz).

Abb. 32. Salpingitis gonorrhoica acuta. Verdickung und Verklebung der Schleimhautfalten, leukozytäre Infiltration des Endosalpingium und Mesalpingium.
(Präp. des Maria Theresia-Frauenhospital in Wien)

Anderseits wiederum sind es einfach die peritonealen Adhäsionsmembranen (v. Rosthorn) oder auch der Eierstock (Dosan), die sich über das Fimbrienende legen und dasselbe verschließen können. Auch die oft vorkommende ringförmige Verdickung der Tubenserosa an der abdominalen Eileiteröffnung wird als Ursache des Verschlusses beschuldigt (Ries). Wenn das abdominale Eileiterende verschlossen ist, kommt es dann meistens infolge der weiteren Eiteransammlung zu einer Stauung. Dadurch wird die Eileiterwandung stark gespannt, die Entzündung setzt sich von der Schleimhaut auch auf die Muskulatur und den Serosaüberzug fort. Wenn der Innendruck im Eileiter sehr groß wird, so können die Verklebungen des Fimbrienendes noch einmal gesprengt werden. Es dringt dann neuerdings Eiter auf das Beckenbauchfell. Allmählich wird der Eileiterverschluß ein fester und die Eileiterwandung, die mit den Gebilden der Umgebung verwachsen ist, wird mehr und mehr verdünnt und ausgedehnt. Diese Ausdehnung bezieht sich hauptsächlich auf den isthmischen und ampullären Teil, weniger auf das uterine Ende. Die Folge davon ist eine typische kolbige, posthornförmige Gestalt des Eileiters, der dann meist nach der seitlichen und hinteren Beckenwand zu liegen kommt. Dieser durch Entzündung veränderte, aufgetriebene und mit Eiter gefüllte Eileiter wird Pyosalpinx genannt. Wenn ausnahmsweise kein Tubenverschluß eintritt, so läuft der gonorrhoische Prozeß ähnlich wie bei anderen Schleimhäuten ab.

Der Gonokokkennachweis in der Schleimhaut ist in frischen Fällen nicht schwierig, in älteren Fällen dagegen nur selten möglich. Von Wertheim und Menge sind Gonokokken auch im subepithelialen Bindegewebe, in der Muskelschicht und unter der Serosa gefunden worden. Da bei fast allen Fällen von Eileitererkrankung, die zur Operation kommen, die Gonokokken längst aus dem Eiter und dem Gewebe geschwunden sind, so gelingt durch Untersuchungen am Operationspräparat nur ausnahmsweise der Nachweis einer gonorrhoischen Infektion. Von Schridde wurde versucht, die Eileitergonorrhoe durch die Zeichen der Epitheldesquamation, der leukozytären Bindegewebsinfiltration und der Verdickung und Verwachsung der Schleimhautfalten zu charakterisieren. Weitere Untersuchungen haben jedoch ergeben, daß auch bei Eileiterentzündung anderer Herkunft dieselben geweblichen Veränderungen und dieselben Transsudatzellen vorkommen, so daß es nicht möglich ist, die verschiedenen Eileiterentzündungen histologisch auseinanderzuhalten. Immerhin ist die Anwesenheit von zahlreichen Plasmazellen bis zu einem gewissen Grade für die gonorrhoische Gewebsentzündung charakteristisch.

Man findet in exstirpierten, sicher gonorrhoischen Tuben nur sehr selten

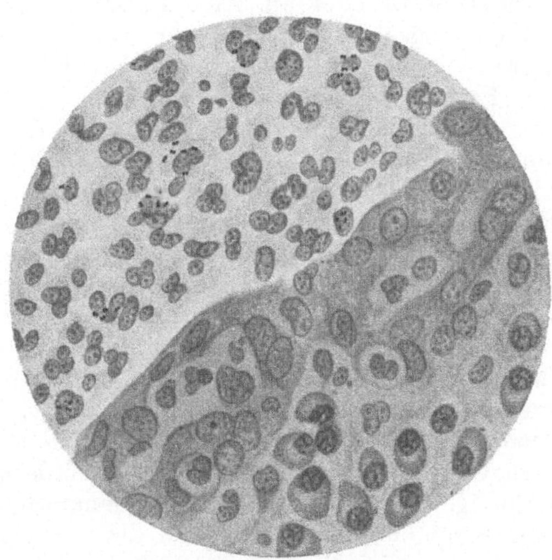

Abb. 33. Salpingitis gonorrhoica. Stroma der Schleimhautfalte mit Leukozyten, Lymphozyten und Plasmazellen infiltriert; im Tubeneiter Gonokokken in Haufen angeordnet
(Präp. der II. Universitätsfrauenklinik in Wien)

Gonokokken, manchmal andere Bakterien, manchmal sterilen Eiter allein. Das Fehlen von Gonokokken in Eiter und Schleimhaut des Eileiters ist vielleicht damit zu erklären, daß der gonorrhoisch erkrankte Eileiter eine Zeitlang mit dem Darm in Verbindung steht, wobei Darmkeime durch die dünne Wand hindurchwandern und dann die Gonokokken verdrängen können (Menge). Manchmal werden im Tubeneiter neben Gonokokken auch Streptokokken oder Bacterium coli gefunden (Bumm). Es kann demnach eine Mischinfektion bei der Gonorrhoe des weiblichen Genitalsystems ausnahmsweise vorkommen.

Ob es eine isolierte Erkrankung des interstitiellen Teiles gibt oder ob auch der isthmische und ampulläre Abschnitt immer miterkrankt, ist bisher nicht nachgewiesen, dürfte aber unwahrscheinlich sein. Die

Salpingitis isthmica nodosa oder interstitialis, bei der sich eine knopfförmige Auftreibung am Abgang des Eileiters findet, entsteht in der überwiegenden Mehrzahl der Fälle infolge entzündlicher Veränderung der interstiellen Eileiterschleimhaut. Histologisch handelt es sich dabei um Hohlräume in Form von Drüsen oder Zysten in der Muskelschicht, die ebenso wie der Eileiter von einschichtigem Zylinderepithel ausgekleidet sind. Diese heterotopen, drüsenartigen Epithelwucherungen kommen aber nicht nur als Folge chronischer Entzündung nach Infektion mit Gonokokken, Tuberkelbazillen oder anderen Keimen vor, sondern finden sich auch kongenital als Mesenchymversprengung von Uterusgewebe oder als Abkömmlinge des Müllerschen oder Wolffschen Ganges. Diese Bildungen werden besser als Adenomyohyperplasia tubarum (R. Meyer) oder Adenomyosis tubarum (O. Frankl) bezeichnet.

Zwei physiologische Zustände, die Menstruation und das Puerperium, begünstigen besonders den Übergang der Gonokokken von der Köperhöhle auf die Eileiter. Die starke Blutfüllung der Schleimhaut, die Absonderung von Sekret in die Eileiterlichtung zur Zeit der Regel erleichtern das Fortwuchern der Keime. Menge meint, daß auch bei den menstruellen Zusammenziehungen der Gebärmutter das in dieser lagernde gonokokkenhältige, blutige Exsudat durch den verschwollenen inneren Muttermund nicht rasch genug ausweichen und zum Teil in die Eileiterlichtung hinein getrieben werden kann. Daher kommt auch das meist doppelseitige Auftreten der Eileitergonorrhoe. Eine durch Operationsbeobachtung festgestellte Tatsache ist ferner, daß das Menstruationsblut von der Gebärmutterhöhle in die Eileiter und die Bauchhöhle gelangen kann. Diese sogenannte retrograde Menstruation ist wahrscheinlich in vielen Fällen die Ursache für das Aufsteigen der Gonorrhoe in die Eileiter und auf das Bauchfell. Im Wochenbett begünstigen ebenfalls die starke Sekretion, die allgemeine ödematöse Durchtränkung und die Hyperämie der Schleimhaut das Aufsteigen der Gonokokken.

Manchmal geht das Aufsteigen von der Körperhöhle in die Eileiter sehr spät vor sich, manchmal wiederum sind innerhalb weniger Tage nach der infizierenden Kohabitation Gebärmutter und Anhänge ergriffen. Die Aszension der Gonorrhoe geschieht meist durch das Fortwuchern der Keime vom Endometrium auf das Endosalpingium in der Oberfläche des Epithels, wahrscheinlich aber auch in den Interstitien des subepithelialen Bindegewebes. Möglicherweise werden die Gonokokken direkt durch die Spermatozoen bis in die Eileiter hinein verschleppt. Unterstützende Momente für die Weiterverbreitung des Infektionsprozesses auf die Eileiter sind häufige Kohabitationen, Sport und andere körperliche Anstrengungen.

Oophoritis gonorrhoica, Pyovarium

Der Eierstock erkrankt meist dadurch gonorrhoisch, daß der aus dem abdominalen Eileiterende abfließende gonorrhoische Eiter sich auf der Oberfläche desselben verbreitet. Die Infektion kann aber auch nach bereits erfolgtem Eileiterverschluß von dem früher infizierten Beckenbauchfell her, ferner infolge Durchwanderung von Kokken durch die Wand der Eitertube (Wertheim) und schließlich wahrscheinlich auch von der Mesosalpinx her erfolgen. Die Gonokokken können sowohl das Keimepithel infizieren als auch in die platzenden Follikel eindringen. Wenn sich die gonorrhoische Infektion an der Oberfläche ausbreitet und die Gonokokken durch die Zellücken in das Stroma gelangen, so geht das hohe Zylinderepithel zugrunde und an seine Stelle tritt neugebildetes Bindegewebe, das zu derben Verwachsungen mit dem Eileiter, dem Darm, dem breiten Mutterbande oder der Plica rectouterina führt. Diese Verwachsungen des Eierstocks mit den Nachbarorganen sind besonders stark, so daß die Lösung derselben bei der Operation oft besondere Kraft erfordert. Durch die Verwachsung jedoch tritt meist rasch Stillstand der Entzündung ein.

Auch oberflächlich gelegene Graafsche Follikel können gonorrhoisch infiziert werden. Dabei gehen die Zellen des Stratum granulosum größtenteils zugrunde und es sammelt sich in der Kapsel der Theca folliculi Eiter an. Sowohl die kubischen Epithelzellen der Granulosaschicht als auch die Theca folliculi sind von Leukozyten und Lymphozyten durchsetzt. Da diese anfänglich kleinen Abszesse durch die Follikelwand begrenzt sind, werden sie als follikuläre Pseudoabszesse bezeichnet.

Häufiger noch wird die Infektion des Corpus luteum beobachtet. Nach dem Platzen des reifen Graafschen Follikels unter Ausstoßung des Eies können in den in ein Corpus luteum umgewandelten Follikel leicht Gonokokken eindringen. Die Vereiterung des Corpus luteum führt zu teilweiser Zerstörung der Luteinzellenschicht und zur leukozytären Infiltration derselben. Charakteristisch für den Corpus luteum-Abszeß ist die Fältelung der Abszeßgrenzmembran und die Gelbfärbung derselben. Dieselbe ist bedingt durch die Luteinzellen, jedoch keineswegs ganz charakteristisch, da dieselbe auch durch Pseudoxanthomzellen bedingt sein kann (Aschoff). Das Eindringen der Gonokokken in die Follikel oder in das frische Corpus luteum ereignet sich fast immer einseitig, da meist bis zum nächsten Follikelsprung, wo eine neue Eierstockwunde entsteht, die Fimbrienenden der Eileiter, aus denen der Eiter austreten könnte, bereits verschlossen sind. Demnach ist bei dieser Infektionsart die Erkrankung des Eierstockes meist einseitig. Die Corpus luteum-Abszesse sind meist viel ausgedehnter als die einfachen follikulären Pseudoabszesse, da bei ersteren durch längere Zeit eine offene Wunde des Eierstocks vorliegt. Durch Wandeinschmelzung dieser Pseudoabszesse und Übergreifen des Infektionsprozesses auf das umgebende Eierstockgewebe können auch echte Ovarialabszesse entstehen. Während die gonorrhoische Oophoritis fast ausnahmslos durch direkte Übertragung des Trippereiters aus der abdominalen Eileiteröffnung auf die Oberfläche des Eierstockes vor sich geht, kann anscheinend ausnahmsweise auch auf lymphogenem oder hämatogenem Weg eine Infektion des Interstitiums zustande kommen. Diese Infektionsart scheint jedoch für die Gonokokken, im Gegensatz zu den Streptokokken, nur ausnahmsweise in Betracht zu kommen. Es finden sich dann im Rindenstroma und perivaskulär Infiltrationsherde mit Leukozyten, Lymphozyten und Plasmazellen, die auch zu kleinen Abszessen einschmelzen können. Es wurden auch im Ovarialstroma Gonokokken nachgewiesen. Die interstitielle Oophoritis ist durch Schwellung und Hyperämie des Eierstockes charakterisiert. Meist sind Fibrinauflagerungen oder bei älteren Prozessen perioophoritische Pseudomembranen an der Oberfläche des Eierstockes vorhanden, die zu den Nachbargebilden ziehen. Die histologische Untersuchung ergibt Hyperämie, Ödem, kleine Blutaustritte, Rundzelleninfiltrate und Plasmazellenablagerung (Wätjen). Die Follikelepithelien weisen stellenweise unregelmäßige Lagerung und Zerfall auf. Die Eizelle zeigt Trübung des Protoplasmas, Kernverlust oder Zerfall. Bei der interstitiellen Oophoritis können auch mehrere kleine Gonokokkenabszesse auftreten, deren Eiter grünlichgelb, dünnflüssig oder schleimig ist. Während bei schweren puerperalen Abszessen der Eierstock gänzlich eingeschmolzen werden kann, besteht bei gonorrhoischen Entzündungen Neigung zur Regeneration des Eierstockgewebes. Das Organ ist vorerst

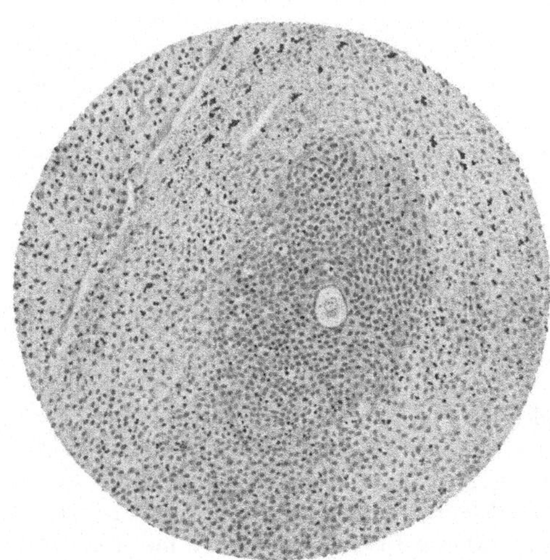

Abb. 34. Oophoritis interstitialis bei Adnexgonorrhoe. In der Umgebung des Graafschen Follikels Hyperämie, Blutaustritte Rundzelleninfiltrate und Plasmazellenablagerung
(Präp. der II. Universitätsfrauenklinik in Wien)

vergrößert, später tritt Schrumpfung des neugebildeten Bindegewebes ein, das zur Atrophie des Eierstockes führen kann. Wenn auch die Verwachsungen um den Eierstock denselben schützen, so kann es ebenso wie bei der Pyosalpinx auch beim Pyovarium zum Durchbruch in die Blase, den Mastdarm, die Scheide oder die freie Bauchhöhle kommen.

Als Folge der entzündlichen Veränderungen im Eierstock ist die Funktion desselben oft für längere oder kürzere Zeit gestört. Die Eireifung kann beschleunigt oder überstürzt, aber auch gehemmt oder aufgehoben sein. Dieser Funktionsstörung entsprechend sind die Menstruationsblutungen häufiger und stärker oder seltener und schwächer.

Pelviperitonitis gonorrhoica, Peritonitis diffusa gonorrhoica

Beim Aufsteigen der Gonokokken in die Gebärmutteranhänge ist stets das Beckenbauchfell mitbeteiligt, und zwar durch Infektion der Serosa selbst. Es kommt zu Gonokokkenansiedlung auf der Oberfläche des Bauchfelles, zu Lymphsekretion, Leukozytenansammlung unter den auseinandergedrängten Endothelzellen und zu Einnistung von Gonokokken zwischen und unter den Serosazellen. Bei der Serosagonorrhoe wird stets reichlich plastisches Exsudat ausgeschieden, das rasch zur Verklebung der benachbarten Beckenorgane führt und damit einen raschen Abschluß gegen die freie Bauchhöhle bewirkt. Diese auf das kleine Becken beschränkte Bauchfellentzündung wird als Pelviperitonitis gonorrhoica bezeichnet. Nur selten ist das Exsudat rein eitrig und sammelt sich dann bei reichlicher Exsudation in der Excavatio rectouterina an. Dieser gonorrhoische Douglasabszeß (Pyocele gonorrhoica) kann in Mastdarm, Scheide, Blase oder freie Bauchhöhle durchbrechen, falls er sich nicht resorbiert oder durch vaginale Inzision nach außen entleert wird.

Wenn besonders reichlich eitriges Exsudat ausgeschieden wird, kann ausnahmsweise die Infektion das kleine Becken überschreiten und zu einer allgemeinen Bauchfellentzündung (Peritonitis diffusa gonorrhoica) führen. Diese ist jedoch sehr selten und scheint nur nach sexuellen Exzessen oder bei besonders disponierten jungen, blutarmen Mädchen vorzukommen. Viel häufiger kommt es zu einer diffusen fibrinösen Gonokokkenperitonitis infolge Platzens eines gonorrhoischen Pseudoabszesses der Adnexe, wobei das Bauchfell durch eine Menge gonokokkenhaltigen Eiters infiziert wird. Eitersackruptur kommt häufiger bei Pyovar, seltener bei Pyosalpinx vor (Döderlein, Zweifel u. a.).

Der pathologisch-anatomische Befund bei diffuser Gonokokkenperitonitis ergibt die Eileiter im Zustand hochgradiger Entzündung und das Bauchfell diffus gerötet. Es findet sich reichliche eitrige Exsudation und schleierförmiger Fibrinbelag auf den Darmschlingen. Im Exsudat und im abgeschabten Serosaepithel der Darmschlingen werden durch Färbung und Kultur meist ausschließlich Gonokokken nachgewiesen. Eine aerobe oder anaerobe Mischinfektion ist kaum beobachtet worden, dagegen werden bei sicher gonorrhoisch infizierten Frauen wiederholt Colibazillen, Staphylokokken oder Streptokokken gefunden, die wahrscheinlich auf eine sekundäre Keimeinwanderung zurückzuführen sind. Eosinophilie, die als charakteristisch für die gonorrhoische Infektion angesehen wird, wurde von Albrecht erst drei bis vier Tage nach dem Abklingen der akuten Erscheinungen gefunden. Eine diffuse gonorrhoische Peritonitis wurde auch einige Monate nach einer Fehlgeburt (Zwet), und manchmal nach Vulvovaginitis kleiner Mädchen nachgewiesen. Im allgemeinen jedoch kommt die diffuse gonorrhoische Peritonitis nur ganz vereinzelt vor.

Bei der fast immer auf das kleine Becken beschränkt bleibenden Pelviperitonitis gonorrhoica werden die Adnexe untereinander sowie mit den benachbarten Organen, den Darmschlingen und dem infiltrierten Netz, verlötet. Dadurch entstehen die sogenannten Konglomerattumoren, die je nach dem Füllungszustand der angelöteten Därme, der entzündlichen Infiltration der Nachbargebilde und der wechselnden Menge des Bauchfellexsudates bei wiederholten Untersuchungen verschieden groß erscheinen.

Der Infektionsprozeß bleibt aber nicht nur auf die Serosa allein beschränkt, sondern es kommt durch das Einwandern der Gonokokken auch zur entzündlichen Infiltration des subserösen Zellgewebes. Dadurch werden die Adnextumoren gegen die fasziale Auskleidung des Beckens fest fixiert. An Stelle des plastischen Exsudates, das die Organe nur miteinander verklebt, entwickelt sich Bindegewebe, das zu einer besonders festen Verlötung führt. Durch die ständige Bewegung der einzelnen Beckenorgane gegeneinander, infolge Füllung und Entleerung von Blase und Darm, schließlich infolge der Darmperistaltik werden die Bindegewebsmassen zu zarten Membranen oder Fäden ausgezogen, die sich zwischen den Organen ausbreiten und über dieselben hinwegziehen (Pelviperitonitis chronica adhaesiva, Perimetritis, Perisalpingo-Oophoritis adhaesiva). Manchmal wird zwischen den Adhäsionsmembranen seröses Exsudat abgesondert, so daß abgesackte Serocelen entstehen, die auch als Serosa- oder Peritonealzysten bezeichnet werden. Sehr häufig kommt es bei der gonorrhoischen Beckenbauchfellentzündung zu Rezidive. Dieselbe kann dadurch entstehen, daß Gonokokken neuerdings durch die Wandung einer Pyosalpinx hindurch wandern oder, daß gelegentlich ein Tubenverschluß durchlässig wird. Es ist aber auch möglich, daß das Bild einer rezidivierenden Pelviperitonitis nur infolge seröser Exsudation ohne direkte Gonokokkenwirkung hervorgerufen wird (Bumm). Als Folge der Pelviperitonitis chronica adhaesiva kommt es sehr häufig zu einer Retroflexioversio uteri fixata, indem die durch das plastische Exsudat im Douglas fixierten Adnexe den Gebärmutterkörper nach rückwärts ziehen und biegen.

Parametritis gonorrhoica

Im Gegensatz zur puerperalen Streptokokkeninfektion breiten sich die Gonokokken im Beckenzellgewebe nur selten aus. Es sind zwar Fälle von gonorrhoischer Parametritis beschrieben (Wertheim, Kroenig), doch kommt diese Lokalisation nur ganz ausnahmsweise vor. In den Fällen, wo klinisch eine Parametritis posterior oder lateralis bei Gonorrhoe festgestellt wird, handelt es sich wahrscheinlich fast immer um verdickte Adnexe, die nach hinten und unten geschlagen und durch entzündliche Verwachsung angelötet sind, oder um sekundäre Infektion des Zellgewebes durch andere Keime.

Häufigkeit

Es besteht kein Zweifel, daß durch mechanische, thermische oder chemische Reize wohl Zirkulationsstörungen, niemals aber echte Entzündungen im Eileiter hervorgerufen werden können. Wenn daher bei Erhebung der Krankengeschichte eine Eileiterentzündung von der Patientin auf Verkühlung zurückgeführt wird, so ist diese Behauptung dahin zu deuten, daß bei Anwesenheit von pathogenen Keimen in der Scheide, in der Gebärmutter oder in der sonstigen Nachbarschaft des Eileiters durch die mit der Verkühlung einhergehende Hyperämie oder Sekretionsvermehrung eine Disposition für die Entstehung einer Salpingitis geschaffen wurde. Letztere ist daher stets auf eine Infektion mit Mikroorganismen zurückzuführen. Als solche kommen außer den Gonokokken verschiedene anaerobe und aerobe pyogene Keime in Betracht, insbesonders Streptokokken, Staphylokokken, Diplococcus pneumoniae, Bacterium coli, Influenzabazillen, Tbc.-Bazillen, Typhusbazillen, Spirochaeta pallida, Bazillus des malignen Ödems und Proteus. Die Statistiken über die Herkunft von entzündlichen Adnextumoren, die nur auf Grund von anamnestischen Angaben, Operationsbefunden, bakteriologischen und histologischen Untersuchungen an exstirpierten Adnexen aufgestellt werden, haben nur einen beiläufigen Wert, da die Angaben der Kranken unverläßlich sind, da es keine besonderen histologischen Merkmale für bestimmte Infektionen im Gewebe gibt und da fast ausschließlich ältere Adnextumoren zur Operation kommen, in denen dann eine Sekundärinfektion vorliegt oder nur mehr steriler Eiter vorkommt. Wenn auch früher der Gonococcus als Ursache der eitrigen Adnexerkrankung überschätzt wurde, so steht doch auch nach neueren Untersuchungen die Gonorrhoe als ätiologischer Faktor an erster Stelle. Pankow bezieht von 100 Adnexerkrankungen 43 auf Gonorrhoe, 13 auf puerperale Infektion, 22 auf Tuberkulose und 22 auf einen Prozeß, der von einer Appendicitis ausgeht. Jedenfalls ist es falsch, jede bei einer jungen Frau auftretende aszendierende Endometritis und Adnexerkrankung von vorneherein als gonorrhoisch aufzufassen, falls der Ehemann irgendeinmal vor der Ehe eine Gonorrhoe gehabt hat. Dagegen können nach unseren Erfahrungen postgonorrhoische, nach wiederholten Untersuchungen als nicht gonorrhoisch aufzufassende Katarrhe der männlichen Harnröhre bei der Frau schleichend verlaufende Entzündungen der Gebärmutter und deren Anhänge hervorrufen. Dieselben beruhen wahrscheinlich auf Infektion mit pyogenen Keimen, die sich in der durch die vorausgegangene Gonorrhoe und Behandlung geschädigten Harnröhre des Mannes ansiedeln können.

Verlauf und Symptome

An die Erkrankung der Gebärmutter, die oft nur wenig subjektive Erscheinungen hervorruft, schließt sich meist über kurz oder lang eine

Infektion des Eileiters an. Die Ausbreitung des gonorrhoischen Prozesses auf die Eileiter erfolgt nur selten innerhalb weniger Tage nach der infizierenden Kohabitation, meist erst Wochen nachher und nur ganz ausnahmsweise einmal erst nach Jahren. In letzterem Falle sprechen wir von einem latenten Verlauf der Gonorrhoe. Bei geschlechtlicher Ruhe und körperlicher Schonung können sich ohne nennenswerte Symptome an Harnröhre, Vorhof und Cervix schleichende salpingitische Prozesse entwickeln und abklingen. Außer Angaben über eine früher nicht beobachtete Dysmenorrhoe oder verstärkte ante- oder postponierende Regel finden sich objektiv Gebärmutter und Anhänge steil gestellt, nach rückwärts verzogen, weniger beweglich, die Eierstöcke nach unten in den Douglas fixiert, ohne daß eine Verdickung der Anhänge nachweisbar ist. Dieser Krankheitsverlauf wird als latente Gonorrhoe bezeichnet. Sobald die Infektion den Eileiter erreicht hat, ist das Krankheitsbild der Gonorrhoe meist sofort ein schwereres, da das im Eileiter sich bildende Exsudat infolge der Schwellung der Schleimhaut und der damit einhergehenden Verengerung der Rohrlichtung nur schwer abfließen kann, so daß sich der Eileiter durch Kontraktionen desselben zu entledigen trachtet. Dieselben werden als ziehende, bohrende oder krampfartige Schmerzen von wehenartigem Charakter im Unterleib, manchmal nur zur Zeit der Regel verspürt. Weiters treten Temperatursteigerungen auf, manchmal Fieber bis zu 39 und 40°, auch mit Schüttelfrost einhergehend, manchmal nur subfebrile Temperaturen zur Zeit der Regel. Während in einzelnen Fällen die Infektion mit den schwersten Allgemeinerscheinungen einhergeht, verläuft sie wieder in anderen Fällen schleichend, ohne auffallende Symptome, besonders, wenn rechtzeitig alle schädigenden Einflüsse von der Patientin ferngehalten werden. In diesen Fällen klingen dann die akuten Erscheinungen oft schon nach einigen Tagen ab und in der Folgezeit können die Kranken ausnahmsweise konzipieren. Gerade aber dadurch, daß von Seite der Kranken und oft auch des Arztes geringgradigen, auf gonorrhoischer Infektion beruhenden Ausflüssen und Schmerzen seitlich von der Gebärmutter keine Beachtung geschenkt wird, nehmen anfänglich leicht verlaufende Fälle von Tubengonorrhoe weiterhin einen schweren Ausgang. Aber auch wenn die akuten Erscheinungen rasch abklingen, so ist das Weiterbestehen des infektiösen Prozesses doch meist die Regel. Die Kranken verspüren bei körperlichen Anstrengungen, nach dem Geschlechtsverkehr, bei feuchtem Wetter, sowie zur Zeit der Regel bohrende oder auch nur leicht mahnende Schmerzen in der befallenen Seite. Die Regel tritt anfänglich verstärkt auf, und manchmal ist der Menstruationszyklus in der Weise verändert, daß die Blutungen sich öfters wiederholen. Später kann sich dann der Infektionsprozeß ohne wesentliche Krankheitserscheinungen sogar durch Jahre hinziehen. Als einziges Symptom bleibt die dauernde Sterilität. Meistens jedoch werden die Veränderungen schwerer. Der im Eileiter gebildete Eiter fließt aus dem abdominalen Ende über, gelangt auf das breite Mutterband, zum Eierstock und auf das Wandbauchfell, wodurch das

Krankheitsbild der Beckenbauchfellentzündung (Pelviperitonitis) zustande kommt, deren akute Erscheinungen stets rasch abklingen. Es kommt fast immer zu einer Abkapselung gegenüber der freien Bauchhöhle, da infolge Bildung von plastischem Exsudat das abdominale Eileiterende mit dem anliegenden Bauchfell, dem Eierstock, den Darmschlingen und dem großen Netz verklebt. Infolge des Eileiterverschlusses und der weiteren Ansammlung von Eiter im Eileiter kommt es zur Stauung des Inhaltes und infolge der starken Spannung der Muskelwand und des entzündeten Serosaüberzuges zu neuerlichen Schmerzanfällen. Wenn der Innendruck im Eileiter sehr groß ist, so können die Verklebungen

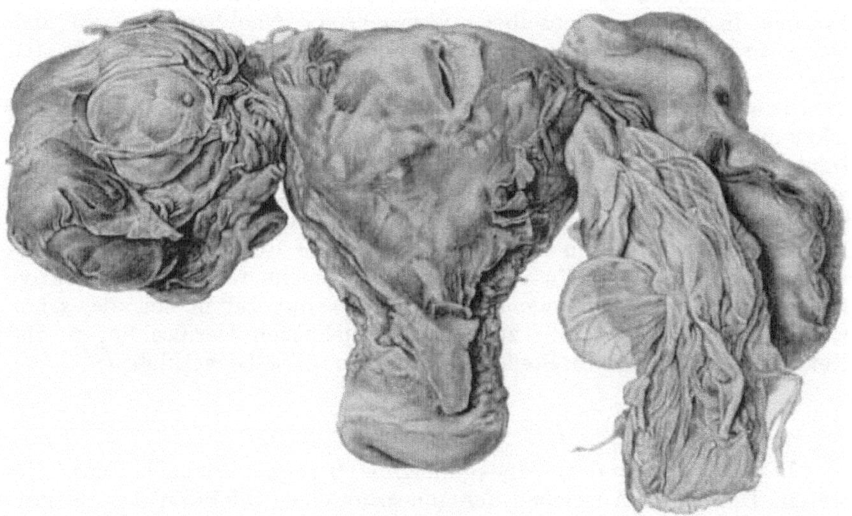

Abb. 35. Pyosalpinx gonorrhoica bilateralis, Oophoritis chronica bilateralis, Pelviperitonitis chronica adhaesiva

(Operationspräparat, Sammlung des pathologisch-anatomischen Universitätsinstitutes in Wien)

des Fimbrienendes noch einmal oder noch mehrere Male gesprengt werden, wodurch Eiter auf das Bauchfell gelangt und neuerdings eine Bauchfellreizung hervorruft.

Durch die häufig wiederkehrenden Schmerzen, durch den Eiweißzerfall bei Eiterung und Fieber, sowie oft auch durch die verstärkten und gehäuften Blutungen, schließlich auch durch den starken, eitrigen Ausfluß leidet das Allgemeinbefinden derart, daß die Frauen körperlich und seelisch schwer herunterkommen. Sie magern ab, werden blaß, bekommen einen müden Gesichtsausdruck und halonierte Augen und verlieren alle Lebensfreude.

Der weitere Verlauf der Salpingitis purulenta, der Pyosalpinx, und des Pyovarium ist ein verschiedener. In manchen Fällen bildet sich unter Schonung und Behandlung die Verdickung zurück, in anderen Fällen wieder, wobei häufig eine sekundäre Infektion vom Darme her eine Rolle spielt, bleibt der Tumor durch lange Zeit bestehen und macht von Zeit zu Zeit nach Schädigungen wiederum Erscheinungen. Ausnahmsweise entwickelt sich durch Verflüssigung des eitrigen Inhaltes allmählich ein mit klarer Flüssigkeit gefüllter Eileitersack, eine Hydrosalpinx (Saktosalpinx serosa) oder bei Mitbeteiligung des Eierstockes eine Tuboovarialzyste. Letztere machen trotz relativer Größe manchmal nur geringe Beschwerden.

Es kann auch zur Perforation einer Pyosalpinx oder eines Pyovariums in das mit denselben verwachsene Nachbarorgan, in den Darm, in die Harnblase oder in die Scheide kommen. Am häufigsten kommt der Durchbruch in den Mastdarm oder die Flexura sigmoidea vor. Daraufhin erfolgt stets ein Abklingen der akuten Erscheinungen, jedoch selten eine Ausheilung, da die Eiterhöhle vom Darm aus immer wieder frisch infiziert werden kann. Der Durchbruch in die Blase kann zu langdauernder Pyurie und aufsteigender Infektion des Harnleiters und Nierenbeckens führen. Auch in die freie Bauchhöhle kann ein derartiger Eitertumor durchbrechen, wobei es meist zu Peritonitis diffusa kommt, wenn nicht rechtzeitig operative Hilfe eintritt. Dieses Ereignis tritt jedoch nur selten ein, da schon während der Vorbereitung zum Durchbruch sich Darmschlingen und Netz an die gefährdete Stelle anlegen und dieselbe verkleben.

Diagnose

Die Diagnose der Adnexgonorrhoe begegnet vielfach Schwierigkeiten. Die ersten Anzeichen der gonorrhoischen Infektion des Eileiters sind Schmerzen seitlich von der Gebärmutter, Mattigkeitsgefühl, leichte Temperaturanstiege während der Regel und manchmal unregelmäßige Genitalblutungen. Da anfangs, solange das abdominale Eileiterende nicht verschlossen ist, jede tastbare Anschwellung fehlt, sind nur die Schmerzen bei der Betastung allein charakteristisch. In den allerdings seltenen Fällen, wo die aufsteigende Gonorrhoe schleichend verläuft, fehlt oft überhaupt jedes Schmerzsymptom.

Bei der inneren Untersuchung im akuten Stadium ist meist nicht viel nachzuweisen, da der Eileiter kaum verdickt und infolge seiner Schmerzhaftigkeit und der Spannung der Bauchdecken nicht zu tasten ist. Eingehende und wiederholte Untersuchungen verbieten sich daher von selbst. Im akuten Stadium können wir im allgemeinen folgende Zeichen feststellen, die auf eine entzündliche Adnexerkrankung hinweisen: 1. Schmerzhaftigkeit bei Druck gegen das Scheidengewölbe der erkrankten Seite; 2. schmerzhafte Resistenz seitlich von der Gebärmutter bei bimanueller Untersuchung; 3. Schmerzhaftigkeit bei oszillierender Erschütterung der Gebärmutter, die durch zwei in die Scheide eingeführte, den Scheidenteil fassende Finger hervorgerufen wird (Fränkelsches Phänomen).

Unregelmäßige Genitalblutungen sind nur bis zu einem gewissen Grad charakteristisch. Dieselben finden sich in ungefähr einem Drittel der Fälle als Folge der durch die Entzündung gestörten Eierstockfunktion oder ausnahmsweise auch als Folge von ulzerativen Prozessen der Corpusschleimhaut. Das Aufsteigen des gonorrhoischen Infektionsprozesses schließt sich häufig an eine Menstruation an. Dieselbe ist dann häufig gegenüber früheren Regeln verstärkt und verlängert oder es folgt dieser Menstruation nach einigen Tagen eine Metrorrhagie, die oft mit kurzen Unterbrechungen wochenlang fortbesteht. Nach dem Aufsteigen der Gonorrhoe beobachten wir häufig bei den späteren Regeln eine für die Gonorrhoe fast typische Veränderung des Menstruationszyklus. Die Regel kommt häufiger, ist zu stark und dauert länger an. Die Polymenorrhoe und Hypermenorrhoe ist wahrscheinlich durch überstürzte Reifung der Eierstockfollikel, die wieder die Folge einer entzündlichen Hyperämie oder einer Toxinwirkung ist, oder durch Ausbleiben der Corpus-luteum-Bildung (Adler) bedingt. Die menorrhagischen Blutungen können vielleicht auch durch eine Uterusatonie infolge metritischer Veränderung bedingt sein.

Ausnahmsweise kann es gelegentlich der Aszension auch zu Amenonorrhoe kommen. Bei den frischen Fällen kann dieselbe durch die Infektion des eben geplatzten Follikels, die eine Entwicklung eines Corpus luteum menstruationis verhindert, ferner auch infolge der Veränderung des Endometrium selbst, die infolge der schweren Infiltration der Basalisschichten die Ausbildung einer Functionalis hemmt, zustande kommen (O. Küstner, R. Schröder). Bei schweren, langdauernden Fällen von Adnexgonorrhoe kann ausnahmsweise die ausgedehnte Zerstörung des Eierstocksgewebes infolge der Entzündung eine dauernde Amenorrhoe zur Folge haben. Auch die Perioophoritis allein kann durch entzündliche Schwarten das Springen der Follikel unmöglich machen. In solchen Fällen ist die Amenorrhoe nicht dauernd, sondern nach monatelanger Pause kommt es wieder zu einer Menstruationsblutung.

Im subakuten Stadium ist die bimanuelle Untersuchung ohne Schmerzen durchführbar und ergibt fast immer einen kleineren oder größeren Tumor seitlich von der Gebärmutter. In leichteren Fällen fühlt sich der Eileiter nur etwas härter an, in schwereren dagegen ist er als federkiel-, bleistift- oder fingerdicker Tumor zu tasten, der bei anteflektierter Gebärmutter seitlich oder etwas nach hinten, bei retroflektierter Gebärmutter in der Douglastasche liegt.

Schmerzen im Unterbauch, Üblichkeiten, Erbrechen, Brechreiz, manchmal auch Meteorismus weisen stets auf eine Mitbeteiligung des Beckenbauchfells hin (Perisalpingo-Oophoritis, Pelviperitonitis).

In jenen Fällen, wo die Patientin sich nicht schonte und behandeln ließ, findet sich dann im **chronischen Stadium** bei der bimanuellen Untersuchung seitlich oder hinten von der Gebärmutter ein walnuß- bis mannsfaustgroßer **Tumor**, der nach unten zu meist scharf umschrieben ist, während er nach oben hin infolge der Darm- und Netzverwachsungen weniger deutlich abgrenzbar ist. Dieser Tumor ist meist wenig beweglich und nicht mehr sehr schmerzhaft. Er wird gebildet aus Pyosalpinx und Eierstock, bzw. Pyovarium, ferner manchmal auch aus den angelöteten Darmschlingen und dem unteren Netzzipfel, sowie aus den Exsudat- massen, die sich in der Umgebung des Eitertumors angesammelt haben. Die wiederholte Untersuchung derartiger sogenannter **Konglomerat- tumoren** ergibt oft eine überraschende Verschiedenheit der Größe, da einerseits das intraperitoneale Exsudat häufig sehr rasch aufgesaugt wird und anderseits bei starker Füllung der angelöteten Darmschlingen der Tumor größer erscheint als bei leerem Darm. Wenn die Pyosalpinx ausnahmsweise nach vorne gegen die Plica vesicouterina gelegen ist, so besteht Druck auf die Harnblase, vermehrter Harndrang, Schmerzen nach dem Harnlassen, Zeichen, die fälschlich auf eine Entzündung der Harnblase oder Harnröhre bezogen werden. Die Diagnose auf gonor- rhoische Salpingo-Oophoritis oder gonorrhoischen Adnextumor ist klinisch durch Gonokokkennachweis niemals zu erhärten, da die Gewinnung von Gonokokkeneiter aus Eileiter oder Eierstock durch Punktion undurch- führbar ist. Wir können aber in jenen Fällen, wo in der Gebärmutter oder in der Harnröhre Gonokokken nachweisbar sind oder waren, mit aller Wahrscheinlichkeit schließen, daß in dem gegebenen Falle die Ent- zündung auf einer gonorrhoischen Infektion beruht. Die diagnostische Punktion des Douglas bei Pelviperitonitis exsudativa oder bei tief im Douglas angelötetem, altem Adnextumor kann ohne Bedenken vor- genommen werden, ergibt jedoch nur ausnahmsweise einen positiven bakteriologischen Befund.

Die gonorrhoische Pelviperitonitis zeichnet sich durch stürmisches Einsetzen der peritonealen Symptome und rasches Abklingen der- selben aus.

Differentialdiagnose

Da eine bakteriologische Erhärtung der Diagnose auf Salpingo-Oophor- ritis gonorrhoica nicht möglich ist, so kann es leicht zu einer Verwechslung mit Anhangserkrankungen anderer Herkunft oder mit Erkrankungen der Nachbarorgane kommen. In erster Linie kommt hier die **septische**, in zweiter Linie die **tuberkulöse** Infektion der Adnexe in Betracht. Erstere unterscheidet sich dadurch, daß eine Geburt oder eine Fehlgeburt vorausgegangen ist, wobei jedoch zu bemerken ist, daß auch eine puer- perale Adnexerkrankung durch Gonokokken verursacht sein kann. Die **tuberkulöse Adnexerkrankung** ist so gut wie immer sekundär, wobei die Infektion fast immer auf hämatogenem Wege und nur ausnahms- weise von den Nachbarorganen aus erfolgt. Wenn in der Excavatio rectouterina bei der Untersuchung von Scheide oder Mastdarm aus kleinste bis bohnengroße Knötchen tastbar sind, so deuten dieselben auf den tuberkulösen Charakter einer Anhangserkrankung hin. Es ist jedoch zu beachten, daß es auch eine chronische, nicht tuberkulöse Peritonitis gibt, die gleichfalls zur Knötchenbildung führt, und daß ferner Metastasen von bösartigen Geschwülsten einen ähnlichen Tastbefund geben können. Die Tuberkulinreaktion hat hier keinerlei diagnostischen Wert. Am sichersten zu verwerten ist die Probeausschabung der Gebärmutter, da die Adnextuberkulose meist mit einer Uterustuberkulose vergesellschaftet ist. Dabei soll aber das erhaltene Material nicht nur histologisch untersucht, sondern auch verimpft werden. Also auch hier ist genaue Untersuchung des ganzen Organismus, besonders der Lunge, und die Anamnese von differentialdiagnostischer Bedeutung.

Die gonorrhoische Beckenbauchfellentzündung unterscheidet sich von der septischen und tuberkulösen dadurch, daß erstere ein meist schweres Krankheitsbild hervorrufen, während letztere mehr schleichend verläuft.

Nicht selten ist die Verwechslung von rechtsseitiger, gonorrhoischer Adnexentzündung mit Appendicitis. Im akuten Stadium finden sich in beiden Fällen als Zeichen einer Bauchfellreizung Schmerzen, Fieber, Pulsbeschleunigung, Brechreiz, Meteorismus und Bauchmuskelabwehr. Finden sich diese Erscheinungen bei einer Virgo, so spricht dies für Appendicitis, obwohl eitrige Adnexerkrankungen auch bei Nichtdeflorierten vorkommen können. Tritt die Bauchfellreizung im Anschluß an Abortus oder gonorrhoische Infektion auf, so weist diese auf eine genitale Erkrankung hin, obwohl auch hier gleichzeitig eine Appendicitis bestehen kann. Schmerzen, die gegen Magen oder Leber ausstrahlen, sprechen für Appendicitis. In den Oberschenkel ausstrahlende Schmerzen und vermehrter Harndrang kommen bei beiden Erkrankungen vor. Gonorrhoische Adnexerkrankungen zeigen häufig ihre ersten Symptome unmittelbar im Anschluß an die Menstruation. Kurzdauernde und wiederholte Schmerzanfälle sprechen für Appendicitis. Charakteristisch für letztere ist besonders die Druckempfindlichkeit des Mac Barnayschen Punktes. Nimmt die Druckempfindlichkeit gegen das Leistenband und den Uterus hin zu, so spricht dieselbe für eine Adnexerkrankung; nimmt dieselbe nach dieser Richtung ab, so ist eine Appendicitis wahrscheinlicher. Die verschiedenen anderen Druckpunkte (Lanz, Moris, Kümmel, Rovsing, Blumberg, Gregory), die differentialdiagnostisch herangezogen werden, haben keine große praktische Bedeutung. Maßgebend ist weiter die bimanuelle Untersuchung, die allerdings im akuten Stadium nicht immer von Erfolg ist. Sind die Adnexe frei, so spricht das Krankheitsbild für Appendicitis, sind dieselben verdickt, schmerzhaft und fixiert, so liegt eine Adnexerkrankung vor. Es ist aber zu bemerken, daß Appendicitis und Adnexerkrankung vergesellschaftet sein können und daß besonders im Anschluß an eine chronische Appendicitis mit zahlreichen Anfällen sich häufig eine entzündliche Anhangserkrankung entwickelt. Sollte einmal in der Annahme einer Appendicitis laparotomiert werden und sich dabei der Wurmfortsatz gesund herausstellen, so dürfen die entzündlichen Adnexe nicht entfernt werden, da etwa der Bauch schon offen ist. Besteht Senkungsabszeß nach Appendicitis, so umgreift er die rechten Adnexe und gelangt in die Excavatio rectouterina und unterscheidet sich bei der Untersuchung dann in nichts von einem Exsudat, das primär vom Genitale ausgeht.

Auf Schwierigkeiten stößt auch manchmal die Differentialdiagnose zwischen Salpingo-Oophoritis und Extrauterinschwangerschaft. Auch hier sprechen Fieber, Druckschmerzhaftigkeit und anderweitige entzündliche Erscheinungen am Genitale für erstere, Blutungskurve und Schwangerschaftszeichen für letztere. Das Abderhaldensche Verfahren findet klinisch praktisch wenig Verwendung. Bei Blutungen kann auch Luteoglandol (Kühn) oder Hypophysenextrakt (Wagner), täglich injiziert, zur Differentialdiagnose herangezogen werden, da dieselben bei Adnexentzündung gestillt, bei Extrauteringravidität nicht beeinflußt werden. Weniger Schwierigkeit bereitet im allgemeinen die Differentialdiagnose zwischen Salpingo-Oophoritis, bzw. Pelviperitonitis gonorrhoica und neoplastischen Adnextumoren.

Behandlung

Allgemeinbehandlung

Die Behandlung der gonorrhoischen Adnexentzündung unterscheidet sich nicht wesentlich von der Therapie entzündlicher Adnexerkrankungen anderer Herkunft. Eine direkte örtliche antibakterielle Behandlung des gonorrhoisch erkrankten Eileiters und Eierstockes ist kaum durchführbar, da diese Organe infolge ihrer topographischen Lage eigentlich nicht zugänglich sind.

Die Behandlung im akuten Stadium hat in erster Linie auf eine Ruhigstellung der erkrankten Organe durch Einhalten von Bettruhe und Kohabitationsverbot während wenigstens zweier Monate zu achten. Außerdem ist jede örtliche Behandlung sowie eine wiederholte Untersuchung zu vermeiden. Eine antiphlogistische Therapie kann durch zeitweises Auflegen einer Eisblase auf den Unterbauch oder, da diese meist nicht vertragen wird, besser durch feuchtwarme Umschläge durchgeführt werden. Ein weiteres Gebot bei der konservativen Behandlung ist die Reinlichkeit. Zu diesem Zwecke sollen die äußeren Geschlechtsteile, besonders bei starkem Ausfluß, täglich über der Leibschüssel abgespült werden. Sitz- oder Vollbäder von ungefähr 35⁰ C sollen im allgemeinen erst nach Abklingen der ersten, akuten Entzündungserscheinungen gegeben werden. Auch Scheidenspülungen sind kurz nach dem Aufsteigen der Infektion zu vermeiden und sollen erst dann, wenn die Schmerzhaftigkeit nachgelassen hat, unter geringem Drucke gemacht werden. Zur Schmerzstillung empfehlen sich Stuhlzäpfchen mit Extractum Belladonnae 0,02 bis 0,03, Morphium hydrochloricum 0,01 bis 0,02, Pyramidon 0,3 bis 0,5 oder Pantopon 0,02 aus Butyrum Cacao 2,0.

Bei Patientinnen, die hochgradig nervös sind, kann außerdem Kalium bromatum, Natrium bromatum aa 1,0, Ammonium bromatum 0,5 oder ein anderes Sedativum gegeben werden. Bei der Kostverschreibung sind blande, aber nahrhafte Speisen zu verordnen. Von großer Wichtigkeit ist die Regelung der Stuhltätigkeit, da Patienten mit entzündlichen Erkrankungen der Genitalorgane infolge Schmerzhaftigkeit bei der Defäkation zur Stuhlträgheit neigen. Aus diesem Grunde soll reichlich Flüssigkeit getrunken und außerdem sollen salinische Abführmittel, wie Karlsbader Mühlbrunn, Bitterwasser, oder besser pflanzliche Abführmittel, wie Pulvis Liquiritiae compositus, morgens ein Kaffeelöffel oder Purgentabletten zu 0,1 g ein- bis zweimal täglich, gegeben werden. Von mancher Seite werden so reichlich Abführmittel gegeben, daß in der ersten Zeit der akuten Erkrankung vier- bis sechsmal im Tage Stuhl erfolgt.

In sehr leichten Fällen verschwinden ausnahmsweise schon auf diese einfache Behandlung hin die Schmerzhaftigkeit im Unterleib, die Verdickung der Eileiter und die Gonokokken im Gebärmuttersekret. Meist geht aber auch trotz strenger Schonung und Behandlung die Entzündung nach vier bis sechs Wochen in ein subakutes und chronisches Stadium über. Dann hat die Behandlung einerseits das Ziel, die Gonokokken im entzündeten Gewebe zum Verschwinden zu bringen, anderseits durch Hyperämie und Transsudation die Resorption der Entzündungsprodukte anzuregen.

In einem Teil der Fälle von Adnexgonorrhoe kommt es zu verstärkten oder vermehrten Menstruationsblutungen oder zu Blutungen außerhalb der Regel. Wenn diese Gebärmutterblutungen stark auftreten, so führen sie nicht nur zu einer Schwächung der Patientin, sondern sie vereiteln vor allem die Resorptionsbehandlung, die stets eine vermehrte Blutfülle in den Beckenorganen und dadurch eine Verstärkung der Blutung zur Folge hat. Wir verordnen in derartigen Fällen außer Bettruhe intern Mutterkorn-, Hydrastis- und Corpus-luteum-Präparate in großen Dosen. Bei Hypermenorrhoen wird diese Medikation bereits einige Tage vor der Regel begonnen. Wenn die innerlich verabreichten Styptica versagen, so machen wir an hintereinander folgenden Tagen intraglutaeale Injektionen von Oprotex, welches die Gesamtproteine der Eierstöcke enthält oder subkutane Injektionen von Stryphnon (Methylaminoacetobrenzkatechin-chlorhydrat). Mit Hilfe dieser Präparate kommen die Blutungen fast immer bald zum Stillstand, so daß die Röntgenbestrahlung bei Adnexblutungen entbehrt werden kann.

Intrasalpingeale Behandlung

Eine direkte örtlich desinfizierende Behandlung der gonorrhoisch infizierten Schleimhaut des Eileiters ist zwar kaum durchführbar. Von Aulhorn ist aber empfohlen worden, Silbersalze in die Gebärmutterhöhle zu injizieren, damit diese von hier aus in die Eileiter eintreten und eine desinfizierende Wirkung ausüben können. So wurden zu diesem Zwecke 2,5 ccm einer 2%igen Argentaminlösung auf einmal in die Gebärmutterhöhle eingespritzt. Die Ergebnisse dieses Verfahrens an der Leipziger Klinik waren günstige. Desselben Verfahrens bediente sich Mussato, indem er 0,2 bis 6,0 Gramm einer 2%igen Argentaminlösung mittels Braunscher Spritze ambulatorisch injizierte. Über Schmerzen wurde nur am Beginne der Behandlung geklagt. Die Tuboovarialtumoren wurden nach 15 bis 30 Injektionen resorbiert. In den Fällen, wo die Menstruation vor der Behandlung normal war, wurde die Regel während der Behandlung stärker und hatte sogar manchmal den Charakter einer wirklichen Blutung, bei Amenorrhoe dagegen keine Wirkung auf die menstruelle Blutung. Nach Beendigung der Behandlung kehrte der alte Menstruationstypus wieder. Auch mit der weniger konzentrierten Zusammensetzung von 0,5 Argentamin auf 200,0 Aqua destillata wurden von Zweifel Heilungen und Besserungen erzielt. Ob diese Erfolge tatsächlich auf eine antiseptische Wirkung der Argentaminlösung zurückzuführen sind, ist fraglich, da die Wirkung auch im Sinne einer Reiztherapie oder einer Hyperämisierung der inneren Geschlechtsorgane aufgefaßt werden könnte. Keinesfalls hat sich dieses Verfahren eingebürgert.

Vakzine- und Proteinkörperbehandlung

Wenn auch nach wie vor die Warmbehandlung bei der Adnexgonorrhoe die wichtigste Methode darstellt, so werden doch durch Vakzine- und Proteinkörperinjektion fast gleich günstige Ergebnisse erzielt (Nevermann). Wir wenden daher dieselbe stets neben der Resorptionstherapie an. Wenn es auch nach unseren Erfahrungen nicht möglich ist, das Aufsteigen und die Ausbreitung der gonorrhoischen Infektion in die Anhänge durch frühzeitige parenterale Therapie zu verhindern, so ergibt die Injektionsbehandlung zusammen mit der Hydrotherapie und Allgemeinbehandlung besonders im subakuten Stadium der Adnexgonorrhoe sehr günstige Erfolge.

Resorptionsbehandlung

Bei der Adnexgonorrhoe soll im subakuten Stadium die Resorptionstherapie einsetzen. Auch während dieser Zeit sollen die Frauen körperliche Ruhe, wenn auch nicht immer im Bett, einhalten und höchstens ein bis zwei Stunden im Tag spazieren gehen. Der Stuhltätigkeit und Diät muß auch weiterhin Aufmerksamkeit geschenkt werden. Das Koitusverbot hat im Falle der Ansteckungsmöglichkeit durch den Ehegatten weiter aufrecht zu bleiben oder es darf nur ausnahmsweise ein Coitus condomatus gestattet werden.

Die resorptive Behandlung besteht vor allem in der Erzeugung einer Hyperämie der Unterleibsorgane. Diese vermehrte Blutfülle wird durch die Anwendung erwärmter Medien auf die Hautoberfläche oder im Körperinneren hervorgerufen. Sie ist also vorwiegend eine Thermotherapie. Welche von den verschiedenen Behandlungsarten im einzelnen Falle angewendet werden soll, hängt einerseits von äußeren Umständen, wie der sozialen Lage der Patientin, anderseits vom Stadium und dem Sitz der Erkrankung ab.

Hydrotherapie. Infolge seiner großen Wärmekapazität, seiner guten Leitungsfähigkeit und seiner leichten Anwendbarkeit eignet sich am besten Wasser. Es werden daher in herkömmlicher Weise auch Behandlungsarten unter dem Namen Hydrotherapie zusammengefaßt, die nicht in Wasseranwendung allein bestehen. Der wirksame Faktor in der Wasserbehandlung ist der thermische Reiz, den das Wasser als Temperaturträger bei seiner Anwendung auf den Körper ausübt. Die Wirkung des thermischen Reizes wird weiter noch durch mechanische oder chemische Reize unterstützt. Der Wirkungsmechanismus beruht darauf, daß der Organismus die Tendenz hat, die Temperaturunterschiede benachbarter Medien auszugleichen. Dabei erweitern sich die Hautgefäße und die örtliche Zirkulation wird gesteigert, wodurch eine Hyperämie entsteht. Bei der Wärmehyperämie besteht trotz Gefäßtonusverlust eine beschleunigte Strömung. Diese durch Wärme hervorgerufene Blutfülle ist eine aktive, nur mit dem Unterschiede, daß die Wandspannung der Gefäße viel niedriger ist als bei der reaktiven Kältehyperämie. Die thermischen Reize wirken dabei nicht nur auf die Hautoberfläche, sondern auch auf die Blutgefäße, die Blutbewegung und den Blutgehalt in den tiefer gelegenen Organen (A. Strasser). Mit dem Abströmen des Blutes von der Körperoberfläche nach dem Körperinnern ist auch eine Beeinflussung der gesamten Blutverteilung im Körper verbunden. So zeigen die Gefäße des Splanchnikusgebietes nach warmen und heißen Sitzbädern eine vermehrte Blutfüllung. Durch die Verdrängung des Blutes nach dem Körperinnern kommt es auch zu einer Erhöhung der Temperatur im Körperinnern. Durch längerdauernde Wärmeanwendung wird die Nervenempfindlichkeit herabgesetzt, wodurch eine sedative, beruhigende Wirkung hervorgerufen wird. Infolge der Beeinflussung der Blutzirkulation, des Wärmehaushaltes und des Stoffwechsels werden die Hydrotherapie und deren Abarten auch zur Behandlung der gonorrhoischen Anhangserkrankungen herangezogen.

Feuchte Umschläge. Am bequemsten ist die Anwendung der Hydrotherapie in Form von feuchtwarmen Packungen des Unterleibes, den sogenannten Prießnitzschen Umschlägen. Dieselben werden in der Weise gemacht, daß ein mit seiner Breite von der Magengrube bis zur Schoßfuge reichendes Handtuch in warmes Wasser getaucht, gut ausgedrückt, rings um den Leib gelegt wird. Darüber wird ein undurchlässiger Stoff oder besser nur ein Leintuch oder eine Wolldecke herumgeschlagen. Das hiezu verwendete Wasser soll eine Wärme von 35 bis 45° C haben, wenn hauptsächlich eine schmerzlindernde Wirkung bezweckt wird. Soll durch allmählich gleichmäßige Wärmung mehr die Resorption angeregt werden, so genügen 16 bis 20° C. Im ersten Fall bleibt der Umschlag ein bis zwei Stunden, im letzteren Fall sechs bis zwölf Stunden liegen. Da bei längerer Anwendung der Packungen

Mazeration, Erythem, Ekzem oder Pustelbildung der Haut entstehen kann, ist zwischen den Packungen die Haut gut abzutrocknen, mit Alkohol ein zureiben und einzufetten. Eine Verstärkung und Verlängerung der Wirkung ist durch gleichzeitige Anwendung der heißen Bauchwärmeflasche oder des Gummithermophors zu erreichen.

Kataplasmen. Um die Wärme noch länger zu halten und dadurch eine stärkere Durchwärmung des Unterleibes zu erreichen, werden besonders bei ausgebildeten größeren Pyosalpingen oder Pyovarien Breiumschläge aus abgekochtem Leinsamen oder Hafergrützenmehl verwendet. Die Breimasse wird hiebei am besten in zwei Säckchen gefüllt, damit die Kataplasmen rasch gewechselt werden können.

Thermophore. Die Wärmeanwendung geschieht vielfach auch durch sogenannte Thermophore. Am billigsten von ihnen ist die einfache

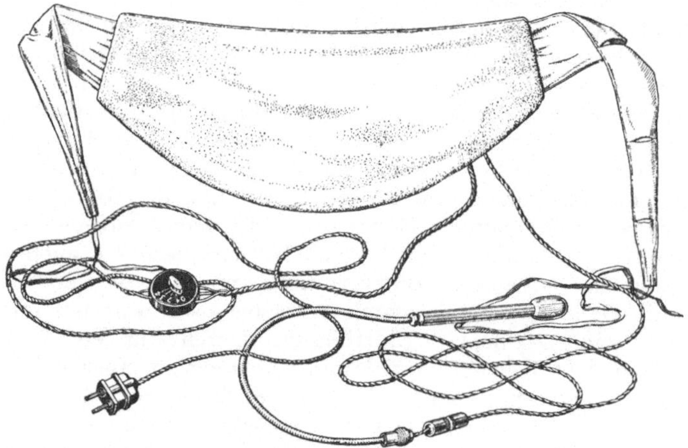

Abb. 36. Pelvitherm

Bauchwärmeflasche aus Metall, die plattenförmig gebaut, vor ihrem Gebrauch mit heißem Wasser gefüllt, zum Schutze der Haut in ein Tuch eingewickelt und stets mit schlecht wärmeleitenden Stoffen bedeckt wird. Größer ist die Wärmekapazität bei den Gummikissen mit Salzfüllung. Dieselben werden in kochendes Wasser gelegt, wodurch das Salz aufgeweicht wird, das dann die Wärme lange an sich bindet. Bei Abkühlung braucht der Thermophor nur zwischen den Fingern geknetet zu werden. Dieselben passen sich der Körperform gut an. Auch elektrische, heizbare Wärmeflaschen werden verwendet, die aus Metalldosen bestehen, deren Form den einfachen Metallthermophoren nachgebildet ist. Bei den elektrischen Wärmedecken, die gleichfalls an den Strom angeschlossen werden, wird in den Drähten selbst die Wärme vermittelt.

Auch Scheidenthermophore sind vielfach zur Erzeugung von

Hyperämie in den Unterleibsorganen angegeben worden. Beim Pelvitherm, dessen Anwendung sich sehr bewährt, wirkt ein elektrisches Wärmekissen vom Leibe und ein elektrisch erwärmter Metallstab von der Scheide aus.

Schlamm- und Erdepackungen. Während bei Wasserumschlägen keine sehr hohen Temperaturen vertragen werden, können bei Schlamm- und Erdepackungen auch höhere Wärmegrade besser und andauernder zur Wirkung kommen. Zu diesem Zwecke werden Pflanzen- und Mineralmoore, die einen erheblichen Gehalt an Eisen und Schwefelverbindungen aufweisen, verwendet. Die Moorumschläge werden dadurch hergestellt, daß in besonderen Gefäßen Moorerde mit heißem Wasser oder Dampf auf hohe Wärmegrade gebracht und dann in geschlossenen Säckchen aufgelegt wird. Über den Umschlag wird eine wollene Decke geschlagen. Die Temperatur des Moorumschlages kann 55 bis 65⁰ C betragen. Zu der Hyperämie hervorrufenden Wärmewirkung der Moorpackung kommt noch das Moment der Belastung mit ihrer gewebsauspressenden Wirkung hinzu. In gleicher Weise wirkt der Schwefelschlamm, der einen Niederschlag von mineralischen und animalischen Bestandteilen aus bestimmten Quellen, Solen, Schwefelthermen oder vom Meeresgrund enthält. Auch der Fangoschlamm wird verwendet, der aus den gipshältigen Kochsalzthermen in Battaglia und aus dem Eifelsand erzeugt wird. Der feinpulverisierte, vulkanische Schlamm wird mit heißem Wasser in einem Topf zu einem Brei gerührt, der in 3 bis 5 cm Dicke auf Leinwand aufgestrichen und bei einer Temperatur von 48 bis 56⁰ C auf den Leib gelegt wird. Eine darübergeschlagene Wolldecke oder ein Gummistoff hält die Wärme fest. Schließlich vermögen auch einfache, mit gewöhnlichem Sand gefüllte Säcke, in kochendem Wasser erhitzt, die Wärme lange zu erhalten. Ebenso sind Sandpackungen zu verwenden, wobei der Sand künstlich oder durch die Sonne erwärmt wird.

Pistyaner Schlamm (drei Würfel) wird mit einem halben Liter Wasser am Herd auf eine Temperatur von 45⁰ erwärmt, als Umschlag in Leinwand aufgelegt, mit einer Wolldecke bedeckt und durch 20 Minuten belassen. Um dieselbe Packung wiederholt anwenden zu können, ist das Schlammpulver in Kompressen eingenäht im Handel. das durch Einlegen in heißes Wasser durch eine halbe Stunde sich in eine breiige Masse verwandelt.

Bei längerer Anwendung der Kataplasmen und Thermophore treten Nebenwirkungen in Form von Pigmentation der Haut auf, wodurch dieselbe ein marmoriertes Aussehen bekommt, das jedoch allmählich wieder verschwindet. Die braunen Flecken sind als oberflächliche Hautverbrennung aufzufassen. Die Kataplasmen und Teilpackungen haben den Vorteil, daß sie den Gesamtorganismus nur wenig angreifen.

Heißluftbehandlung. Chronisch entzündliche Adnexerkrankungen werden häufig mit einem Lichtbogen behandelt, in dem die Wärmequelle Glühlampen bilden, die eine Erwärmung der Luft im Kasten bis auf 100 Grad bewirken können. Neben der Wärme kommt hiebei vielleicht auch eine chemische Wirkung des Lichtes in Betracht. Früher

waren meist durch Gas- oder Petroleumlampen erwärmte Heißluft-
kästen in Gebrauch, mit denen gleichfalls Temperaturen von 60 bis
70⁰ C erzielt werden. Wichtig bei dieser Art der Erwärmung ist, daß die
Verteilung der Luft eine gleichmäßige ist und daß für gute Erneuerung
derselben gesorgt wird. Die Dauer einer Behandlung beträgt ½ bis
³/₄ Stunden, jeden zweiten Tag angewendet.

Heiße Scheidenspülungen. In der Absicht, Hyperämie zu erzeugen,
werden bei subakuter und chronischer Adnexgonorrhoe in Verbindung
mit anderer Wärmeanwendung vielfach Spülungen der Scheide mit
heißem Wasser von 45 bis 50⁰ C vorgenommen. Wegen der Hitze-
empfindlichkeit der äußeren Geschlechtsteile sollen dieselben mit Fett
bestrichen oder zweckmäßigerweise die Spülungen durch einen Röhrenspiegel oder mit Hilfe einer eigenen Spülbirne vorgenommen
werden. Zur Spülung gehört eine
Spülkanne aus Blech oder Glas, ein
1 bis 1½ m langer Gummischlauch
und ein einfacher Glasansatz. Die
Spülungen sollen im Liegen, mit erhöhtem Gesäß ausgeführt werden.
Das Spülrohr muß mindestens auf
Fingerlänge eingeführt werden. Es
laufen 10 bis 20 Liter Wasser unter
geringem Druck langsam ein. Schei-
denspritzen sind zu verwerfen.

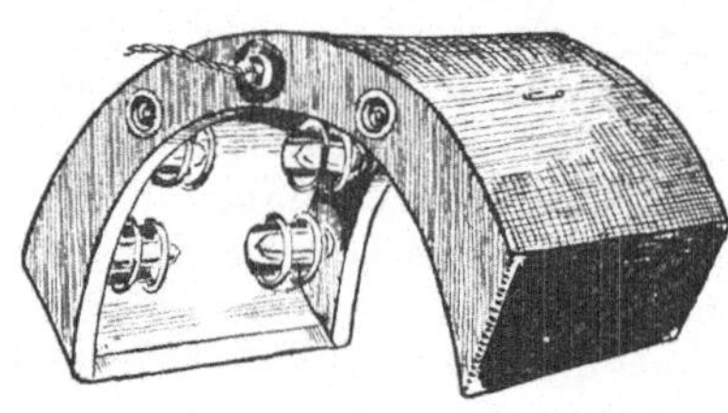

Abb. 37. Lichtbogen

Sitzbäder. Zur Erzeugung einer Kongestion im Becken eignen sich
ganz besonders auch warme Sitzbäder von 32 bis 40⁰ C. Dieselben
werden in einer Sitzwanne aus Holz oder Blech durch 20 bis 30 Minuten
verordnet, wobei im Verlaufe heißes Wasser nachgegossen wird. Das
Wasser hat bis zur Nabelhöhe zu reichen, zu welchem Zwecke 20 bis
25 Liter Wasser nötig sind. Die enthüllten Körperteile sind mit warmen
Wolldecken zu schützen. Um das Wasser weicher zu machen, kann Kleie
oder Kamillentee zugesetzt werden. Zu diesem Zwecke wird Kleie in
einem Beutel in 2 bis 4 Liter Wasser abgekocht und das Dekokt dem Bade
zugesetzt. Die Kamillenblüte wird in einem Liter Wasser gekocht und
der Extrakt dann durch ein Sieb in das Bad gegossen. Auch Seesalz und
Mutterlaugensalz, ein Kilogramm auf 20 Liter Wasser, wird als Bade-
zusatz verwendet. Das Sitzbad wird am besten abends vor dem Schlafen-
gehen genommen, worauf der Unterleib in einen Wickel eingeschlagen
wird. In der Absicht, durch hohe Temperaturen des Körpers die Gonokokken abzutöten, werden auch die sogenannten Heißsitzbäder
(Dunker) angewendet. Tatsächlich gelingt es, durch Sitzbäder von
48⁰ C die Körperwärme um einige Grade zu erhöhen. Dieselben haben
jedoch vor den warmen Sitzbädern keinen wesentlichen Vorteil voraus,
da eine Abtötung der Gonokokken durch die Temperaturerhöhung des
Körpers nicht erfolgt.

Vollbäder. Auch Vollbäder haben bei der Behandlung der Gonorrhoe nicht nur den Wert der Reinigung und allgemeinen, günstigen Be-

einflussung, sondern wirken auch resorbierend bei entzündlichen Anhangsgeschwülsten. Zu diesem Zwecke soll das Wasser eine Temperatur von
35 bis 37⁰ C haben. Die Dauer des Vollbades beträgt 15 bis 20 Minuten.
Bei der **Heißbäderbehandlung** (**Weiß**) kommen Badetemperaturen
bis 45⁰ C durch 20 bis 60 Minuten zur Anwendung. Auch hiebei kann die
Temperatur in der Mundhöhle der Patientin bis auf 42⁰ C getrieben
werden. Wir selbst haben mit der Heißbäderbehandlung sowohl mit Sitz-
als Vollbädern Erfahrungen, auf Grund deren wir dieselben jedoch als
umständlich und nicht ganz harmlos bezeichnen müssen, wenn auch bei
gleichzeitiger örtlicher Behandlung die Dauer der Behandlung gekürzt
werden kann. Ein Verschwinden der Gonokokken durch die Heiß-
vollbäder allein ist jedoch auch nicht zu erzielen. Eine Gegenanzeige
gegen heiße Bäder bilden Erkrankungen der Lunge, des Herzens und
der Blutgefäße.

Bäder mit Zusätzen. Um die allgemeine Wirkung bei Voll- oder Sitzbädern noch zu erhöhen, können dieselben auch mit Zusätzen ver-
abreicht werden. Als solche werden verschiedene Salze, wie Mutterlauge,
Steinsalz oder Jodsalz, zugesetzt. Auf ein Vollbad, dessen Wassermenge
ungefähr 200 bis 300 Liter beträgt, kommen 2 bis 3 Liter Mutterlauge
oder 3 bis 6 kg Steinsalz. Da hiezu große Mengen notwendig sind,
ist es empfehlenswerter, für Bäder mit Zusatz das Sitzbad zu wählen, bei
dem nur 1 Liter Mutterlauge oder 1 bis 2 kg Steinsalz notwendig sind.
Von gutem Erfolg sind auch Schlammsitzbäder. Vom Pistyaner
Schlamm wird ein Würfel in 3 bis 4 Liter warmen Wassers zu einem
Brei gerührt, der in ein Sitzbad von 40 bis 50⁰ C geschüttet wird,
Vom Georadium wird ein halbes Paket in das Badewasser gestreut
und mit einem Holzrührer durchgerührt. Nach dem Schlammbad wird
der Körper mit warmem Wasser abgerieben, mit warmen Tüchern getrocknet und im Bett nachgedunstet. Der Schlamm kann auch mehrmals verwendet werden. Am meisten sind wohl die Franzensbader
trockenen und flüssigen Moorextrakte im Gebrauch. Für ein Vollbad
sind 1 kg Moorsalz oder 2 kg Moorlauge notwendig, für ein Sitzbad
entsprechend weniger. Ersteres wird in heißem Wasser aufgelöst und
unter Umrühren dem Badewasser unmittelbar zugegossen. Wegen des
Gehaltes der Moorprodukte an Mineralsäuren empfiehlt sich beim
Gebrauche dieser Bäder alte Wäsche und eine Holzwanne. Während
der Regel und sogenannter Adnexblutungen ist jede Wärmeanwendung
zu unterlassen. Während derselben sollen Styptica gegeben werden.

Balneotherapie. Zur Nachbehandlung nach Abklingen der frischeren
Entzündungserscheinungen an den Genitalorganen werden vielfach Bade-
kuren in Naturheilbädern verordnet. Diese Kuren bestehen in Voll-
und Sitzbädern, ferner in Umschlägen mit Badewasser und
Schlammkataplasmen, außerdem in Scheidenirrigationen und
Trinkkuren mit dem Badewasser.

Für die Badekuren bei gynäkologischen entzündlichen Erkrankungen
der Genitalorgane kommen in erster Linie jene Bäder in Betracht, die
infolge ihrer natürlichen Wärme oder durch künstliche Erwärmung eine

Hyperämie der Beckenorgane und in zweiter Linie eine Hebung des allgemeinen Körperzustandes zu erzeugen vermögen. Die Wärme bewirkt eine Erweiterung der im Becken verlaufenden Blutgefäße und damit eine Verstärkung des Blutstromes mit arterieller Hyperämie und dadurch eine erhöhte Resorption. Einen gewissen Anteil an der Wirksamkeit haben auch die chemischen Bestandteile, wie Mineralsalze, freie, flüchtige Säuren, und vielleicht auch elektrische Eigenschaften. Außer der resorbierenden Wirkung ist der oft überraschende Heilerfolg durch Umstände bedingt, die nicht direkt mit dem Heilungsvorgang zusammenhängen. So ist von großer Wichtigkeit die Regelung der ganzen Lebensweise, die Ausschaltung der Familie und der Sorge um die Häuslichkeit, die Fernhaltung des Ehegatten, die Änderung von Diät und Klima. Durch diese körperlichen und psychischen Einflüsse kommt oft eine sehr günstige Einwirkung auf den ganzen Stoffwechsel, auf den Gesamtorganismus, auf die Geschlechtsorgane und das Nervensystem zustande.

Von den Akratothermen oder Wildbädern haben vor allen jene eine Bedeutung für die entzündlichen Genitalerkrankungen, die eine Temperatur von über 35⁰ C aufweisen und deren wirksames Moment demnach hauptsächlich in der Wärmewirkung besteht. Bei den wärmesteigernden Akratothermen wird häufig auch durch Nachschwitzen nach dem Bade auf die Förderung der Resorption günstig eingewirkt. Die Kohlensäurebäder, welche ebenfalls manchmal bei Genitalerkrankungen verordnet werden, haben mehr Berechtigung bei allgemeinen Schwächezuständen infolge längerdauernder Unterleibserkrankungen. Günstige Erfolge zeigen die Kochsalzthermen und Solen, deren Temperatur sich zwischen 44 und 69⁰ C bewegt. Die Wirkung der Solbäder besteht zu einem großen Teil in der günstigen Beeinflussung der Haut, der peripheren Nerven und damit des gesamten Stoffwechsels durch die Salzlösung.

Von den Schwefelquellen bewirken besonders die Schwefelthermen, die mit einer Temperatur von 33 bis 36⁰ C und darüber mit einer Dauer von durchschnittlich einer halben Stunde genommen werden, eine Steigerung der Hautfunktion und eine mächtige Anregung der Resorption. Gleichzeitig werden vielfach auch vaginale Duschen mit warmem Schwefelwasser verordnet, die außer einer resorbierenden Wirkung vielleicht auch antibakteriell sind.

Moorbäder. Großen therapeutischen Wert haben die Moorbäder, deren eigentliche Wirkung darauf beruht, daß das feuchte Moor ein geringeres Wärmeleitungsvermögen und eine höhere spezifische Wärme als das warme Wasser besitzt. Es wird daher in feuchtem Moor die Wärme länger gehalten als in entsprechend warmem Wasser. Infolge des schlechten Wärmeleitungsvermögens des Moores können Moorbäder um mehrere Grade höher vertragen werden als Wasserbäder. Außer dieser wärmehaltenden Wirkung des Moores wird auch der Stoffwechsel und die Tätigkeit der blutbildenden Organe angeregt und weiters ein chemischer und mechanischer Hautreiz ausgeübt. Das Schwergewicht des Moorbreies übt auch eine Kompression aus, die den Kreislauf beschleunigt und dadurch resorptiv wirkt. Wir haben hauptsächlich Eisen- und Schwefelmoore zu unterscheiden. Das aus der Erde gewonnene Moor wird durch Lagern an der Luft dem Verwitterungsprozeß unterzogen. Zur Bereitung von Bädern wird es gereinigt, gemahlen und gekocht, dann mit erwärmtem Mineralwasser oder gewöhnlichem Wasser und mit heißem Dampf zu einem Brei von starker Konsistenz vermengt und dann durch besondere Einrichtungen in hölzerne Wannen gefüllt. Die Temperatur beträgt 35 bis 46⁰ C, die Dauer eines Bades 15 bis 60 Minuten. Neben den Moorvollbädern werden auch Halb- und Sitzbäder angewendet. Auch Moorkataplasmen mit einer Temperatur von 55 bis 65⁰ C werden in Säckchen aufgelegt. Über den Moorumschlag wird eine Wolldecke geschlagen. Die durch Moorumschläge von 60⁰ erzeugte Steigerung der Körperwärme und Hyperämie ist eine größere als sie im Heißluftkasten erzeugt werden kann, weil das Erwärmen des Körpers mit Moor durch direkte Berührung mit einer festen Masse erfolgt. Zu dieser Wärmewirkung tritt aber wahrscheinlich auch noch das Moment der Belastung hinzu. Im allgemeinen werden die Vollbäder in den Badeorten nur zwei bis dreimal wöchentlich verordnet. Die meisten der Badewässer werden mit Hilfe von Glasbirnen auch zu warmen Scheidenduschen verwendet, um die resorbierende Wirkung zu erhöhen. Da die Moorbadekuren sehr anstrengend sind, dürfen dieselben nur unter ärztlicher Aufsicht durchgeführt werden. Bei Ermüdung sind mehrere Ruhetage oder zur Anregung der Herztätigkeit Kohlensäurebäder einzuschalten. Gegenanzeigen gegen Moorbäder geben organische Herzkrankheiten, Lungentuberkulose und Schwangerschaft ab. Die Mineralmoorerde wird auch verschickt. Für ein Vollbad sind jedoch 50 bis 75 kg notwendig, weshalb der Gebrauch derselben in der häuslichen Behandlung zu umständlich ist.

Trinkkuren. Die Badekuren werden aber auch zum Teil als Trinkkuren verordnet, die auf den Darmkanal derivatorisch wirken sollen, wodurch eine Entlastung der Blutgefäße des Unterleibes herbeigeführt wird. Außerdem soll die Trinkkur zur Bekämpfung der Obstipation wirken, da die Stuhlmassen infolge ihres Druckes die Geschlechtsorgane und außerdem die Ernährung des Körpers ungünstig beeinflussen. Für Trinkkuren werden besonders die glaubersalzhältigen Bitterwässer, Schwefelquellen und viele andere Wässer verordnet.

Medikamentöse Scheidenbehandlung. In der Absicht, eine resorbierende Wirkung auszuüben, werden in die Scheide und besonders in das obere Scheidengewölbe Medikamente eingebracht, und zwar mittels Scheidenspülungen, zerfließlicher Scheidensuppositorien oder Tampons.

Die medikamentösen Scheidenspülungen können unserer Ansicht nach nicht durch das zugesetzte Medikament, sondern nur durch die Wärme resorbierend und durch die Reinigung der Scheide vom Sekret das Allgemeinbefinden hebend wirken. Es genügen daher einfache, warme oder heiße Scheidenduschen mit Leitungswasser. Vielfach werden auch Globuli vaginalis verwendet, die von der Patientin selbst oder vom Arzt eingeführt werden. Besonders im Gebrauch sind 5 bis 10%ige

Ichthyolkugeln mit Gelatine oder Kakaobutter als Vehikel. Wohl die größte Rolle bei der Behandlung von gonorrhoischen Anhangstumoren spielt, allerdings unberechtigterweise, die Einführung von medikamentösen Tampons. Der Tampon ist eine zusammengewickelte Kugel aus steriler Watte, die in einem Flecken hydrophiler Gaze eingewickelt ist. Derselbe ist durch einen Faden über der Wattekugel festgebunden, dessen eines Ende 25 cm lang belassen wird. Der Tampon wird mit dem Medikament bestreut oder durchtränkt. Bei der Adnexgonorrhoe wird hauptsächlich 10%iges Ichthyolglyzerin verwendet. Dabei wirkt besonders das Glyzerin durch Wasserentziehung austrocknend auf die Gewebe. Nach Einlegen des Glyzerintampons stellt sich daher auch ein reichlicher, wäßriger Ausfluß ein. Der medikamentöse Tampon, der vom Arzte bis in das Scheidengewölbe hinauf eingeführt werden soll, muß 24 Stunden liegen bleiben und nach seiner Entfernung soll von der Patientin eine reinigende Scheidenspülung vorgenommen werden.

Es ist jedoch sehr fraglich, ob das in die Scheide eingeführte Medikament so tief durch die Scheidenwand resorbiert wird, daß es zu den Adnexen gelangen kann. Möglicherweise wirkt der in das Scheidengewölbe eingeführte Tampon im Sinne einer Umstimmung der Zirkulation durch Druck auf die Scheidenwand. Günstig wird stets die mit einer Adnexgonorrhoe einhergehende Kolpitis beeinflußt. Zur Rechtfertigung der Tamponbehandlung kann auch angeführt werden, daß durch dieselbe die besonders bei Adnexgonorrhoe schädliche Kohabitation eingeschränkt wird. Jedenfalls scheint die Tamponbehandlung hinter den hydrotherapeutischen Verfahren weit zurückzustehen. Wattkins geht in seinem Urteil so weit, die Behandlung mit Vaginaltampons und Scheidenspülungen als überwunden anzusehen.

Massage

Die Massage, die früher bei chronischen, entzündlichen Veränderungen der Genitalorgane und bei peritonealen Adhäsionen angewendet wurde, besteht entweder in der bimanuellen Dehnung oder Zerreißung von Verwachsungen oder in der bimanuellen Knetung von Organen zum Zwecke der Erzeugung einer Hyperämie und Auspressung von Gewebssäften. Von der Massagetechnik muß vor allem hervorgehoben werden, daß der Eierstock, dessen Knetung auch bei gesundem Zustand schmerzhaft ist, niemals massiert werden darf. Die Massage der Eileiter wird in der Weise durchgeführt, daß bei äußerlich feststehender Hand mit dem inneren Finger gegen die Gebärmutter zu reibende Bewegungen oder walkende Knetung ausgeübt wird. Diese Massage wird wöchentlich zwei- bis dreimal durchgeführt und auf mehrere Monate ausgedehnt. Dieses Verfahren ist unter allen Umständen in frischen, besser aber in allen Gonorrhoefällen zu unterlassen, da die Entzündungsprozesse dadurch meist wieder aufflackern und die mühsam gedehnten oder zerrissenen Verwachsungen nach Aussetzen der Behandlung wieder entstehen Durch die leider noch vielfach geübte Massage werden Entzündungserscheinungen fast immer verschlechtert und die Frauen meist hochgradig nervös.

Belastungsbehandlung

Die Belastungsbehandlung besteht in der Anwendung eines Druckes auf das erkrankte Organ, der im Gegensatz zur Massage gleichmäßig ausgeübt wird. Durch diesen gleichmäßigen Druck wird ein Auspressen von Gewebssäften, eine vermehrte örtliche Blutfülle und eine zeitweilige Ruhigstellung erreicht. Die Technik besteht darin, daß man nach vorausgehender Reinigung in das hintere Scheidengewölbe einen zusammengelegten Kolpeurynter einführt, der

dann durch einen angesetzten Schlauch und Trichter mit Quecksilber gefüllt wird. Die Belastung wird mit 500 g (= 35 bis 40 ccm) begonnen und steigt bis 1000 g (= 70 ccm) Quecksilber. Um einen Gegendruck zu erzielen, wird auf die Bauchdecken ein Beutel aufgelegt, der in den ersten Sitzungen mit 1 kg, später bis zu 2 kg Schrott gefüllt wird. Um eine gute Gegenwirkung beider Gewichte zu erreichen, wird das Fußende des Bettes höher gestellt und allenfalls auch eine entsprechende Seitenlagerung eingenommen. Eine Belastunsgsitzung dauert ungefähr 1 bis 4 Stunden. Dieses Verfahren eignet sich besonders für

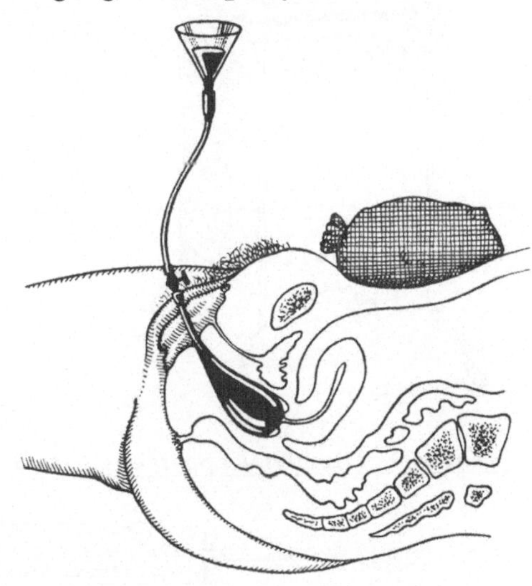

Abb. 38. Belastungsbehandlung

größere Adnextumoren, die mehr im Douglas gelegen sind und außerdem für durch entzündliche Verwachsung hervorgerufene Retrodeviationen der Gebärmutter. Auch dieses Verfahren wird nur für alte chronische Fälle herangezogen. Bei Auftreten von Fieber oder Schmerzen ist die Behandlung abzubrechen, gleichfalls kurz vor oder zur Zeit der Regel.

Diathermie

Unter den verschiedenen Formen der Wärmeanwendung nimmt die Diathermie oder Thermopenetration insofern eine Sonderstellung ein, als die Wärme auf elektrischem Wege erzeugt und dadurch die Erwärmung sehr tief gelegener Gewebsschichten ermöglicht wird. Durch die Steigerung der Frequenz des Wechselstromes bei der Diathermie wird jede faradische Reizwirkung auf die Nerven ausgeschaltet. Nur dadurch ist es möglich, so starke Ströme durch den Körper zu leiten und eine große Wärmemenge in der Tiefe zu erzeugen. Bei den sonst verwendeten Wärmekörpern stellt sich der Erwärmung der tieferen Schichten die schlechte Wärmeleitung der Gewebe entgegen. Man hat in erster Linie geglaubt, daß es mit der Diathermie möglich sein werde, thermosensible Bakterien, also besonders Gonokokken, ohne Verletzung des umgebenden Gewebes abtöten oder doch wesentlich schädigen zu können. Einzelne Untersucher

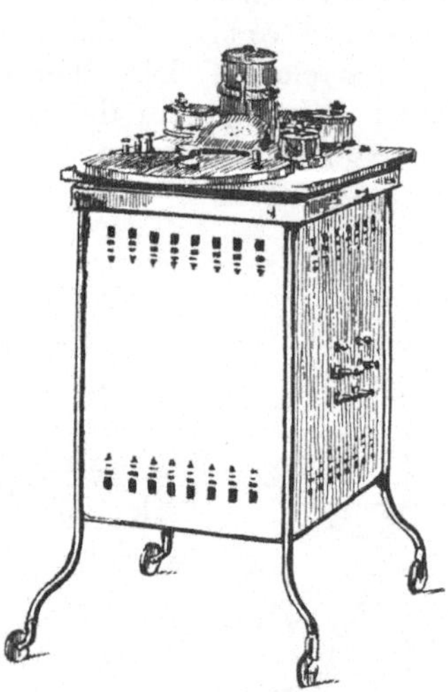

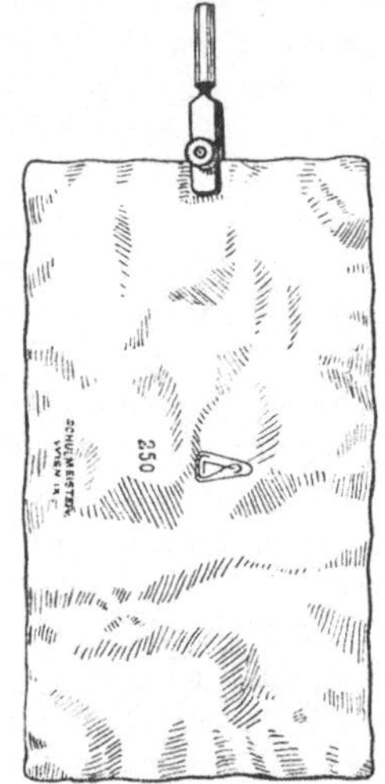

Abb. 39. Diathermieapparat   Abb. 40. Plattenförmige Elektrode
                                         (Größe 250 ccm)

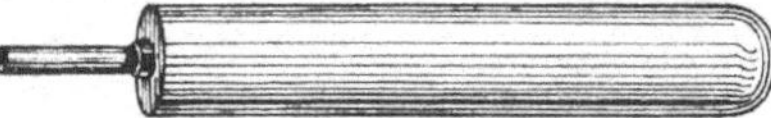

Abb. 41. Scheidenelektrode (Länge 20 cm)

Abb. 42. Mastdarmelektrode (Länge 34 cm)

(Kowarschik, Giesecke) nehmen eine bakterizide Wirkung als unmittelbare Folge der Temperaturerhöhungen, andere (Schmitt, Rosenthal) dagegen nur als eine Unterstützung des normalen Entzündungsvorganges durch die von der Wärme ausgelöste Hyperämie und Hyperlymphämie an. Keinesfalls ist die Diathermie imstande, den gonorrhoischen Prozeß in der Harnröhre, Gebärmutter oder Scheide zur Heilung zu bringen. Wenn auch nach mehreren Diathermiesitzungen die Gonokokken vorübergehend verschwinden, so sind sie nach wenigen Tagen wieder nachweisbar, da sie in den Falten und Drüsen der Schleimhaut nicht vernichtet werden, so daß Pinselung und Spülung mit antiseptischen Medikamenten gleichzeitig notwendig sind. Die Diathermie ist demnach nicht imstande, Gonokokken abzutöten. Neuerdings behauptet jedoch Kyaw, eine Gonorrhoe, die die Harnröhre und die Gebärmutter befallen hat, durch intensive Thermopenetration in 3 bis 9 Stunden heilen zu können. Dabei wird die eine Elektrode in den After, die andere auf den Leib gelegt, die Diathermie mindestens 3 Stunden hintereinander, nach Möglichkeit aber an einem Tage 9 Stunden lang mit zweistündiger Unterbrechung durchgeführt. Diese Behandlung wird so lange fortgesetzt, bis das Präparat drei Tage hintereinander gonokokkenfrei ist. Auf diese Weise wurden Frauen ohne Schädigung innerhalb weniger Tage von der Gonorrhoe geheilt. Eine Nachprüfung dieser Erfolge steht noch aus.

Die Hauptwirkung der Diathermie besteht in Verminderung der Schmerzen und Resorption chronischer, entzündlicher Erscheinungen bei Adnextumoren. Eine strikte Gegenanzeige gegen die Thermopenetrationsbehandlung bilden frische Infektionen (Kowarschik, Giesecke), da die an sich schon starke, eitrige Sekretion noch vermehrt, die Gefahr der Aszension gesteigert wird und bei Fällen im subakuten Stadium neuerlich Schmerzen

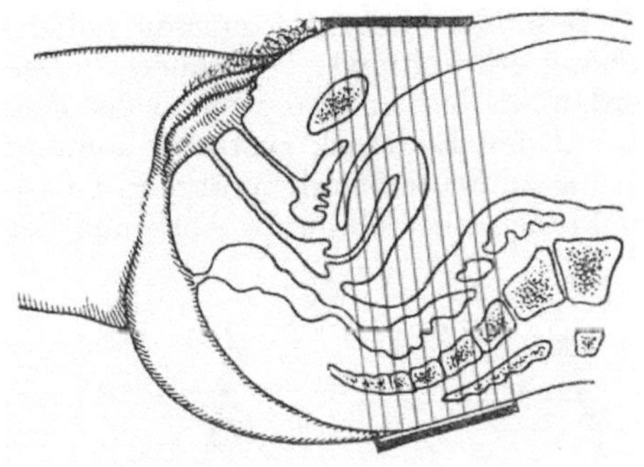

Abb. 43. Abdominosakrale Diathermie

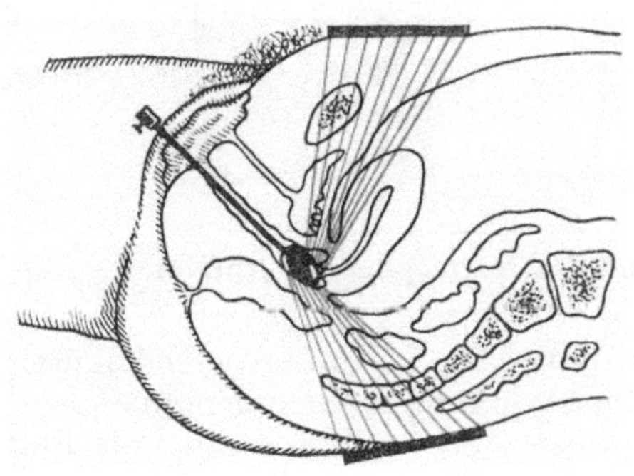

Abb. 44
Abdominosakrovaginale Diathermie

und erhöhte Temperaturen aufflammen. Die entzündlichen Adnextumoren sollen demnach zuerst mit Bettruhe, Prießnitzumschlägen, warmen Umschlägen, heißen Sitzbädern, elektrischem Lichtbogen (70 bis 120⁰) behandelt, und erst wenn diese Maßnahmen ohne Reaktion bleiben, darf mit der Diathermiebehandlung begonnen werden. Giesecke, der nur chronische Adnexentzündungen, bei denen andere Hitzebehandlungen versagten, mit Diathermie behandelte, konnte in einer großen Serie 51% heilen, 21% wesentlich bessern. Viel wichtiger als das Schrumpfen chronischer Adnextumoren erscheint demselben die Resorption der entzündlichen Verwachsungen in der Umgebung der Tumoren, die hauptsächlich die Ursachen der Schmerzen sind. In der Mehrzahl der Fälle verschwinden die Schmerzen vollkommen. Auffallend ist der fehlende Einfluß der Diathermie auf eine Rezidive, wenn früher schon eine Behandlung mit Diathermie stattgefunden hat. Lindemann hat den Eindruck, daß die Lösung der entzündlichen Verwachsungen bei der Adnexoperation viel leichter vor sich gehe, wenn dieselben vorher diathermiert worden sind.

Besonders beachtet müssen bei der Diathermiebehandlung die mit Anhangserkrankungen einhergehenden Gebärmutterblutungen werden, die infolge Übergreifens der Entzündung von Eileiter und Bauchfell auf den Eierstock zustande kommen und als Folge einer Eierstockreizung zu deuten sind. Während Lindemann bei derartigen Blutungen bei Frauen über 40 Jahre Abtötung der Follikel durch Röntgenstrahlen,

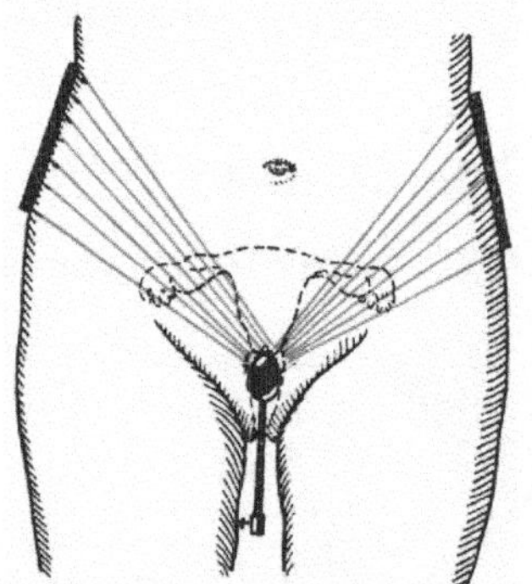

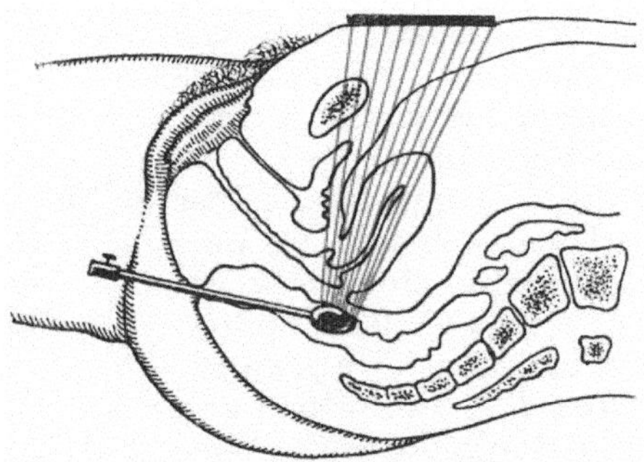

Abb. 45. Coxovaginale Diathermie   Abb. 46. Rektoabdominale Diathermie

bei jüngeren Frauen Luteoglandolkuren empfahl, ist Giesecke stets mit hämostyptischen oder organotherapeutischen Maßnahmen ausgekommen und hat sogar beobachtet, daß die Blutung durch die Diathermie infolge Abheilung des entzündlichen Herdes im Eierstock zurückgehe. Wir dagegen lehnen bei Neigung zu unregelmäßiger Blutung die Diathermie überhaupt ab.

Auch gonorrhoische Gelenksaffektionen eignen sich für diese Verfahren. Die Diathermie stellt demnach bei richtiger Auswahl der Fälle eine erweiterte Behandlung dar. Die Technik der Diathermie kann verschieden gestaltet werden. Bei der abdominosakralen Applikation oder perkutanen Diathermie, wobei plattenförmige Elektroden auf den Bauch und das Kreuz gelegt werden, wird eine gleichmäßige, aber wenig starke Durchwärmung erzielt.

Bei der abdominosakrovaginalen Methode (Theilhaber) wird eine birnenförmige Elektrode in die Scheide und je eine plattenförmige Elektrode auf den Bauch und das Kreuz gelegt. Statt in die Scheide kann auch eine kleine, aktive Elektrode in die Cervix eingelegt werden. Da der

Stromkegel bei dieser Anwendung die erkrankten Adnexe nicht ausgiebig genug trifft, werden die indifferenten äußeren Platten besser auf die Hüften aufgelegt (coxovaginale Methode). Um den Strom ringsum im kleinen Becken zu verteilen, verwendet Kowarschik eine 10 cm breite und 120 cm lange gürtelförmige Elektrode. Letztere Methoden werden als vaginale Diathermie zusammengefaßt. Weniger zu empfehlen wegen der Gefahr der Schädigung der Mastdarmschleimhaut ist die rektoabdominale Applikation (Lindemann) oder rektale Diathermie. Sie eignet sich für Fälle von Douglasexsudat und Fixation entzündeter Adnexe in der Plica rectouterina. Die Wärme wird in der Weise dosiert, daß anfänglich ein Strom von 1, später von 2 Ampere verwendet wird. Die Sitzung soll anfangs 20, später 40 Minuten dauern.

Röntgenbehandlung

In der Absicht, die Blutungen zu veringern oder ganz aufzuheben, die Schmerzen zu mildern und eine allmähliche Schrumpfung der entzündlichen Adnextumoren herbeizuführen, wurde die Röntgenbestrahlung in die Gonorrhoebehandlung eingeführt (Eymer, Dietrich, Koblank, Voit, Flaskamp, van de Velde). Je nach der Dosierung kann eine dauernde oder vorübergehende Amenorrhoe erzielt werden, um dadurch die Schädlichkeiten, die mit der Menstruation verbunden sind, auszuschalten. Amenorrhoe wird jedoch nur in ungefähr 40 von 100 Fällen erreicht. Nicht selten treten vorerst bedrohliche Genitalblutungen auf, die stärker als die durch den Infektionsprozeß bedingten sind. Besonderer Wert wird der Strahlenbehandlung in jenen Fällen zugesprochen, in denen unregelmäßige und starke Blutungen das Bild beherrschen (Freudenberg). Unserer Erfahrung nach sind die abnormen Blutungen bei der Adnexgonorrhoe nur ganz ausnahmsweise derartig stark, daß dieselben nicht durch Styptika beherrscht werden können, sondern eine Röntgenkastration notwendig machen. Auch eine ausgesprochen schmerzstillende Wirkung wird der Strahlenbehandlung nachgesagt. Sie kommt daher bei Dysmenorrhoe als Folge der Entzündung in Betracht. Häufig wird ein auffallend rascher Rückgang entzündlicher Tumoren und alter Entzündungsschwarten beobachtet (C. Schönhof). Hier wird diese Behandlung mit der Begründung durchgeführt, daß der Ausfall der Eierstockfunktion und eine Bindegewebshypertrophie in den infizierten Organen den Heilungsvorgang beschleunige. Keinesfalls kommt eine antibakterielle Wirkung in Frage. Mit kleinen Röntgenlichtdosen, 15% der Hauteinheitsdosis durch 12 Minuten, werden bei akuter und chronischer gonorrhoischer Adnexentzündung fast keine Erfolge erzielt. während bei Parametritis eine schnellere Einschmelzung eintritt (Bott).

Die Technik der Röntgentherapie bei gonorrhoischen Adnextumoren ist folgende: Symmetrieinstrumentarium, Coolidge-Röhre. 90000 Volt Spannung; 3 Milliampere Röhrenstrom; Fokushautabstand individualisiert zwischen 23 und 90 cm. Manchmal 3 mm Aluminiumfilter, manchmal 0,5 Zink. Je nach der Größe des Tumors Feldgröße: Anatomischer Tubus manchmal 6 × 8, manchmal 12 × 16. $^1/_3$ der HED bis ½ HED auf die Haut. Tiefendosis 8 bis 20%. Manchmal Wiederholung in 14 Tagen bis 4 Wochen. Bei sehr großen Adnextumoren und gonorrhoischer Pelviperitonitis ein Fernfeld über den ganzen Bauch. 50 cm FHA Zinkfilter $^1/_3$ der HED (Wagner). Da nach der Bestrahlung die Haut empfindlich bleibt, ist zunächst Hitze- und Kälteanwendung auf der Bauchdecke zu vermeiden.

Gegen die Blutung bei Adnextumoren wird mancherorts die Milzbestrahlung (Stephan) angewendet: Symmetrieinstrumentarium, Coolidge-Röhre, 190 kg Volt-Spannung; Seitenlage; Fokushautabstand 23 cm; 0,5 Zink- und 3 Aluminiumfilter; Feldgröße 6 × 8; zuerst $^1/_4$ der HED; falls der Erfolg ausbleibt, Wiederholung mit $^2/_3$ HED (Seitz).

Wir wenden bei gonorrhoischen Adnextumoren die Röntgenstrahlen nicht an, da wir mit den bisherigen konservativen Maßnahmen für Blutung, Schmerzstillung sowie für Rückgang der Tumoren auskommen, dagegen die Nachteile der Kastration vermeiden wollen.

Lichtbehandlung

Als Strahlenquellen kommen für die gonorrhoische Adnexbehandlung in erster Linie elektrische Rumpflichtbäder mit Kohlenfadenlampen in Betracht. Da bei der perkutanen Anwendung nur ein kleiner Teil des Lichtes in das Becken eindringt, führt man die Belichtung auch von der Scheide aus durch. Diesem Zwecke entspricht die Vaginallampe nach Wintz. Dieselbe besteht in einer achtzigkerzigen Metallfadenlampe, um die in einen Doppelmantel Wasser so zirkuliert, daß sowohl das Glasgefäß als auch die sich anlegende Scheidenwand gekühlt wird, wodurch sich die örtliche Wärmewirkung in der Schleimhaut vermindert und dem Lichte der Weg in die Tiefe erleichtert wird. Ein anderes Verfahren, um das Licht von der Scheide aus in das Körperinnere zu bringen, ist die Bestrahlung mit Hilfe eines Spekulums unter Konzentration des Lichtes durch Linsen nach Engelhorn. Kurzwellige Strahlen zum Zwecke der Belichtung könnte auch das Sonnenlicht abgeben. Da dasselbe aber keine konstante Größe ist, hat man Quecksilberdampflampen oder sogenannte künstliche Höhensonnen mit ihren verschiedenen Abänderungen in die Therapie eingeführt. Mit Hilfe derartiger Apparate kann sowohl abdominal als auch mit Hilfe eigener Scheidenansätze vaginal bestrahlt werden. Die Wirkung bei der Quecksilberdampflampe ist natürlich auch vorwiegend thermisch, hat aber außerdem eine Anregung der Zirkulation zur Folge. Als Erfolge werden besonders die rasche Schmerzverminderung und die Abgrenzung der Entzündung hervorgehoben. Es kommen aber auch die chemisch-biologischen Veränderungen in Frage, indem die innere Sekretion und der Stoffwechsel und damit das

Allgemeinbefinden gehoben werden. Jedenfalls können diese Lichtverfahren auch zur Behandlung gonorrhoischer Anhangserkrankungen herangezogen werden.

Operative Behandlung

Die operative Behandlung der aszendierten Gonorrhoe hat insoferne ein eng umschriebenes Anwendungsgebiet, als weitaus die Mehrzahl der an Gonorrhoe Erkrankten im dritten und vierten Lebensdezennium stehen, als ferner trotz Exstirpation einzelner Teile des Genitales in anderen Abschnitten Gonokokken verbleiben und den Infektionsprozeß mit den alten Beschwerden unterhalten können. Diese strenge Einschränkung ist bei Adnexgonorrhoe um so leichter, als dieselbe fast immer auf konservative Maßnahmen geheilt oder wenigstens auf ein erträgliches Maß der Beschwerden zurückgeführt werden kann. Ganz besonders selten ergibt sich eine vitale Indikation zu einem operativen Eingriff.

Inzision. Die vaginale oder abdominale Inzision gonorrhoischer Eitersäcke wurde früher vielfach ausgeführt, ist aber in letzter Zeit fast aufgegeben, da durch dieselbe keine eigentliche Abszeßhöhle eröffnet und der Eiter nur teilweise entleert wird. Infolge der ungenügenden Entleerung hält die Eiterung aus der Fistel lange an und es tritt häufig neuerdings Eiterverhaltung ein. Während in abgeschlossenen Eitersäcken die Gonokokken erfahrungsgemäß sehr bald in ihren eigenen Toxinen absterben, bleiben nach Inzisionen die Fisteln oft lange bestehen, da infolge Ausscheidung der Stoffwechselprodukte die Gonokokken lebensfähig erhalten werden. An der Klinik Schauta waren daher in 25 von 100 der mittels Inzision behandelten Fälle noch Nachoperationen nötig. Die bei der Adnexgonorrhoe häufig vorhandenen, fast immer spärlichen Mengen von trübem, serösem Exsudat im Douglas (Pelviperitonitis exudativa) saugen sich bei konservativer Behandlung meist rasch auf und bedürfen nur ganz ausnahmsweise einer Entleerung von der Scheide her. Beim sogenannten Douglasabszeß, gleichgültig ob es sich um eitriges Exsudat in der Excavatio rectouterina (echter Douglasabszeß) oder um eine Zellgewebseiterung handelt, ist die vaginale Inzision angezeigt.

Salpingektomie. In der Annahme, daß die bei der Adnexgonorrhoe am deutlichsten veränderten Eileiter die Ursache für die Schmerzen seien und aus Furcht vor den Ausfallserscheinungen werden vielfach die Eitertuben unter Belassung der Gebärmutter und der Eierstöcke entfernt. Die anfänglichen Ergebnisse der Salpingektomie sind meistens sehr günstig, die Dauererfolge jedoch sehr zweifelhaft, indem sich besonders bei frischen Fällen nach einigen Wochen oft wieder Schmerzhaftigkeit in der Gebärmutter und unregelmäßige Blutungen einstellen. Nicht selten treten nach derartigen Operationen auch Stumpfexsudate auf. Döderlein weist darauf hin, daß die Ursache für die Schmerzrezidive nach Salpingektomie darin zu suchen sei, daß der Gonococcus auch in das Myometrium und durch dieses hindurch auf das Perimetrium und das

Pelviperitoneum sich ausbreiten und zu neuerlichen Kolikschmerzen führen kann. Im übrigen sind derartige Schmerzattacken auch durch alte, pelviperitonitische Adhäsionen zu erklären. Brewett ist in der Ablehnung jeder operativen Maßnahme an den erkrankten Adnexen so weit gegangen, daß er bei Pyosalpingen den Eiter ansaugte und 10%ige Terpichinlösung in die Eitersäcke einspritzte. Die Erfolge waren angeblich derart günstige, daß sogar einigemal später Schwangerschaft eintrat.

Salpingektomie mit transversaler, fundaler Keilexision der Gebärmutter. Um bei jugendlichen Frauen die Eierstöcke zu erhalten, haben Beuttner und Blair Bell die Salpingektomie mit transversalem Fundusschnitt vorgeschlagen, wobei die Erhaltung des Eierstockes und damit der Menstruation möglich ist. Durch die Fundus-Tubenexzision werden einerseits die bei der Salpingektomie häufig beobachteten Stumpfexsudate vermieden, anderseits der Frau Eierstöcke und Menstruation erhalten und dieselbe vor dem Bewußtsein einer Verstümmelung bewahrt. Mit ihrer Mortalität steht die Fundusexzision zwischen den anderen konservativen Operationsmethoden. Das gleiche Verhältnis ergibt sich bezüglich der Dauererfolge, da sie 83% aufweist, während andere konservative Operationen 50 bis 75%, die Radikaloperation 80 bis 90% ergeben. Auch bei dieser Operation treten ebenso wie nach der einfachen Salpingektomie oft weiter Beschwerden auf und es muß schließlich doch die radikale Operation angeschlossen werden. Um die Schmerzen infolge perimetritischer Adhäsionen zu vermeiden, hat Beuttner vorgeschlagen, den Fundus uteri der Schoßfuge zu nähern, indem man das Blasenbauchfell hinter ihm fixiert. Die Fundusexzision hat den Vorteil, daß eine energische Intrauterinbehandlung bei Uterusgonorrhoe unbedenklich durchgeführt werden kann.

Salpingo-Oophorektomie. Die Exstirpation der Adnexe einer Seite mit Erhaltung der Gebärmutter und der Adnexe der anderen Seite oder wenigstens des Eierstocks der gesunden Seite ist dann angezeigt, wenn die Erkrankung einseitig ist. Während bei einseitigem Eierstocksabszeß stets dieser erkrankte Eierstock mit dem Eileiter entfernt wird, soll bei beiderseitigem Ovarialabszeß nach Möglichkeit die Ovarialresektion ausgeführt werden, um einen Teil funktionierenden Eierstockgewebes zu erhalten. Bei der Entfernung der Pyosalpingen und Pyovarien kommt es gelegentlich zum Einreißen des Eitersackes und trotz Abdeckung mit Darmkompressen zum Abfließen in die Beckenbauchhöhle. Ein derartiger Austritt von Eiter auf das Bauchfell hat jedoch keine besondere Bedeutung, da der Eiter in der Hälfte der Fälle bereits steril ist oder höchstens Gonokokken enthält, die jedoch keine Wundinfektion hervorrufen. Es ist daher für derartige Komplikationen der Operation eine Drainage keinesfalls notwendig. Nur dann erscheint bei Operationen von frisch entzündeten Adnexen eine vaginale Drainage geboten, wenn ausnahmsweise die Blutstillung mangelhaft durchführbar ist. Im allgemeinen ist die abdominale Exstirpation der Operation von der Scheide aus vorzuziehen, da bei derselben meist organerhaltend vorgegangen werden kann, was bei jungen Frauen von Bedeutung ist. Die vaginale Exstirpation gonorrhoischer Adnexe durch vordere oder hintere Kolpocoeliotomie stößt hauptsächlich dadurch auf Schwierigkeiten, daß die Gebärmutter infolge ihrer Verwachsungen mit der Umgebung sich oft nur schwer luxieren läßt und nach gelungener Vorwälzung die Eileiter infolge der entzündlich veränderten Wandung leicht abreißen, wodurch es zur allerdings wenig bedeutungsvollen Entleerung von Eiter oder zu einer oft schwer zu beherrschenden Blutung kommen kann. Aus diesen Gründen muß dann, wenn auch in Ausnahmsfällen, die Gebärmutter mitexstirpiert werden oder die Operation sogar auf abdominalem Wege fortgesetzt werden. Der vaginale Weg eignet sich demnach nur für die Exstirpation von entzündlichen Tumoren, deren Mobilisation leicht durchführbar erscheint.

Totalexstirpation (Radikaloperation). Da die konservativen Adnexoperationen nur in einem verhältnismäßig geringen Prozentsatz wirklich dauernde Erfolge aufweisen, so wird von vielen Operateuren nach erfolgloser, systematischer, konservativer Behandlung die Totalexstirpation ausgeführt, um durch das radikale Vorgehen einen dauernden Erfolg zu sichern. Zum Zwecke der Totalexstirpation kann der abdominale oder der vaginale Weg eingeschlagen werden.

Die abdominale Totalexstirpation. Die Radikaloperation von einem Bauchschnitt aus wird unter allen Umständen dann die Methode der Wahl sein, wenn ausgedehntere Verwachsungen anzunehmen sind, und besonders dann, wenn die Tumoren sich in oder über der Beckeneingangsebene befinden. Keinesfalls ist beim abdominalen Vorgehen die technisch vielleicht etwas einfachere, supravaginale Amputation zu empfehlen, da sich die nach Lösung zahlreicher Adhäsionen notwendige Drainage nach der Scheide zu schwerer durchführen läßt und da die Gonokokken weiter eine Entzündung unterhalten und sogar vom Uterusstumpf aus auf das Beckenbauchfell übergreifen können.

Die vaginale Totalexstirpation. Dadurch, daß die Gebärmutter bei der vaginalen Totalexstirpation gleich zu Anfang der Operation entfernt wird, eignet sich diese Operation infolge ihrer besseren Zugänglichkeit zu den Adnexen verhältnismäßig gut für Fälle mit beiderseitigen Adnexerkrankungen. Zugleich aber besteht der Nachteil, daß die Gebärmutter schon zu einer Zeit geopfert wird, wo noch kein klarer Überblick über die Verhältnisse im kleinen Becken möglich ist. Auch kommen bei vaginalem Vorgehen leichter Verletzungen angewachsener Darmschlingen vor, während Verletzungen der Harnleiter bei abdominalen und vaginalen Operationen ziemlich gleich oft vorzukommen scheinen. Der vaginale Weg erscheint demnach dann vorgezeichnet, wenn die entzündlichen Geschwülste tief im kleinen Becken liegen. Bezüglich der Technik der verschiedenen, abdominalen und vaginalen Operationen ist auf die Lehrbücher der operativen Gynäkologie zu verweisen.

Zusammenfassend ist der Standpunkt einzunehmen, daß in allen Fällen von Adnexgonorrhoe zunächst eine systematische, konservative Behandlung strenge durchzuführen ist. Die Entleerung von Eiter durch Punktion oder Inzision ist wegen der Gefahr einer Nebenverletzung und langdauernder Fistelbildung zu vermeiden und wird nur ausnahmsweise bei drohender Perforation vorgenommen. Die Operation ist nur nach dem Versagen einer monate- oder jahrelang streng durchgeführten, konservativen Behandlung am Platze, also in jenen Fällen, wo immer wieder Bauchfellreizungen, Blutungen und Fieber auftreten oder wo sich infolge langdauernder Eiterresorption eine Kachexie einstellt. Auch besondere Größe und Verwachsung des Eitertumors kann infolge der Druck- und Adhäsionsbeschwerden in der Nachbarschaft die Anzeige zur Operation abgeben. So werden durch Verwachsung einer Pyosalpinx mit der Harnblase höchst unangenehme Symptome, wie fortwährender Blasendrang, oder bei Verwachsung mit dem Darme Störungen der Darmtätigkeit wie Obstipation, Diarrhoe oder Kolik ausgelöst. Auch Ischias durch Druck von Adnextumoren auf die Wurzeln des Nervus ischiadicus kann die Anzeige für eine Operation abgeben. Eine dringende Indikation zum Eingriff ergibt natürlich die Perforation einer Pyosalpinx oder eines Pyovariums in die freie Bauchhöhle.

Im allgemeinen muß bei frischeren Fällen, auch wenn die Gonokokken nicht mehr nachweisbar, aber infolge der Mischinfektion noch entzündliche Erscheinungen vorhanden sind, zum Zwecke einer Dauerheilung eher radikal operiert werden, während bei vollkommen erloschener Infektion die konservativen Operationsverfahren auch günstige Dauererfolge zeigen. Daraus ergibt sich der Standpunkt, die Operation erst nach dem Abklingen oder Erlöschen der Infektion in Erwägung zu ziehen. Wenn dann auf Grund genügend langer Beobachtung und nach erfolgloser Behandlung eines Falles die Operation beschlossen ist, so soll aus Angst vor allfälligen Ausfallserscheinungen vor der Radikaloperation nicht Halt gemacht werden, da es sich zeigt, daß die sogenannten Ausfallserscheinungen die Arbeitsfähigkeit und Lebensfreude nicht besonders beeinträchtigen. Auch die Libido sexualis und Voluptas bleibt meist unverändert erhalten. Eine wichtige Rolle bei der Indikationsstellung zur Operation spielt auch die soziale Lage der Kranken, insoferne als bei bemittelten Patientinnen durch Schonung und konservative Maßnahmen Adnextumoren gänzlich ausheilen oder beschwerdefrei werden können, während bei armen Frauen, die zu arbeiten gezwungen sind, der Entschluß zur Operation sich eher einstellt. Schließlich werden wir uns bei älteren Frauen von über 40 Jahren leichter zur Operation entschließen.

Operation der diffusen Gonokokkenperitonitis. Die Behandlung der diffusen Gonokokkenperitonitis soll stets in einer Operation bestehen, da gelegentlich auch Streptokokken vorhanden sein können. Veit spricht sich für die Entfernung der gonorrhoischen Eileiter und des Exsudates aus. Drainage ist nur dann am Platze, wenn nicht alles Exsudat entfernt werden kann oder wenn bei der Operation eine Fläche zurückbleibt, die weiter Eiter absondert. Bröse schlägt vor, perisalpingoophoritische Abszesse gegen die freie Bauchhöhle zu mit Gazestreifen abzutamponieren und letztere zur Bauchwunde herauszuleiten. Albrecht dagegen beschränkt sich auf das Austupfen des Eiters mit vollständigem Verschluß der Bauchhöhle, worauf nach der Operation das Fieber abfällt. Schließlich ist darauf hinzuweisen, daß die Erscheinungen bei der Beckenbauchfellentzündung anfangs oft sehr stürmisch mit allen Zeichen einer allgemeinen Bauchfellentzündung ablaufen können, ohne daß der Zustand irgendwie lebensgefährlich wird und eine Laparotomie rechtfertigen würde. Wegen der Ungefährlichkeit der gonorrhoischen Beckenbauchfellentzündung ist daher bei Sicherstellung der gonorrhoischen Herkunft vorerst ein abwartendes Verhalten angezeigt.

V. Vakzination

Allgemeines über Vakzine

Die spezifische Behandlung der Gonorrhoe hat bekanntlich ihren Ausgang von dem Nachweis spezifischer Antikörper im Serum Gonorrhoekranker genommen und besteht in der Einverleibung von abgetöteten Bakterien in den Organismus zum Zwecke einer aktiven Immunisierung. Wright und seine Anhänger sahen in den phagozytosefördernden Substanzen des Blutserums, den Opsoninen, das Wirksame bei der Überwindung der Infektion, während Bruck und Schindler in der Phagozytose keinen für die Heilung gonorrhoischer Prozesse bedeutsamen Vorgang erblickten und Bruck in der intrazellulären Lagerung der Gonokokken nur eine Art Symbiose, keinesfalls aber eine Abtötung der Gonokokken sah. Wright sah nur die Opsoninarmut der Körpersäfte als Ursache der Infektion an und suchte durch eine Vermehrung des Opsoningehaltes mittels subkutaner Einverleibung abgetöteter Bakterienkulturen, sogenannter Vakzinen, Heilung zu erreichen. Da bei bereits vorhandenen Antikörpern nach erneuerter Antigenzufuhr häufig eine erhebliche und schnelle Abnahme der Antikörper eintritt, die als negative Phase bezeichnet wurde, so verlangte Wright zur Durchführung einer gewissenhaften Vakzinebehandlung, daß die opsonische Kraft des Blutserums ständig kontrolliert werde. Diese nur in Laboratorien durchführbare Bestimmung des sogenannten opsonischen Index stand anfänglich einer Verbreitung der Vakzinetherapie in der ärztlichen Praxis hinderlich im Wege. Erst als man erkannt hatte, daß diese regelmäßige Indexbestimmung nicht nötig sei, ist die Vakzinebehandlung im weiteren Umfange möglich geworden. Wir stehen heute auf dem Standpunkt, daß es sich bei derselben um eine Immunitätsreaktion im Sinne einer aktiven Immunisierung handelt. Möglicherweise kommt für die Wirksamkeit neben der spezifisch wirkenden Gonokokkenleibsubstanz noch als weitere Komponente das artfremde Eiweiß und das fiebererregende Mittel in Betracht.

Jeder infizierte Organismus findet sich eine gewisse Zeit lang in einem allergetischen Reaktionszustand. Von großer Bedeutung sind wahrscheinlich die Bakteriolysine und die Reaktionsfähigkeit des Organismus (Konstitution). Bei der pathologischen Anatomie des Krankheitsherdes spielt eine Rolle, ob er abgeschlossen ist oder nicht, ferner seine Aktivität oder Inaktivität und schließlich seine eventuelle Reaktivierbarkeit. Für die Wirkung des Antigens ist es nicht gleichgültig, ob es aus einem oder mehreren spezifischen Erregern hergestellt ist und ob die zur Herstellung verwendeten Stämme stark oder schwach virulent sind.

Arten der Vakzinen

Man unterscheidet Eigenvakzinen, die aus den pathogenen Bakterien des Kranken selbst hergestellt sind, und polyvalente Standardvakzinen, die von anderen Kranken stammen. Da die Keime anderer Individuen sowohl hinsichtlich ihrer Virulenz, als auch ihrer sonstigen biologischen Eigenschaften unter sich nicht gleichwertig sind, ist die beste Vakzine die Eigenvakzine. Der Gebrauch derselben ist jedoch wegen der Schwierigkeit der Kultivierung ein bisher beschränkter. Zur Herstellung der Eigenvakzine werden die Gonokokken von den Gonorrhoekranken selbst genommen, auf einem Nährboden mit einem starken Zusatz von menschlichem Eiweiß gezüchtet und dann möglichst rasch, aber schonend abgetötet. Nach Loeser wird die Wirkung noch erhöht, wenn die Gonokokken nicht von einer frischen Gonorrhoe, sondern aus einer chronischen Cervixgonorrhoe oder nach einer durch vorausgegangene Vakzination herbeigeführten Insensibilisierung gewonnen werden. Denn je vakzinefester und menschennährbodenvertrauter ein Gonokokkenstamm ist, um so heftiger ist die Reaktion des Organismus.

In der ärztlichen Praxis sind fast nur polyvalente Standardvakzinen eingeführt, die aus Bequemlichkeitsgründen fabriksmäßig hergestellt werden und stets polyvalent sind, da es sich bei der gonorrhoischen Infektion zumeist um verschiedene Gonokokkenstämme handelt. Die Vakzinen dürfen jedoch nicht zu alt sein, da sie sonst gänzlich unwirksam werden.

Von den fertigen Impfstoffen sind folgende sehr gebräuchlich: Arthigon, einfach, von der chemischen Fabrik auf Aktien E. Schering, Berlin N., hergestellt; Arthigon, extrastark, derselben Fabrik in Fläschchen oder haltbarer in Ampullen mit 200, 300, 400, 500, 750 und 1000 Millionen Keimen; Gonargin, der Farbwerke vorm. Meister Lucius und Brüning, Höchst a. Main, Packung A: je zwei Ampullen mit 5, 10, 25 und 50 Millionen Keimen; Packung B: je zwei Ampullen mit 50, 100, 200, 500 und 1000 Millionen Keimen; Flaschen mit 6 ccm Inhalt: Nr. 1 mit 50 Millionen Keimen in 1 ccm, Nr. 2 mit 250 Millionen Keimen in 1 ccm, Nr. 3 mit 1000 Millionen Keimen in 1 ccm, Nr. 4 mit 5000 Millionen Keimen in 1 ccm; Gonokokkenvakzine der Firma

E. Merck, Darmstadt, mit 40 und 400 Milliouen Keimen; Gonokokkenvakzine des staatlichen Serotherapeutischen Institutes in
Wien; Gonorrhoe Phylacogen der Firma Parke, Davis & Co.,
ferner noch verschiedene andere Vakzinen, z. B. nach Michaelis,
Bjelanowsky, Besredka u. a. Von der Tatsache ausgehend, daß von
den chronischen Gonorrhoefällen ein großer Hundertsatz Mischinfektionen darstellt, wird die aus verschiedenen Gonokokkenstämmen zu-
sammengesetzte polyvalente Gonokokkenvakzine auch gemischt mit
Staphylokokkenvakzine vom staatlichen Serotherapeutischen Institut
in Wien, ferner von Parke, Davis & Co., in den Handel gebracht.
Von ersterem Institut wird auch eine Vollmischvakzine nach
Bucura erzeugt, die abgetötete Gonokokkenstämme, Staphylokokken,
Coli und Streptokokken mit 1 % Mirionzusatz enthält. Dieselbe kann
bei Mißerfolg mit der einfachen Gonokokkenvakzine herangezogen
werden. Um bei Mischinfektionen spezifische und unspezifische Wirkung zu erzielen, ist das Gono-Yatren (Behringwerke) im Handel,
das eine Aufschwemmung frischer Gonokokkenstämme in 4%/₀iger Yatren-
lösung enthält. Durch die Bakterizidität der Lösung ist die Abtötung
der Gonokokken überflüssig. Einzelne Vakzinen enthalten chemische
Beimengungen wie Urotropin (Arthigon), Protargol (Gonosan) oder
Mirion (Vollmischvakzine). Durch diese Zusätze soll die Resorption
erhöht und die Antikörperbildung beschleunigt werden.

Die Vakzinen kommen hauptsächlich entweder in Glasflaschen oder
in Phiolen in den Handel. Bei ersteren werden die Injektionen in steigender
Menge durchgeführt. Nach Entnahme der Injektion wird der Flaschen-
hals am besten durch die Flamme gezogen und neuerdings vorsichtig
verstoppelt, allenfalls versiegelt. Keinesfalls ist ein Erhitzen zum Zwecke
der Sterilisation gestattet. Die Einverleibung geschieht in der Weise,
daß zunächst mit einer kleinen, erforschenden Dosis angefangen wird
und je nach der körperlichen Beschaffenheit der Kranken und der Stärke
der Reaktion die Menge und die Zwischenzeit zwischen den einzelnen
Injektionen geregelt werden. Bei der Verwendung der Vakzine in Phiolen
wird bei gleichbleibender Injektionsmenge bei jeder Gabe eine bestimmte
Keimzahl einverleibt. Selbstverständlich müssen sich auch hier das Ansteigen mit der Keimzahl und die Zwischenräume zwischen den einzelnen
Injektionen nach der Reaktion des Organismus richten.

Einverleibung der Vakzine

Die Einverleibung der Vakzine in den menschlichen Körper kann
auf folgenden Wegen vor sich gehen.:
1. Salbeneinreibung der Haut (Petruschky),
2. Ophthalmoreaktion (Ziemann),
3. Intrakutane Injektion (Much) (Quaddelbildung),
4. Intrakutane Inokulation (Pirquet),
5. Ritzung der Haut und gleichzeitige Einreibung derselben (Ponn-
dorf),

6. Subkutane Injektion,
7. Intramuskuläre Injektion,
8. Intravenöse Injektion.

Bei der Gonorrhoebehandlung fanden bisher fast nur die drei letztgenannten Injektionsarten Anwendung. Während die subkutane Einspritzung ohne besondere Wirkung zu sein scheint, hat sich die intramuskuläre und als am sichersten wirksam die intravenöse Injektion fast allgemein durchgesetzt.

Von den käuflichen, polyvalenten Vakzinen ist am meisten Arthigon im Gebrauch. Auch unsere Erfahrungen stützen sich hauptsächlich auf diese Vakzine.

Reaktion des Organismus

Der Körper des Menschen antwortet je nach der Stärke der individuell verschiedenen Immunitätsvorgänge, nach der Dosis der Vakzine und nach der Einverleibungsart in verschieden starker Weise. Während die subkutane und intramuskuläre Injektion an der Injektionsstelle eine örtliche Reaktion hervorzurufen vermag, kann besonders auf intramuskuläre und auf intravenöse Injektion einerseits eine Herdreaktion und anderseits eine Allgemeinreaktion eintreten.

Die örtliche Reaktion nach subkutaner oder intramuskulärer Injektion besteht manchmal in Rötung, Schwellung und Schmerzhaftigkeit der Injektionsstelle. Diese Reaktion hat jedoch praktisch keine besondere Bedeutung. Von großer Wichtigkeit ist die Herdreaktion. So zeigen gonorrhoische Adnextumoren häufig nach der Vakzination während der negativen Phase des opsonischen Index, in der zunächst eine Abnahme der Schutzstoffe eintritt, vermehrte Schwellung und Schmerzhaftigkeit (van de Velde). Beim Vorhandensein gonorrhoischer Prozesse wird häufig im Parametrium oder in den Adnexen nach 24 Stunden eine tastbare Auflockerung gefunden, die auf eine Verstärkung des Lymphstromes zurückzuführen sein dürfte. Eine Vorbedingung für diese Auflockerung ist jedoch die Reaktionsfähigkeit des Gewebes in dem Sinne, daß z. B. die Bindegewebsveränderungen und Verwachsungen bei den Adnextumoren nicht ganz veraltet sein dürfen. Im Gegensatz zu der Adnexgonorrhoe wird die Gonorrhoe der offenen Schleimhäute weniger beeinflußt, da die Gonokokken viel zu schnell ausgeschieden werden, um zur Bildung von Antigen und Antikörpern zu führen, während diese in abgeschlossenen Geweben oder Organen, in Pyosalpinx oder Pyovar, durch Zerfall der Gonokokken entstehen. Die Gonorrhoe der Gebärmutterschleimhaut scheint deshalb auch leichter als die Harnröhrengonorrhoe auszuheilen, da hier Sekretstauungen möglich sind, wodurch vielleicht genügend Endotoxine frei werden können, um eine Immunitätsreaktion hervorzurufen. Immerhin zeigt sich auch an den Schleimhäuten bei subakuter und chronischer Gonorrhoe eine gewisse Herdreaktion, indem die Sekretion derselben auf Einverleibung von Vakzine zunimmt und manchmal sogar hämorrhagisch werden kann. Bei dieser Verstärkung des Sekretes durch die Vakzination werden manchmal Gonokokken aus dem Gewebe ausgeschwemmt, so daß negative Fälle gonokokkenpositiv werden können. Die Allgemeinreaktion, die am deutlichsten auf die intravenöse Vakzination auftritt, besteht in einer Umstimmung des Organismus. Hieher gehört eine Veränderung des Blutbildes, indem zuerst eine vorübergehende Leukopenie und dann eine Leukozytose auftritt, bis nach einigen Tagen das Gleichgewicht im Blutbilde wieder hergestellt ist. Die Leukozytose ist durch eine starke Zunahme der neutrophilen, polymorphkernigen Leukozyten bedingt. Die Lymphozytenzahl sinkt um ein beträchtliches, die übrigen Zellformen verschwinden fast ganz (Brasch). Während der Leukozytose können aber auch die Lymphozyten vermehrt und die Zahl der polynukleären Leukozyten vermindert sein (Terebinskaja-Popowa). Serologisch weist ein niederer opsonischer Index auf eine Gonorrhoe hin (Wright). Klinisch zeigt sich nach der Vakzination Kopfschmerz, Abgeschlagenheit, Fieber und Schüttelfrost als Ausdruck einer Allgemeinreaktion auf die Einverleibung von körperfremder Substanz. Anaphylaktische Erscheinungen in Form von Üblichkeit oder Erbrechen werden selten beobachtet. Da diese Reaktionen nach intravenöser Vakzineinjektion sowohl bei gonorrhoekranken als auch bei gesunden Frauen vorkommen, so werden dieselben von vielen als nichtspezifisch angesehen.

Wir ersehen daraus, daß der menschliche Organismus bei im Körper vorhandenen gonorrhoischen Herden auf die Einverleibung mit Gonokokkenvakzine mit bestimmten Reaktionen antwortet. Es ist klar, daß diese Reaktionen nicht immer auftreten und nicht alle gleichzeitig vorhanden sein können, da sie von der Beschaffenheit der Vakzine, von der Dosierung, der Einverleibungsart und der Reaktionsfähigkeit des Organismus abhängig sind. Immerhin können dieselben mit gewissen Vorbehalten und Einschränkungen für diagnostische und therapeutische Zwecke herangezogen werden.

Vakzinediagnostik

Zu diagnostischen Zwecken wurde früher die Bestimmung des opsonischen Index nach Gonokokkenvakzination herangezogen. Van de Veldes Untersuchungen ergaben, daß ein wiederholter Befund eines niedrigen opsonischen Index auf Gonorrhoe hinweise, während ein normaler opsonischer Index nichts beweise. Guggisberg dagegen hält die Verwertung des opsonischen Index für die Diagnose bedenklich, indem jeder Vermehrung oder jeder Herabsetzung des Index ganz verschiedene Ursachen zugrunde liegen können. Beide der beteiligten Komponenten, Opsoninambozeptor und Komplement, sind oft großen Schwankungen unterworfen. Geringer Komplementgehalt übt auf die opsonische Kraft des Serums einen bedeutenden Einfluß aus. Da endlich die Bestimmung des opsonischen Index technisch schwierig und daher häufig unverläßlich ist, wurde sie für diagnostische Zwecke aufgegeben.

Auch die Komplementbindungsreaktion und die Pirquetsche Reaktion mit Gonokokkenantigen sowie die Agglutinationsreaktion sind zur Diagnostik herangezogen worden, erlangten jedoch keine praktische Bedeutung, da dieselben keine eindeutigen Ergebnisse aufweisen. Während jedoch die serologischen Methoden versagen, werden die klinischen Reaktionen nach Vakzination zur Diagnostik herangezogen, wenn auch über den Wert derselben die Ansichten geteilt sind.

Die subkutane Impfung mit Vakzine ist weder im positiven noch im negativen Sinne verwertbar (Fromme, Neu, Guggisberg, Moos). Auch die intrakutane Inokulation mittels Impfbohrer nach Pirquet ergibt nur sehr geringe diagnostische Verwertbarkeit (Köhler). Die Ophthalmoreaktion nach Gonokokkenvakzine zeigt bei 60 von 100 Gonorrhoikern leicht entzündliche Reaktion, während Nichtgonorrhoiker dieselbe vermissen lassen (Ziemann). Dieselbe scheint jedoch keine weitere Anwendung gefunden zu haben. Wir müssen daher nach den vorliegenden Erfahrungen die örtliche Reaktion nach subkutaner, intrakutaner und Ophthalmovakzination als für die Diagnostik nicht verwendbar ablehnen.

Von Bedeutung für diagnostische Zwecke ist nur die intramuskuläre und intravenöse Vakzineinjektion. Nach den Vorschriften der Firma Schering wird bei Frauen als Einzeldosis 0,03 bis 0,05 Arthigon gegeben und die Einspritzung am Vormittag gemacht. Die Kranke soll ein bis zwei Tage im Bett bleiben und zweistündlich gemessen werden. In der Regel erfolgt bereits nach wenigen Stunden ein mit leichten Kopfschmerzen einhergehender Temperaturanstieg. Häufig steigt die Temperatur schnell an, fällt dann innerhalb weniger Stunden ab und nun erfolgt ein rasch vorübergehender, erneuter Temperaturanstieg, der nach kurzer Zeit kritisch abfällt (Doppelzacke). Bei Nichtgonorrhoikern erfolgt entweder gar keine Reaktion oder ein Temperaturanstieg bis 1,5 Grad.

Über den Wert dieser Temperaturreaktion als Ausdruck einer Allgemeinreaktion sind die Ansichten verschieden. Während nach intravenöser Injektion von 0,05 Arthigon die gonokokkenfreien Kranken nur in einem geringen Prozentsatz Temperaturanstiege von über 1,5 ° ergeben, zeigen die meisten Gonokokkenträgerinnen Temperaturerhöhungen von über 1,5 °, weit über die Hälfte derselben sogar Erhöhungen von über 2 ° (Moos, Bruck, Boeters, Weinzierl u. a.). Nur vereinzelte Autoren (Neu, Bruhns) halten einen Anstieg um 1 bis 2 ° für nicht charakteristisch. Wir können im allgemeinen sagen, daß bei intravenöser Injektion von Arthigon eine Temperaturerhöhung von über 1,5 Grad mit Wahrscheinlichkeit, eine solche von mehr als 2 ° mit großer Wahrscheinlichkeit für das Vorhandensein eines gonorrhoischen Prozesses spricht.

Da auf Vakzination die gonorrhoischen entzündlichen Adnextumoren fast immer vermehrte Schwellung und Schmerzhaftigkeit zeigen (van de Velde, Sternberg, Reiter, Weinzierl u. a.), während Adnextumoren infolge Extrauterinschwangerschaft, puerperaler oder tuberkulöser Infektion, sowie Appendicitis diese Symptome nicht aufweisen, so ist die Herdreaktion bei Adnextumoren als brauchbares diagnostisches Mittel anzuerkennen. Es hat hiebei als Regel zu gelten, daß nur eine positive Herdreaktion als beweisend für eine gonorrhoische Infektion anzusehen ist, während der negative Ausfall der Reaktion kein Beweis dafür ist, daß keine Gonorrhoe vorliegt. da durch alte, nicht reaktivierbare Herde, durch Mischinfektion oder auch durch zu klein gewählte Dosis der Eintritt der Reaktion verhindert oder verschleiert werden kann.

Während die Arthigoninjektion in geschlossenen Herden Schwellung und Schmerzhaftigkeit hervorruft, wird in gonorrhoisch infizierten Schleimhäuten durch dieselbe häufig die Sekretion vermehrt, wodurch gleichzeitig latente Gonokokken ausgeschwemmt werden. Diese provokatorische Fähigkeit des Arthigons ist jedoch wahrscheinlich nicht spezifisch, da wir derartige Sekretsteigerungen auch nach nichtspezifischen Injektionen wiederholt beobachten. Jedenfalls aber können auf diese Weise vorher negative Fälle manchmal gonokokkenpositiv werden. Es ist uns dadurch möglich festzustellen, ob eine Gonorrhoe nach Abschluß der Behandlung geheilt ist oder ob bei einer alten, chronischen Gonorrhoe der Harnröhre oder Gebärmutter noch latent gebliebene Gonokokken vorhanden sind. Bruck empfiehlt hiefür folgendes Verfahren: Sind nach Aussetzen jeglicher Behandlung bei einer frischen Gonorrhoe acht Tage lang im Präparat keine Gonokokken mehr nachweisbar, so werden 0,5 intramuskulär oder 0,1 intravenös verabfolgt und an den der Injektion folgenden zwei nächsten Tagen werden die Präparate wieder untersucht. Ist das Ergebnis hiebei zweifelhaft oder zeigen sich größere Leukozytenmengen, so erfolgt eine zweite provokatorische Injektion von 1,0 intramuskulär oder 0,5 intravenös und wiederum zweitägige Sekretkontrolle.

Vakzinebehandlung

Von der Tatsache ausgehend, daß durch die Einverleibung der abgetöteten Keime dem Organismus Gonokokkenantigene und dadurch dem Blute Antikörper zugeführt werden, wird die Vakzination auch zur Behandlung der Gonorrhoe herangezogen.

Die subkutane Injektion, heute von den anderen Methoden zum Teil verdrängt, wird in der Weise durchgeführt, daß mit 0,3 bis 0,5 ccm einer polyvalenten Vakzine begonnen wird und nach drei bis sechs Tagen Zwischenraum bis auf 1 ccm angestiegen wird. Die Harnröhren- und Gebärmuttergonorrhoe wird bei dieser Methode wenig beeinflußt, während die Behandlung von gonorrhoischen Pyosalpingen und Mastdarmgonorrhoe befriedigende Erfolge aufweist (Fromme, Kuttner und Schwenk).

Die intramuskuläre Injektion wird am besten in die Gesäßmuskulatur ungefähr fingerbreit unterhalb der Kreuzungsstelle der verlängerten hinteren Achsellinie mit dem Darmbeinkamm gemacht und kann ebenso wie die subkutane Einverleibung ambulatorisch vorgenommen werden, falls die Kranken in der Lage sind, am Tage der Einspritzung Ruhe zu pflegen. Man beginnt mit 0,5 ccm Arthigon. Tritt Temperatursteigerung um 1,5 bis 2^0 ein, so wird drei bis vier Tage gewartet und dann dieselbe Dosis wiederholt. Tritt eine geringere Reaktion auf, so spritzt man schon nach zwei Tagen eine höhere Dosis ein. Auf diese Weise steigt man folgendermaßen: 0,5; 1,0; 1,5; 2,0. Höhere Dosen als 2,0 ccm sind nur ausnahmsweise zu injizieren. Mehr als fünf bis sechs Injektionen sind selten notwendig Die Gonorrhoe der Harnröhre wird bei dieser Injektionstechnik gar nicht beeinflußt, während bei aszendierter Gonorrhoe in einem Teil der Fälle in Kombination mit der üblichen konservativen Therapie Heilung erzielt wird (Moos und Köhler). Auch Injektionen in die Portio vaginalis sollen sich bewähren.

Bei der intravenösen Injektion ist eine ambulatorische Behandlung besser zu vermeiden. Die gewünschte Arthigondosis wird mit der Spritze aus dem Fläschchen aufgezogen, dann bis zum Gehalt von 1 ccm Leitungswasser, steriles Wasser oder physiologische Kochsalzlösung nachgezogen, also auf 0,1 ccm Arthigon 0,9 ccm Wasser. Die Blutader in der Armbeuge wird durch ein um den Oberarm gelegtes Gummiband oder durch einfachen Handdruck gestaut und die Einstichstelle mit einem in Benzin oder Alkohol getauchten Tupfer gereinigt. Darauf wird in die Vene eingestochen, ein wenig angezogen, wobei Blut in die Spritze eindringen muß, und, falls die Vene richtig getroffen ist, der Gummischlauch gelöst und injiziert. Die Einstichstelle kann durch einen kleinen Pflasterverband verschlossen werden. Bei der intravenösen Behandlung wird wie bei der intramuskulären Injektion vorgegangen. Man beginnt bei fieberfreien Fällen mit 0,1 Arthigon und steigt je nach der Temperatur in mehrtägigen Zwischenräumen auf 0,2 bis 0,5 bis 1 ccm. Mehr als 1 ccm braucht man nur ausnahmsweise zu geben. Bei fiebernden, schwächlichen Frauen oder Kindern kann man sicherheitshalber mit 0,01 beginnen und dann auf 0,05 bis 0,1 bis 0,5 ansteigen. Mehr als vier bis fünf Injektionen sind auch hier selten notwendig. Das intravenöse Injektionsverfahren hat gegenüber dem intramuskulären bezüglich des Erfolges den gleichen, vielleicht sogar besseren Wert, bezüglich der Reaktionen und Nebenerscheinungen eine angenehmere Wirkung, so daß demselben im allgemeinen der Vorzug zu geben ist. Zieler meint, daß durch Verstärkung der Einzelgaben und zeitliche Ausdehnung der Injektionen noch eine Besserung der Erfolge zu erzielen sei, und hat täglich zweimal neun bis zehn Tage lang steigende Dosen von Arthigon bis zu einer Gesamtmenge von 30 ccm gegeben. Während die subkutane Injektion fast allgemein verlassen ist, hat sich die intramuskuläre und besonders die intravenöse Vakzination allgemein durchgesetzt.

Die meisten Erfahrungen gehen dahin, daß die unkomplizierte offene Schleimhautgonorrhoe durch die Vakzinebehandlung nur wenig beeinflußt wird, da die Gonokokken zu schnell ausgeschieden werden, um zur Bildung von Antigen und Antikörper zu führen. Die un-

komplizierte Gonorrhoe der Harnröhrenschleimhaut eignet
sich daher wenig für die Vakzinebehandlung, während dagegen bei Infektion der Harnröhrendrüsen (Peri- und Paraurethritis), wo eine gewisse Ähnlichkeit mit geschlossenen
Herden vorliegt, einwandfreie Erfolge erzielt werden. Auch
die Gonorrhoe der Gebärmutterschleimhaut, gleichgültig ob sie
sich auf den Halskanal oder den Körper erstreckt, eignet sich wenig
für die Vakzinebehandlung, wenn auch hier zeitweise Sekretstauung vorhanden sein kann. Die Vakzinebehandlung soll im
allgemeinen erst nach den Abklingen der akuten Erscheinungen einsetzen, besonders dann, wenn die Gonokokken lange im
Sekret erhalten bleiben. Gute Erfolge haben wir auch bei der Vulvovaginitis der kleinen Mädchen im subakuten Stadium gesehen.
Wenn auch einzelne Berichte über völlige Heilung von offener Schleimhautgonorrhoe durch Vakzination allein vorliegen, so halten wir doch
im Interesse eines raschen Verschwindens der Gonokokken aus dem
Krankheitsherd eine kombinierte Behandlung für angezeigt, wobei die
Vakzination neben der örtlichen Desinfektion durchgeführt
wird. Wir gehen dabei von der Vorstellung aus, daß auf Einverleibung
von Vakzine als Ausdruck einer Herdreaktion die Sekretion der Schleimhaut zunimmt und dabei Gonokokken aus dem Gewebe ausgeschwemmt
werden können, die durch die örtliche, desinfizierende Behandlung abgetötet oder in ihrer Virulenz herabgesetzt werden können. Die Erfolge der
spezifischen Behandlung bei der geschlossenen Gonorrhoe sind fast allseits anerkannt. Die Ursache hiefür liegt darin, daß in abgeschlossenen
Geweben oder Organen durch Zerfall von Gonokokken Immunitäts-
reaktionen zustandekommen, die durch die Vakzination verstärkt werden
können. Das hauptsächliche Anwendungsgebiet für die Vakzine bilden
demnach die gonorrhoischen Anhangserkrankungen. Im akuten
Stadium derselben treten trotz vorsichtiger Dosierung starke Reaktionen
auf. Es ist daher bei frischen Adnexerkrankungen eine gewisse Vorsicht
angezeigt. Da die Anwendung von Vakzine im akuten Stadium der
gonorrhoischen Erkrankung niemals die Ausbildung von Adnextumoren
zu verhindern imstande ist, spielt dieselbe in der Vorbeugung der
gonorrhoischen Komplikationen keine Rolle. Dagegen sind im subakuten
und manchmal auch im chronischen Stadium wesentliche Erfolge zu
erzielen. Nach Weinzirl kann in 52% Heilung, in 24% wesentliche
Besserung und in den übrigen Fällen geringe Besserung erreicht werden.
Die Behandlungsdauer stellt sich im Durchschnitt auf vier bis acht
Wochen. Eine Vorbedingung für den Erfolg ist dabei ein ab-
gekapselter Entzündungsherd und ein noch reaktionsfähiges
Gewebe. Die Prüfung auf letzteres wird am besten durch eine Probe-
injektion von Vakzine gemacht, die bei positivem Ausfall zu Fieber, örtlicher Schwellung und Schmerzhaftigkeit führt. Bei nicht durch Gonokokken bedingten Anhangsgeschwülsten bleibt so gut wie jede Reaktion
und Heilwirkung aus. Geringe Heilerfolge sind außer durch Mischinfektion oft auch durch die lange Dauer des Leidens bedingt, da das

Gewebe jede Reaktionsfähigkeit verloren hat. Manchmal kommt es aber auch vor, daß bei anfänglich refraktär erscheinenden Fällen nach einer Pause von vier bis fünf Wochen eine neue Behandlungsserie mit Gonokokkenvakzine besseren Erfolg hat. Sicherlich läßt sich manchmal auch das Fehlen der Fieber- und Herdreaktion, sowie das Ausbleiben der Heilung auf biologische Unterschiede der Gonokokkenstämme einer Vakzine und des betreffenden Patienten zurückführen. Auffallende Beeinflussung konnten wir bei gonorrhoischer Erkrankung der periurethralen Drüsen (Periurethritis) beobachten. Weniger günstig scheinen die Pseudoabszesse der großen und kleinen Vorhofdrüsen beeinflußt zu werden. Gute Erfolge mit Vakzination werden auch bei den metastatischen Erkrankungen der Gonorrhoe erzielt, wobei es sich gleichfalls um abgeschlossene Herde handelt. So werden Heilung oder auffallende Besserung bei Arthritis gonorrhoica erzielt. Die gonorrhoische Endocarditis scheint manchmal ungünstig beeinflußt zu werden, so daß besonders bei allgemeiner Gonokokkeninfektion mit der Dosierung Vorsicht geboten ist. Außer den bereits erwähnten Reaktionen, die im allgemeinen harmlos und unschädlich sind, kommt es manchmal zu unerwünschten Nebenerscheinungen, wie Erbrechen, Blutigwerden des Sekretes, starken Leibschmerzen, Manifestwerden einer Adnexerkrankung, verfrühtem Eintreten der Regel und bei tuberkulösen Lungenprozessen zu einem Aufflackern derselben. Auch Sehstörungen wurden beobachtet (Rohr).

Eine Gegenanzeige gegen die Anwendung von Vakzine bilden demnach die Menstruation, hohes Fieber, akute Reizerscheinungen des Bauchfells, inkompensierte Herzerkrankungen, aktive Lungenprozesse wegen der Möglichkeit des Aufflackerns und der Hämoptoe, schwere Nephritiden und schließlich Schwangerschaft wegen der Gefahr einer Fehlgeburt.

Verheißungsvoll scheinen auch die Versuche mit lebender Gonokokkenkultur am Menschen zu sein (Loeser, J.Franz u. a.) Die Kranken wurden teilweise mit ganz frischen, virulenten, teilweise mit älteren Gonokokkenstämmen subkutan geimpft. Die Gonokokkenkulturen, die 24 Stunden bis vier Wochen alt waren und von frischer Harnröhren- oder Gebärmuttergonorrhoe stammten, wurden im Schrägagarröhrchen aufgeschwemmt, teils durch Erwärmung abgeschwächt, teils direkt im frischen Zustand eingespritzt. Meist wurden zwei bis drei Injektionen gemacht. Die Lokalreaktion bestand in der Bildung eines Eiterdepots an der Injektionsstelle, in der die Gonokokken bereits drei Stunden nach der Injektion nicht mehr nachweisbar waren, und in einer Rötung mit Ödem in der Umgebung. Dieselbe war stets nach zweimal 24 Stunden abgeklungen. Der Vorgang wäre so zu erklären, daß es zu einer Vakzinebildung im Körper selbst komme, wobei die freiwerdenden Toxine der Gonokokken direkt in den Organismus übergehen, ohne denselben zu schädigen. Im allgemeinen sind die Erfolge mit einer derartigen aktiven Immunisierung durch lebende Gonokokkenkulturen nicht wesentlich günstiger als mit sensibilisierter Frischvakzine. Auffallend ist, daß bei beiden Methoden dann bessere Ergebnisse erzielt wurden, wenn Gonokokkenstämme von älteren Gonorrhoeprozessen benutzt wurden. Loeser hat auch serologische Kontrollen mit der Komplementbindungsreaktion, die für die Gonorrhoe spezifisch ist, angestellt und gefunden, daß in vielen; mit den lebenden Gonokokken behandelten Fällen, in denen die Komplementbindungsreaktion vor der Behandlung negativ war, dieselbe nach der Behandlung positiv wurde und auch blieb, und zwar gerade in jenen Fällen, wo Dauerheilung eintrat. Allerdings ist der positive Ausfall der Komplementbindungsreaktion keineswegs ein Beweis für die Heilung der Gonorrhoe, da sie im Verlaufe einer jeden gonorrhoischen Erkrankung auch positiv werden kann.

Jedenfalls sind die Erfolge mit Eigenvakzinen oder lebenden Gonokokkenkulturen nicht wesentlich günstiger als mit den üblichen Standardvakzinen, so daß die vielleicht etwas geringeren Erfolge der letzteren die Umständlichkeit der Bereitung und Überimpfung bei ersteren aufwiegen.

VI. Proteinkörperbehandlung

Allgemeines über Proteinkörper

Seit Beginn der bakteriologisch-serologischen Forschungen hat man mit den der aktiven und passiven Immunisierung dienenden Stoffen, Vakzinen und Seren, Proteinkörper parenteral einverleibt. Hiebei ging man von der Vorstellung aus, daß die Eiweißkörper nur als Träger oder Begleiter der spezifisch wirkenden Antigene bzw. Antitoxine dienen. Erst durch die Arbeiten von R. Schmidt, Bier, Weichhardt, Schittenhelm, Strinzing u. a. wurde es klar, daß auch den Eiweißkörpern als solchen besondere, zum Teil heilende Wirkungen zukommen.

Es ist daher in den letzten Jahren für eine große Anzahl von Erkrankungen, darunter auch für die Gonorrhoe, eine Behandlung empfohlen worden, die auf der parenteralen Einverleibung von Eiweißkörpern und Kolloiden beruht. Die Mittel, welche bei der Proteinkörpertherapie verwendet werden, sind eiweißhältige und eiweißfreie Präparate. Es erscheint demnach widersinnig, die Behandlung mit eiweißfreien Mitteln gleichfalls als Proteinkörpertherapie zu bezeichnen. Indes scheint die Wirkung beider Gruppen die gleiche zu sein, weshalb vorläufig der Name der einen für beide Geltung behalten mag. Nach Lindig ergibt sich folgende Einteilung:

1. Eiweißfreie Substanzen: Kolloide Metalle, sonstige Kolloide, Farbstoffe, Salzlösungen, Organ- und Gewebsextrakte, Jodpräparate (Yatren, Pregl-Lösung), Terpentinpräparate, Zuckerlösungen.

2. Einfache Eiweißkörper: a) Proteine (Nukleoproteide), Casein, Caseosan, Pflanzeneiweiß (Phlogetan, Novoprotin.) b) Eiweißspaltprodukte (Proteosen, Deuteroalbuminosen, Peptone, Histamin, Globin).

3. Gemenge von Stoffen der ersten und zweiten Gruppe: Kolloide Metalle mit Eiweißschutzkolloid (Collargol), Yatren-Casein, Farbstoffcaseinlösungen, Silbercaseinlösungen.

4. Mischprodukte: Milch und die aus ihr gewonnenen Ersatzpräparate: Aolan, Vakzineurin (= aus Bakterien, Prodigiosus + Staphylokokken, dargestelltes Eiweiß).

Reaktion des Organismus

Nach der Injektion von derartigen Präparaten treten gewisse Reaktionen im Organismus auf, die je nach dem Orte ihres Angriffspunktes bezeichnet werden.

Unter Lokalreaktion verstehen wir eine Rötung, Schwellung und Infiltration, manchmal auch Schmerzempfindung am Ort des Einstiches. Die Herdreaktion äußert sich in Schmerzen am Krankheitssitz, Verstärkung der Entzündungserscheinungen mit Gefäßerweiterung, vermehrter Lymphströmung, Hyperämie und Leukozytenanhäufung.

Die Allgemeinreaktionen äußern sich in verschiedenen klinischen Erscheinungen. In den ersten zwei Stunden nach der Injektion tritt Fieber auf, das meist nach vier bis sechs Stunden abklingt, als Folge der Erregung des Wärmezentrums durch die Proteinkörper (Krehl) oder Eiweißspaltprodukte. Auch im Blute spielen sich vorübergehende Veränderungen ab. Nach einer vorübergehenden Leukopenie tritt als Ausdruck einer vermehrten Funktion des hämatopoetischen Systems Hyperleukozytose auf. Auch in den Lymphdrüsen, die als Bildungsstelle vieler Immunkörper anzusehen sind, zeigt sich Vermehrung des Lymphstromes (Busson), Vergrößerung und Vermehrung der Keimzentren. Blutplättchen und Megakaryozyten (Megalozyten) erscheinen im Blute. Der retico-endotheliale Apparat zeigt erhöhte Funktion. Die Viskosität des Blutes nimmt zu, desgleichen das Komplementbindungsvermögen. Auch die Hemmungsvorgänge im Blute und die Senkungsgeschwindigkeit der roten Blutkörperchen erfahren eine Veränderung.

Wirkungsmechanismus

Bei allen diesen Vorgängen handelt es sich nach Weichhardt um eine Steigerung der Entzündungsvorgänge alter Krankheitsherde, um eine Erregung der Lebensvorgänge im Protoplasma, die sich zunächst durch Hyperämie, vermehrte Transsudation, Eiterung und Zunahme des Schmerzes äußert. Diese Fähigkeit der Proteinkörper, die Lebensvorgänge im Protoplasma anzuregen und seine Leistungsfähigkeit zu steigern, tritt dort am deutlichsten in Erscheinung, wo die Empfänglichkeit für den Reiz eine erhöhte ist, wo also die Entzündung bereits im Gange ist oder das Gewebe sich im Zustand der Entzündungsbereitschaft befindet. Weichhardt hat für diese Wirkungsweise der Proteinkörper den Begriff der Protoplasmaaktivierung aufgestellt. Demnach reagiert jeder Organismus auf die Einverleibung oder Entstehung von Eiweißspaltprodukten mit einer erhöhten Abwehrbereitschaft, indem die abwehrbereiten Organzellen zur gesteigerten Tätigkeit angeregt werden. Letztere kann dabei auch ohne Entzündung und Fieber einhergehen. Diese unspezifische Leistungssteigerung wird mit ganz unspezifischen Mitteln hervorgerufen und übt trotzdem eine ganz spezifische Wirkung aus.

Die gleiche Wirkung kann auch mit anderen Mitteln hervorgerufen werden, die im Körper selbst Zellzerfall hervorrufen. Hieher gehören die Metallkolloide, bis zu einem gewissen Grade auch Röntgen- und Radiumbestrahlung und wahrscheinlich auch die organotropen Kristalloide, z. B. Arsen.

Bier, der gleichfalls die Eiweißabbauprodukte für das wirksame Prinzip hält, sieht jedoch die Hauptwirkung nicht in der Leistungssteigerung, sondern in der Erzeugung von Heilentzündung und Heilfieber. Derselbe verwirft den Begriff Protoplasmaaktivierung und wünscht dafür im Sinne Virchows den Begriff der Leistungssteigerung und Zellaktivierung gesetzt. Aufbauend auf das Arndt-Schulzesche Gesetz, daß schwache Reize die Lebenstätigkeit anfachen, mittelstarke fördern, starke hemmen und stärkste die Lebenstätigkeit aufheben, hält es Bier für das Richtige, von Reiztherapie zu sprechen. Im Gegensatz zu Weichhardt und Bier erblickt Luithlen die Wirkung der Eiweißtherapie in einer Herabsetzung der Entzündung und Entzündungsbereitschaft des Gewebes, und zwar als Folge der Herabsetzung der Gefäßdurchlässigkeit. Diese Wirkung kommt nur kolloidalen Stoffen zu, die eine Änderung des kolloidalen Systems im Organismus zur Folge haben. Busson hält es für grundsätzlich gleichgültig, ob die Eiweißspaltprodukte in Form von Eiweiß eingeführt werden oder ob sie im Körper erst durch Zellzerfall entstanden sind. Die Ansichten über den Wirkungsmechanismus bei der Proteinkörperbehandlung sind demnach sehr verschieden.

Technik der Proteinkörpertherapie

Die Mittel werden je nach ihrer Beschaffenheit intrakutan, subkutan, intramuskulär oder intravenös eingespritzt. Die Intrakutaninjektion verbietet sich bei vielen Präparaten von selbst, da dieselben unangenehme und schmerzhafte Gewebsreize hervorrufen. Die subkutane und intramuskuläre Einverleibung kommen im wesentlichen auf dasselbe hinaus. Auch für diese Technik eignen sich manche Medikamente nicht, da sie Gewebsschädigungen setzen. Die subkutane und intramuskuläre Injektion wird im allgemeinen bei jenen Fällen angewendet, wo die Medikamente in größeren Dosen einverleibt werden und wo die Reaktionsfähigkeit des Organismus nicht sicher zu beurteilen ist. Diese Methoden werden wegen ihrer einfachen Technik vielfach vorgezogen. Im allgemeinen ist aber die intravenöse Technik deshalb vorzuziehen, weil auch sie bei einiger Übung leicht ist, kleinere Dosen genügen, die Reaktionen eindeutig und rascher eintreten. Die Venen in der Ellbogenbeuge sind nur selten trotz Stauung schlecht sichtbar.

Was die Höhe der Dosis anbelangt, so soll man sich im allgemeinen wie bei der Tuberkulinkur einschleichen. Die Versuche Salomons, vor Einsetzen der Proteinkörpertherapie Komplementbindungsreaktion und Blutbild zu bestimmen, sind praktisch natürlich schwer durchführbar. Im allgemeinen wird man Unannehmlichkeiten vermeiden können, wenn man die ersten Injektionen vorsichtig mit kleinen Dosen beginnt und die weiteren Injektionen je nach der Stärke der Reaktion vornimmt. Es werden meist sechs bis zehn Injektionen in zweitägigen Zwischenräumen gemacht. Dieselben können aber auch an hintereinanderfolgenden Tagen gegeben werden. Es empfiehlt sich dann, dieselben in mehreren Serien zu je drei bis vier Einspritzungen zu geben, zwischen denen eine einwöchige Pause eingeschaltet wird. Wenn infolge des Krankheitszustandes eine besondere Vorsicht am Platze ist, so kann man nach Besredka und Neufeld zunächst eine Teildosis ($^1/_3$) und den Rest nach zwei bis drei Stunden einverleiben oder auch nach Friedberg und Dörr die Injektion auf fünf bis zehn Minuten in die Länge ziehen, um dadurch die Flüssigkeit sehr langsam einfließen zu lassen. Jedenfalls darf bei der Dosierung die Konstitution der Patientin nicht außer acht gelassen werden. Exsudative Diathese, Wurmkrankheit, die mit Eosinophilie einhergeht, bilden jedenfalls eine Gegenanzeige. Auch bei Tuberkulose ist eine gewisse Vorsicht angebracht.

Mittel

Zur Proteinkörpertherapie wurden zahlreiche Mittel herangezogen. Es soll hier aber nur auf jene eingegangen werden, über die eingehende Erfahrungen oder eigene Beobachtungen vorliegen.

Anfangs haben wir nur Milch verwendet, wobei sich zeigte, daß Kuhmilch wesentlich stärkere Reaktion als Frauenmilch hervorruft. Die Injektion erfolgt am besten intramuskulär und hat dabei die gleiche Wirkung wie die intravenöse Injektion, die manchmal auch schädlich wirken kann. Es werden gewöhnlich 10 ccm abgekochter Milch mittels steriler Injektionsspritze am besten in die Gesäßmuskulatur eingespritzt. Die Reaktion des Organismus auf die Injektion besteht in einer Einwirkung auf das Knochenmark. Diese Reaktion betrifft nicht nur den leukopoetischen und erythropoetischen Apparat im Knochenmark, sondern auch den Krankheitsherd. Die letztere Wirkung wird dadurch erklärt, daß der neue Reiz der Milchinjektion nicht nur eine Abwehr gegen die neu eingespritzte Milch schafft, sondern auch die bereits im Gange befindliche Abwehr gegen die gonorrhoische Infektion steigert (E. F. Müller). Die neugebildeten, granulierten, neutrophilen Leukozyten und vermehrten spezifischen Abwehrstoffe im Serum werden an die im Organismus vorhandenen Infektionsherde geleitet und dort sichtbar. Sie leiten einen zur Heilung führenden Prozeß ein oder verstärken einen bereits vorhandenen Abwehrvorgang. Als allgemeine Nebenwirkungen stellen sich nach der Injektion Temperatursteigerung, Pulsbeschleunigung, Übelkeit, manchmal Erbrechen, Schwindel und Krankheitsgefühl ein. Außerdem findet sich eine Lokalreaktion

in Form eines sich langsam resorbierenden Infiltrates, ferner eine **Herdreaktion**, die sich in Schmerz und Sekretvermehrung äußert. Die unangenehmen Nebenwirkungen sowie die anaphylaktischen Erscheinungen
bei der Reinjektion der Milch, werden hervorgerufen durch die in der
gewöhnlichen, sterilisierten Milch enthaltenen abgetöteten Bakterienleiber
und ihre Endotoxine, durch die bei der Sterilisation gebildeten Endotoxine,
sowie durch echte Ptomaine als Reststoffe des von den Bakterien abge-
bauten Milcheiweißes.

Von dieser Voraussetzung ausgehend wird die keim- und toxin-
freie Milcheiweißlösung Aolan fabriksmäßig hergestellt. Wir geben
zu therapeutischen Zwecken 10 ccm Aolan intraglutaeal und wiederholen die Injektion je nach Ablauf der Herdreaktion nötigenfalls
nach fünf bis acht Tagen. Am besten wird nach der Einspritzung
durch einen Tag Bettruhe eingehalten und keine örtliche Behandlung
durchgeführt, da infolge der Herdreaktion der Krankheitsherd
gegen mechanische und chemische Insulte empfindlicher ist. Milch und
Aolan haben wir mit ausgesprochenem Erfolge bei Adnextumoren,
besonders im subakuten Stadium der Entzündung und auch bei para-
metritischen Infiltraten angewendet. Dem Versuch, die Hautreaktion
nach intrakutaner Einverleibung von Aolan zu diagnostischen Zwecken
heranzuziehen (Nevermann), scheint keine praktische Bedeutung zuzukommen, da die Intensität der Hautreaktion mehr auf eine individuelle,
konstitutionell bedingte Empfänglichkeit als auf Spezifität zurückzuführen sein dürfte. Dagegen bewährt sich nach unseren Erfahrungen
Aolan als Provokationsmittel, indem sich auf intramuskuläre Injektion
von 10 ccm eine deutliche Eitervermehrung bei Harnröhren- und Zervix-
gonorrhoe zeigt, nachdem vorher nur mehr schleimiges Sekret vorhanden
war, und häufig auch nach der Injektion Gonokokken ausgeschwemmt
und im Abstrichpräparat nachweisbar werden. Zu Provokationszwecken
läßt sich auch die intrakutane Injektion heranziehen (E. F. Müller).
Hiebei muß man sich an folgende Technik halten: An der Streckseite des
Unterarmes wird nach Reinigung mit Benzin ohne wesentlichen Druck
eine Hautfalte abgehoben und dann mit feiner Kanüle parallel der Hautoberfläche in der Weise eingestochen, daß die Spitze innerhalb der
Epidermis bleibt. Nun werden unter mäßigem Druck 0,1 bis 0,2 ccm
Aolan eingespritzt, so daß eine weiße Quaddel entsteht. Diese intrakutane
Injektion scheint nur für Schleimhautaffektionen verwertbar zu sein.

Auch das Albasol hat gleich dem Aolan keine störenden Nebenwirkungen durch Bakterien oder deren Produkte, durch Ptomaine,
Fermente oder Salze. Von der 3,5 bis 5%igen Lösung werden 1 bis 2 bis
5 ccm injiziert (Amann).

In der allerdings unrichtigen Annahme, daß das Casein der Milch
der wirksame Stoff ohne schädliche Substanz sei, wird vielfach Casein
und Caseosan verwendet. Von der 5%igen Caseinlösung wird je 1 ccm
an drei hintereinanderfolgenden Tagen intravenös gespritzt. Dieses Mittel
wird bei intramuskulärer Einspritzung in Mengen von 1 bis 5 ccm, bei
intravenöser Einverleibung in Mengen von 0,5 bis 1 ccm verwendet.

Zwischen den einzelnen Serien zu je drei Injektionen werden Zwischenräume von fünf bis sieben Tagen gemacht (Lindig, Hieß und Hirschen-
hauser, Gärtner u. a.). Wir verwenden Caseosan, das wir in
steigender Dosis einverleiben, indem zuerst 0,1 ccm und kurz darauf 0,25,
dann 0,5 und 1,0 ccm injiziert werden. Bei Caseosan zeigen sich neben
den Herderscheinungen manchmal auch Allgemeinreaktionen, wie Schüttelfrost, Fieber, Schweißausbruch, Kopfschmerzen, Abgeschlagenheit, Herpes
labialis, Schläfrigkeit und Euphorie. Das Anwendungsgebiet sind gleichfalls chronische Vorhofdrüsenentzündungen, Leistendrüsenschwellungen
und entzündliche Anhangsgeschwülste. Auch zur Provokation eignet
sich Caseosan gut und Gärtner hat sogar in einem höheren Prozentsatz
ein positives Ergebnis als mit Arthigon.

Auch Phlogetan, das eine aus Zellkernen gewonnene Fraktion von
Abbauprodukten nukleoproteidhaltiger Eiweißkörper, also keinen Eiweißkörper im eigentlichen Sinne darstellt, und von der Firma Norgine
in sterilen Ampullen in den Handel gebracht ist, wird zur Behandlung
von gonorrhoischen Adnexerkrankungen herangezogen. Die Injektion
wird subkutan oder intramuskulär in ansteigenden Dosen von 2 bis 5 ccm
gemacht. Es ruft nur geringe Allgemeinerscheinungen hervor. Das
kristallisierte Pflanzeneiweiß Novoprotin in Ampullen zu 1,1 ccm
wird meist intravenös gespritzt.

In ihrer Wirkung wahrscheinlich ziemlich gleichwertig sind die
eiweißfreien Substanzen, bei denen erst nach der parenteralen
Einverleibung durch Zellzerfall die Eiweißspaltprodukte im Körper
entstehen. Eine große Rolle unter den eiweißfreien Substanzen spielen
die kolloiden Metalle, die sonstigen Kolloide und die Farbstoffe. Von den
kolloiden Metallen kommen hauptsächlich Silberpräparate in Betracht.
Das Wirksame dieser Mittel sind wahrscheinlich die als Schutzkolloid
enthaltenen Eiweißstoffe (Böllen), und zwar im Sinne eines nichtspezifischen Gewebsreizes auf die Zellen des Körpers (Protoplasmaaktivierung Weichhardts). Der Silberkomponente kommt dabei nur
eine unterstützende Rolle zu, indem das Silber durch Ablagerung im
retico-endothelialen System als langdauernder Gewebsreiz wirkt.

Von den eiweißfreien Substanzen hat sich das Terpentin (Kling-
müller) sehr eingebürgert. Das Mittel wird entweder 10 Terpentin
auf 10 Olivenöl, sterilisiert, verschrieben oder es werden die im Handel
befindlichen Terpichinpräparate in sterilen Ampullen verwendet. Von
ersteren werden 0,5 ccm eingespritzt und die Injetion alle vier bis fünf
Tage wiederholt. Da die magistraliter verschriebenen Präparate Abszesse
erzeugen können, verwenden wir nur Terpichin in sterilen Ampullen
zu 1 ccm. Um die Injektion schmerzlos zu machen, sind auch Terpentinpräparate im Handel, denen 1% Eukupin und 0,5% Anästhesin zugesetzt sind. Die Terpichininjektionen sind im allgemeinen etwas schmerzhaft und werden am besten in der hinteren Achsellinie zwei bis drei Quer-
finger unterhalb des Darmbeinkammes so tief gemacht, daß die Nadel bis
zum Knochen vordringt. Die offene Schleimhautgonorrhoe ist durch dieses
Medikament weder in therapeutischer Richtung noch im provokatorischen

Sinne beeinflußbar. Dagegen ergeben nach unseren Erfahrungen chronische Anhangserkrankungen, wenn dieselben noch nicht zu lange bestehen, sehr befriedigende Ergebnisse.

Zur Reiztherapie wird auch eine Verbindung des eiweißhaltigen Casein mit dem eiweißfreien Yatren, einem wasserlöslichen Jodderivat des Benzolpyridin, verwendet. Das Yatren-Casein stark und schwach in Ampullen zu 1 ccm wird intramuskulär oder intravenös gegeben. Bei Adnexerkrankungen und Douglasexsudaten auf gonorrhoischer Grundlage ist das Gono-Yatren in Ampullen zu 2½ ccm mit steigenden Keimgehalt vorzuziehen. Die Zwischenzeit zwischen zwei Injektionen soll wenigstens drei Tage betragen. Bei sehr hartnäckigen Fällen ist die intravenöse Injektion vorzuziehen.

Die Silberpräparate, die bei der Gonorrhoebehandlung Verwendung finden, sind besonders Collargol, Dispargen und Elektrargol. Das Collargol wird in 2%iger Lösung jeden zweiten Tag ansteigend von 2 bis 10 ccm in drei bis fünftägigen Abständen intravenös gegeben (Menzi, Sommer, Zumbusch, Stümpke, Franzmeyer, Siegel u. a.). Die anfänglich in das Präparat gesetzte Hoffnung, daß durch die intravenöse Injektion desselben allein die Harnröhren- und Gebärmuttergonorrhoe geheilt werde, hat sich nicht erfüllt. Dagegen konnten wir gleich anderen feststellen, daß Collargol oder Dispargen in Kombination mit örtlicher und allgemeiner Behandlung einen Teil der Gonorrhoefälle sicher rascher zu heilen vermag als die örtlich desinfizierende Behandlung allein. Wir konnten auch einzelne Fälle zur Heilung bringen, bei denen trotz wiederholter Arthigoninjektion die Gonokokken nicht aus den Abstrichpräparaten verschwanden. Im allgemeinen eignen sich die Silberkolloide gut zur Unterstützung der örtlichen Behandlung bei Harnröhren- und Gebärmuttergonorrhoe, aber auch bei Salpingo-Oophoritis. Als Herdreaktion ist auch hier meist eine Vermehrung der Sekretion, dagegen nur wenig Schmerz am Orte der Erkrankung zu beobachten. Als Nebenerscheinungen treten drei bis vier Stunden nach der Injektion Fieber, manchmal Frost, Rücken- oder Kopfschmerzen, vereinzelt auch längerdauerndes Fieber oder Albuminurie auf. Im allgemeinen steht es fest, daß die Silberkolloidinjektion kombiniert mit örtlicher Behandlung in kürzerer Zeit zur Heilung führt, und daß sich dieselbe besonders für die unkomplizierte Gonorrhoe der Harnröhre und Gebärmutter eignet, daß dieselbe aber nicht ganz ungefährlich ist. Als weitere Präparate, die für die Gonorrhoebehandlung verwendet werden, sind Elektrocollargol, Sanoflavin, Argoflavin, Fulmargin und Chrysolgan anzuführen. Es wurde auch hier versucht, die Heilwirkung der Schutzkolloide durch Massierung der Injektionen, zwei bis drei täglich, Steigerung der Dosis bis zu 50 ccm und Häufung der Injektion an fünf bis sieben Tagen hintereinander zu steigern (Zieler). Diese Methodik scheint jedoch keine weitere Anwendung gefunden zu haben.

In gleicher Weise wie das kolloide Silber werden zur Gonorrhoebehandlung auch Farbstoffe und Silberfarbstoffverbindungen herangezogen. So wurde auch von uns Methylenblau und Argochrom bei gleichzeitiger örtlicher Behandlung verwendet. Das erstere hat wegen der unangenehmen Blaufärbung des Harnes und der Wäsche wenig Verbreitung gefunden, das letztere hat sich wegen des häufigen Auftretens von Venenthrombosen, die übrigens manchmal auch nach Collargolinjektionen vorkommen, nicht bewährt.

Auch die Preglsche Lösung, die neben freiem Jod noch Jodverbindungen, aus welchen bei Anwesenheit von schwachorganischen Säuren freies Jod abgespalten wird, enthält, wurde für die Gonorrhoebehandlung herangezogen. Es werden 200 bis 400 ccm in Pausen von ein bis zwei Tagen intravenös eingespritzt. Der Vorteil dieser Lösung besteht in einer sehr geringen Allgemein- und Herdreaktion. Nachteile jedoch bilden die manchmal auftretenden schmerzhaften Thrombosen (Knauer). Nicht zu empfehlen ist die intramuskuläre Injektion von 30%iger Kochsalzlösung mit 1%iger Chlorkalziumlösung (nach v. Scily und Stransky), da außer geringen Heilerfolgen schmerzhafte Infiltrate und Abszesse der Injektionsstelle eintreten (Schönfeld).

Auch die intravenöse Traubenzuckerinjektion wird zur Gonorrhoebehandlung herangezogen, indem 40 ccm einer 50%igen Lösung in der ersten Woche viermal, in der zweiten Woche zwei bis dreimal langsam eingespritzt werden. Da gleichzeitig örtliche desinfizierende Behandlung notwendig ist, eignet sich diese bisher noch nicht erprobte Behandlung nur für die unkomplizierte Gonorrhoe (Scholtz und Richter).

Wenn auch heute noch kein abschließendes Urteil über den Mechanismus der unspezifischen Injektionstherapie bei der Gonorrhoe möglich ist, wenn auch die Heilerfolge scheinbar weniger günstig sind als bei der Gonokokkenvakzine, so kann die unspezifische Behandlung mit voller Berechtigung zur Unterstützung der örtlichen Behandlung unter aller Vorsicht herangezogen werden, da sie ohne Zweifel die Bildung von Schutzstoffen im Körper unterstützt. Die Proteinkörpertherapie hat außerdem den Vorteil, daß die Kranken das Gefühl haben, daß mit ihnen etwas geschieht und daß sie dadurch leichter im Bett zu halten sind. Wir führen diese Behandlung meist nur in der Anstalt oder in der Hausbehandlung durch, doch können bei gewisser Vorsicht die Injektionen auch ambulant gemacht werden. Als Gegenanzeigen haben dieselben wie bei der Vakzinebehandlung zu gelten.

VII. Einfluß der Gonorrhoe auf die Zeugung

Physiologie der Zeugung

Die Konzeption erfolgt durch die Vereinigung der Spermatozoen mit der weiblichen Eizelle. Die Voraussetzung für diese Vereinigung ist die normale Sekretion und die normale Beschaffenheit derselben, sowie die Möglichkeit, daß beide zueinander gelangen können. Nicht nur der Mann muß imstande sein, normales Sperma in die Scheide des Weibes zu bringen, sondern auch den Geschlechtsorganen der Frau kommt eine aktive Rolle zu, indem sich der Uterus wie bei den Geburtswehen aufrichtet und sich über seinen Inhalt, den cervikalen Schleimpfropf zurückzieht (Freund). Letzterer hat die Aufgabe, den Zwischenraum zwischen Spermadepot im hinteren Scheidengewölbe und der Gebärmutter zu überbrücken, wodurch die Spermatozoen aufgenommen werden können. Die Flüssigkeit, welche den Ei- und Samentransport bewerkstelligt, stammt von den Drüsen des Vorhofs, der Cervix, des Corpus und aus den Eileitern. Dazu gehört noch Auflockerungsfähigkeit und Erweiterungsfähigkeit des Collum, die durch Hyperämie bewirkt werden. Auch die Reaktion des Scheideninhaltes scheint eine Rolle zu spielen.

Ursachen der Sterilität

Die Ursache für die Sterilität kann demnach beim Manne oder bei der Frau liegen. Beim Manne wird eine Impotentia coeundi und eine Impotentia generandi unterschieden. Bei der ersteren ist die Einführung des Penis infolge Defektes oder allgemeiner Erkrankungen nicht möglich. Letztere, die funktionelle Impotenz, kann auf Diabetes, Tabes, Nephritis, Morphinismus oder anderen schweren Erkrankungen beruhen. Eine sehr bedeutungsvolle Ursache bildet auch die Neurasthenie. Während die Impotentia coeundi keine sehr große Rolle spielt, ist die Impotentia generandi nicht zu selten. Es handelt sich dabei um Aspermatismus, wenn der erigierte Penis in die Vagina wohl eingeführt werden kann, aber kein Samenerguß folgt, oder um Azoospermie, wenn das Sperma keine Spermatozoen enthält. Der im allgemeinen selten zu beobachtende Aspermatismus beruht auf Verschluß oder Verlegung des Ductus ejaculatorius durch Traumen, Geschwülste oder Narbenstrikturen nach Gonorrhoe. Aber auch ohne organische Veränderungen kann es bei Erschöpfungszuständen manchmal nur vorübergehend zum Ausbleiben der Ejakulation kommen. Die häufigste Ursache der männlichen Sterilität ist die Azoospermie oder Nekrospermie. Bei derselben handelt es sich meist um einen erworbenen Verschluß der Samenwege als Folge einer gonorrhoischen doppelseitigen Epididymitis, wobei in das Ejakulat keine Spermatozoen gelangen können. Nach dieser gonorrhoischen Komplikation muß jedoch nicht immer Zeugungsunfähigkeit eintreten.

Beim Weibe können wir eine Impotentia coeundi und eine Impotentia concipiendi unterscheiden. Erstere besteht dauernd bei Atresie der Vagina und vorübergehend bei Vaginismus, wobei neben entzündlichen Veränderungen besonders Zwangsvorstellungen eine große Rolle spielen. Bei der Impotentia concipiendi liegt vielfach nur eine Erschwerung der Empfängnis vor. Ein absolutes Konzeptionshindernis besteht bei Atresie des Muttermundes, der Eileiter oder beim Mangel der Eierstockssekretion. Eine Erschwerung der Konzeption können wir bei Infantilismus der Genitalien, bei klaffender Vulva, bei Entzündung der Gebärmutter- und Eileiterschleimhaut und des Beckenbauchfells, ferner bei Geschwülsten und Lageveränderungen der Gebärmutter, sowie bei

Stenose des inneren Muttermundes annehmen. Die größte Rolle spielt wohl die **Entzündung des Eileiters, des Eierstocks und des Beckenbauchfells**. Beim Infantilismus ist die Konzeption häufig auch dadurch erschwert, daß die Rohrleitung der weiblichen Genitalien nicht genügend erweiterungsfähig und nachgiebig ist oder daß nicht genügend für den Ei- und Samentransport notwendige Flüssigkeit aus Vorhof-, Gebärmutter- und Eileiterschleimhaut im geeigneten Augenblick produziert wird. Der Cervixschleim wird hier ungenügend oder gar nicht ausgestoßen. Dieser Umstand ist in der Hälfte aller Fälle von Sterilität wahrscheinlich die Ursache (**Freund**). Auch zu starke Säure im Scheideninhalt kann die Empfängnis erschweren, Frigidität der Frau scheint bei der Empfängnis keine wesentliche Rolle zu spielen. Als Ursache der Sterilität wird in 20 bis 25% Gonorrhoe, in 30% chronische Genitalentzündung gefunden (**Freund**). Eine große Rolle bei den Sterilitäten aus unbekannter Ursache spielen wahrscheinlich die **innersekretorischen Störungen (hormonale Sterilität)**. Abgesehen von der **hypogenitalen** kann man eine **thyreogene, hypophysäre, thymogene** und vielleicht auch **hypochromaffine Sterilität** unterscheiden (**Nürnberger**). Hier ist die oft zu beobachtende Tatsache festzustellen, daß fettleibige Frauen schwer konzipieren, bei denen Störungen der inneren Sekretion, besonders der Ovarien und der Hypophyse angenommen werden. Ähnlich scheint sich die **Chlorose** zu verhalten. Auch Störungen der Sexualpsyche können für die Sterilität von Bedeutung sein.

Diagnose der Sterilität

Bevor wir die **Diagnose auf Sterilität** aussprechen dürfen, ist eine eingehende Untersuchung beider Ehegatten notwendig. Findet sich bei der Frau kein absolutes Hindernis für die Konzeption, so ist vor allen weiteren Maßnahmen der Ehegatte vorzuladen und zu untersuchen. Dabei ist nach Ausführung der Kohabitation, nach vorausgegangenen und allfällig noch vorhandenen Geschlechtskrankheiten zu fragen. Zum Zwecke der Untersuchung ist das Sperma bei der Kohabitation in ein Kondom zu ejakulieren und möglichst bald nach der Ejakulation auf lebende Spermatozoen zu prüfen. Wird die Kohabitation normal ausgeführt und ist das Sperma gesund, so ist nochmals eine eingehende allgemeine und gynäkologische Untersuchung der Frau vorzunehmen. Es ist dabei auf Störungen infolge Dysharmonie des endokrinen Systems, Fettsucht, Chlorose, Basedow und dergleichen, ferner auf Tuberkulose zu achten. Die gynäkologische Untersuchung hat auf angeborene oder infolge abgelaufener Entzündung erworbene Lageanomalien der Gebärmutter, relative Enge des inneren Muttermundes, Hypogenitalismus bei infantilistischen Frauen und schließlich insbesondere auf **chronisch entzündliche Veränderungen der Gebärmutteranhänge** zu achten. Die bimanuelle Untersuchung muß daher eine sehr genaue sein und allenfalls auch in Narkose durchgeführt werden. Für die Prüfung der Eileiter auf ein mechanisches Konzeptionshindernis steht uns die **Pertubation**

(Anlegung des Pneumoperitoneums) zur Verfügung, wobei Kohlensäure oder Luft in die Bauchhöhle gefüllt wird. Das Eindringen von Luft oder Gas in die Bauchhöhle zeigt das Manometer des Durchblasungsapparates an. Anderseits ist die Anwesenheit von Luft in der Bauchhöhle unterhalb des Zwerchfells durch das klinische Zeichen des Schulterschmerzes (Phrenicussymptom) oder unter dem Röntgenschirm als Pneumoperitoneum nachweisbar. Dabei ist zu bemerken, daß dieselbe trotz intakter Eileiter versagen kann. Wenn die Kohlensäurefüllung nicht gelingt, so kann zum Zwecke der Aufklärung des Konzeptionshindernisses auch die Laparotomie in Betracht kommen. Auch bei

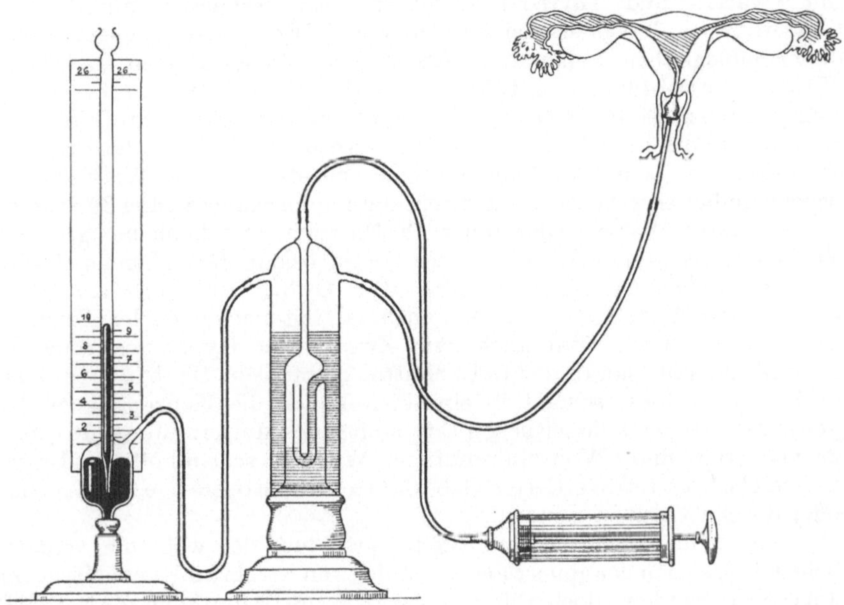

Abb 47. Durchblasungsapparat

dieser können teilweise Gangatresien oder Verschluß des Ostium uterinum des normal aussehenden Eileiters verborgen bleiben. Um derartige Anomalien aufzudecken, soll bei offener Bauchhöhle sterile Karminlösung (Carminum caeruleum 0,4, physiologische Kochsalzlösung 100,0) in die Gebärmutter injiziert werden. Erst nach eingehender Untersuchung darf die Diagnose auf Sterilität ausgesprochen werden. Doch ist dieselbe nie als eine endgültige zu bezeichnen, da sonst häufig das eheliche Glück zerstört wird und da tatsächlich entgegen dem ärztlichen Gutachten überraschenderweise oft noch nach langer Zeit Befruchtungen vorkommen. Von der Gonorrhoe als ursächlichem Faktor zu sprechen, wird in den meisten Fällen am besten ganz zu unterlassen sein.

10*

Behandlung der Sterilität

Eine Sterilität zu behandeln, ist im allgemeinen keine dankbare Aufgabe für den Arzt, wobei ein Teil der Erfolge nur zufällig eintritt, ohne daß dieselben auf Rechnung der ärztlichen Maßnahmen zurückgeführt werden dürfen. Die Aussichten auf Heilung sind noch am besten bei Stenosen des Halskanales, bei Lageveränderungen, bei Vaginismus, schlecht dagegen bei doppelseitigem Eileiterverschluß und bei Entwicklungsfehlern. Zur Allgemeinbehandlung werden Eisenarsenkuren, besonders bei chlorotischen Frauen, Badekuren mit Mineralmoor bei Dysharmonie des endokrinen Systems, ferner Organotherapie mit Ovarial- und Thyreoidintabletten auch verbunden mit Lichtbehandlung, besonders bei Fettsucht und Hypoplasie gegeben. Außer dieser biologischen Behandlung finden bei frigiden Frauen manchmal Yohimbimtabletten mit Wein vor der Kohabitation Anwendung. Von günstigem Einfluß scheint auch die Einschränkung der Kohabitation oder die Ausübung derselben unmittelbar nach der Menstruation zu sein. Bei Annahme einer zu stark sauren Reaktion des Scheideninhaltes wird als Scheidenspülung Liquor Kalii caustici 30 Tropfen auf ein Liter Wasser oder innerlich Natrium bicarbonicum gegeben. Vaginismus ist durch Psychotherapie zu bekämpfen. Manchmal wird auch ein Erfolg nach Sondierung der Gebärmutter, nach Dilatation und Abrasio, letztere manchmal mit nachfolgender Drainage gesehen. Vereinzelt wird auch zum Zwecke der Hyperämisierung bei Infantilismus Massage der Gebärmutter empfohlen. Die hintere Diszision (Chrobak) scheint in einzelnen Fällen die Konzeption zu begünstigen, während die seitlichen Einschnitte des Muttermundes (Jaquet) zu verwerfen sind. Von einwandfreier Wirkung scheint oft die Lagekorrektur der retrovertierten Gebärmutter durch operative Antefixation oder durch Pessar zu sein.

Gegen den beiderseitigen Eileiterverschluß, der wohl die verderblichste Folge nach der gonorrhoischen Infektion ist, sind mehrere Methoden angegeben worden, doch führen dieselben nur selten zum Ziele, sollen aber in sonst erfolglos behandelten Fällen angewendet werden. In Betracht kommt einmal die peruterine Durchblasung des Eileiters, ferner die Lösung der perisalpingitischen Adhäsionen und die Salpingoneostomie auf operativem Wege. Dieselbe wird bei Verschluß am abdominalen Tubenende in der Weise ausgeführt, daß das seitliche Drittel der Eileiter nahe dem Fimbrienende mitsamt dem dazugehörigen Mesosalpingsstück abgetragen wird, wobei die Durchtrennung des Eileiters am besten mit dem Thermokauter erfolgt. Selbstverständlich ist bei frischerer Gonorrhoe und gar bei noch vorhandenen Gonokokken vor allen Maßnahmen zur Erzielung einer Konzeption in erster Linie die Gonorrhoe zu behandeln.

Bedeutung der Gonorrhoe für die Sterilität

Von allen Ursachen für die Unfruchtbarkeit steht sicher an erster Stelle die Gonorrhoe, wenn auch seit Noeggeraths

Arbeit über die latente Gonorrhoe beim Weibe heute noch die Rolle derselben bedeutend überschätzt wird. Die männliche Sterilität entsteht hauptsächlich durch Narbenstrikturen oder Verschluß der Samenwege als Folge einer gonorrhoischen doppelseitigen Nebenhodenentzündung. Doch soll hier auf diese und weitere Ursachen nicht näher eingegangen werden. Die weibliche Sterilität kann sowohl mit akuten Krankheitszuständen der Gonorrhoe als auch mit Folgeerscheinungen derselben im bedingenden und ursächlichen Zusammenhange stehen. Die gonorrhoische Erkrankung der unteren Genitalabschnitte spielt keine große Rolle. Wenn die gonorrhoische Infektion bei einer nicht schwangeren Frau nur auf Vorhofdrüsen, Harnröhre und Halskanal beschränkt ist, so kann nach Abklingen der akuten Erscheinungen Empfängnis eintreten, wie vielfach klinische Beobachtung zeigt. Die Behinderung der Kohabitation durch Schmerzen bei der akuten Vulvitis und Kolpitis oder bei geschwulstartigen Kondylomen ist nur vorübergehend und von geringer Bedeutung. Mit größter Wahrscheinlichkeit ist die Spermatozoenwanderung durch das abfließende eitrige Cervixsekret sowohl mechanisch als auch infolge der chemischen Beschaffenheit desselben und des Scheideninhaltes bei der akuten Uterusgonorrhoe gestört. Vorübergehend mag auch durch einige Menstruationszyklen die Eiansiedlung durch Schädigung der Funktionalis infolge Gonorrhoe des Endometriums erschwert sein (Asch). Da die chronische Endometritis nie über die ganze Corpusschleimhaut ausgebreitet ist, sondern nur herdweise auftritt, so kann es immerhin auch bei Corpusgonorrhoe zur Ansiedlung des Eies kommen. Von allergrößter Bedeutung für das Zustandekommen der Sterilität ist die aszendierte Gonorrhoe, die eine Störung der Eibildung und der Eileitung zur Folge haben kann. Die Perioophoritis adhaesiva kann durch Verwachsungen der Eierstockoberfläche das Platzen der Follikel verhindern oder Eichen, die frei geworden sind, in ihrer Wanderung stören, so daß dieselben unbefruchtet bleiben und nicht in den Eileiter gelangen. Am häufigsten aber trägt die chronische Erkrankung des Eileiters Schuld an der Sterilität. Erstens einmal kann die Flimmerung des Schleimhautepithels, welches für den Transport des Eichens vom Fimbrienende gegen die Uterushöhle notwendig ist, durch die endosalpingitischen Veränderungen gestört sein. Auch die mangelhafte Peristaltik der Eileiter infolge der mesosalpingitischen Infiltration kann wahrscheinlich die Eiförderung stören. Ganz besonders aber sind es die Verwachsungen und Verklebungen der Schleimhautfalten des Eileiters, welche den Durchtritt des Eies im Eileiter und die Vereinigung von Sperma und Ovulum stören. Sowohl durch diese Schleimhautfaltenverklebung als auch durch perisalpingitische Verwachsungen am Fimbrienende kann es zum vollständigen Tubenverschluß kommen. Doch ist gleich hier anzuführen, daß auch nach beiderseitigem Tubenverschluß ausnahmsweise der Eileiter wieder wegsam werden kann. So finden sich zahlreiche Mitteilungen, daß nicht nur nach einseitiger (v. Peham und

Keitler), sondern auch nach doppelseitiger Adnexentzündung (Kahler und Herrmann), Schwangerschaft eingetreten ist. Allerdings ist in diesen Fällen die Diagnose auf Adnextumor nur auf Grund des Tastbefundes gemacht worden, wobei wir über die tatsächliche Mitbeteiligung der Eileiter an der Erkankung keine sicheren Aufschlüsse bekommen können. In einem Fall der Breslauer Frauenklinik wo aus beiden Pyosalpingen gonokokkenhältiger Eiter angesaugt wurde, ist später Schwangerschaft eingetreten (Herrmann). Wenn also die Schwangerschaft nach schwerer gonorrhoischer Adnexentzündung nicht ausgeschlossen ist, so kommt es doch weitaus in der Mehrzahl der Fälle zu dauernder Sterilität. Im allgemeinen wurde früher die Bedeutung der Gonorrhoe für die Sterilität überschätzt. Die Berechnung Noeggeraths, der unter 81 Ehen, in denen der Ehemann einmal eine Gonorrhoe durchgemacht hatte, 74% Sterilität fand, ist jedenfalls übertrieben. Die Statistik der jüngeren Zeit ergab wesentlich günstigere Verhältnisse. So fand Bumm nur in 20% Gonorrhoe als Ursache der Kinderlosigkeit. Strecker berechnet, daß wahrscheinlich nur in 15% der Fälle die Gonorrhoe als Ursache der Sterilität zu beschuldigen sei.

Wenn es trotz Bestehen der Gonorrhoe der unteren Genitalabschnitte zur Konzeption kommt oder wenn die gonorrhoische Infektion erst während der Schwangerschaft erfolgt, so kann es zum normalen Austragen der Schwangerschaft und zum normalen Ablauf der Geburt kommen. Nach Entleerung des Uterus jedoch kann die Gonorrhoe im Wochenbett aszendieren. Die doppelseitige Infektion der Adnexe, die oft ohne wesentliche Beschwerden im Wochenbett verläuft, führt dann meistens zur sogenannten Einkindsterilität. Aber auch diese muß nicht immer auf Gonorrhoe zurückgeführt werden, da auch anderweitige puerperale Infektionen oder Lageveränderungen der Gebärmutter nach der ersten Geburt Sterilität zur Folge haben können.

Auch für das Zustandekommen der Extrauteringravidität wird die aszendierte Gonorrhoe beschuldigt (Werth, Hoehne u. a.). Hier kann die Funktion der Eileiter durch Aufhebung der Epithelflimmerung oder der Muskelperistaltik gestört oder die Eileitung durch Strikturen oder Knickungen des Eileiters infolge perisalpingitischer Adhäsionen gehemmt werden. Der Nachweis von Gonokokken in einer schwangeren Tube wurde bisher nur einmal erbracht (Hitschmann). Es scheint jedoch auch die Gonorrhoe als Ursache für das Zustandekommen einer Bauchhöhlenschwangerschaft überschätzt zu werden, bei der vielfach Bildungsanomalien des Eileiters eine Rolle zu spielen scheinen.

Verlauf der Gonorrhoe in der Schwangerschaft

Daß die Schwangerschaft den Ablauf des gonorrhoischen Infektionsprozesses beeinflussen kann, unterliegt keinem Zweifel. Die Veränderungen, welche die Schwangerschaft an den Geweben hervorruft, machen diese für das Eindringen der Gonokokken geeigneter. So kann es in der Schwangerschaft infolge der Auflockerung der Gewebe einerseits zu einer echten gonorrhoischen Kolpitis, anderseits zu paragonorrhoischen Erscheinungen, wie spitzen Kondylomen und Kolpitis granularis, kommen.

Das Aufsteigen· des gonorrhoischen Prozesses scheint dagegen bei der Schwangerschaft eher behindert zu sein, obwohl in den ersten Monaten dazu Gelegenheit wäre, solange Decidua capsularis und Decidua parietalis noch nicht miteinander verwachsen sind. Kommt es bei bereits bestehender Schwangerschaft zu einer frischen gonorrhoischen Infektion, so beschränkt sich dieselbe während der Schwangerschaft stets nur auf die unteren Abschnitte des Urogenitaltraktes. Während die Schwangerschaft demnach die Ausbreitung des Infektionsprozesses in den unteren Genitalabschnitten fördert, hemmt sie das Aufsteigen desselben in die oberen Abschnitte.

Man hat bei frühzeitig gelösten Plazenten in der Decidua (Maslovski, Neumann), ferner in der Plazenta (Emanuel, Draghiesku) Gonokokken gefunden und früher eine eigene Endometritis deciduae gonorrhoica (Sänger) als Ursache für den Abortus beschuldigt, doch dürfte die Bedeutung der Gonorrhoe für das Zustandekommen der Fehlgeburt bedeutend überschätzt worden sein. In den meisten Fällen dürften durch den Druck des wachsenden Eies allmählich die Gonokokken ganz aus der Körperhöhle verschwinden und nur auf die Cervixdrüsen beschränkt bleiben. Ob die Corpusgonorrhoe zu habituellem Abortus führen kann, wie das heute noch vielfach angenommen wird, ist fraglich. Blutungen, die bei der Gonorrhoe während der Schwangerschaft beobachtet werden, können möglicherweise mit einer Endometritis gonorrhoica zusammenhängen. Jedenfalls können Pyosalpingen, Pyovarien, entzündliche pelviperitonitische Verwachsungen einerseits zu Schmerzen im Verlaufe der Schwangerschaft infolge der mit dem Emporsteigen der Gebärmutter verbundenen Zerrung und Dehnung Veranlassung geben, anderseits die schwangere Gebärmutter in ihrer Entfaltung hindern und dadurch zur Schwangerschaftsunterbrechung führen. Manchmal kann auch die Schwangerschaft alte Entzündungsherde zum Aufflackern bringen. Im Gegensatz hiezu haben wir auch Fälle beobachtet, bei denen nach Eintritt der Schwangerschaft die entzündlichen Veränderungen der Adnexe restlos verschwunden sind, wobei wahrscheinlich die Schwangerschaftshyperämie im Becken heilend wirkt.

Inwieweit Neuritiden, besonders Ischias in graviditate und Phlebothrombosen mit gonorrhoischer Infektion in Zusammenhang zu bringen sind, ist noch nicht genügend sichergestellt. Zu gonorrhoischen Gelenkserkrankungen kommt es in der Schwangerschaft relativ selten. Dieselben treten dann meist erst in der zweiten Hälfte der Schwangerschaft auf und ergreifen fast immer mehrere Gelenke.

Auf eine gonorrhoische Infektion der Gebärmutter werden vielfach akute Störungen im Verlaufe der Geburt bezogen, wie vorzeitiger Blasensprung, Krampfwehen, Wehenschwäche, verlängerte Austreibungszeit, Rigidität des Muttermundes, ohne daß hiefür ein sicherer Beweis bisher geliefert wurde.

Verlauf der Gonorrhoe im Wochenbett

Der Einfluß der Gonorrhoe macht sich meist erst im Wochenbett bemerkbar, indem es im frisch entbundenen Genitale rasch zur Vermehrung und Ausbreitung der Gonokokken kommt. Die Gonokokken begünstigen hiebei entweder die Ansiedlung anderer Bakterien oder sie dringen selbst weiter in die Gewebe ein. Nach einer Statistik der Frankfurter Klinik waren zwei von hundert aller Wöchnerinnen gonorrhoisch infiziert. Darunter kam es in 15% zum Aufsteigen in das Corpus und in 5 bis 10% zum Aufsteigen in die Adnexe.

Die Besiedlung der Corpusschleimhaut von der Cervix aus erfolgt in den ersten Wochenbettagen. Zwischen dem 2. und 5. Tag finden sich dann im Lochialsekret und auf den Resten der Decidua basalis reichlich intra- und extrazelluläre Gonokokken, oft in Reinkultur (J. Neumann). Nach King gelingt der Nachweis der Gonokokken in den Lochien am besten zwischen dem 5. und 7. Wochenbettag. Am Ende der zweiten Woche werden die Gonokokken wieder spärlicher und verschwinden allmählich unter anderen Keimen. Es gibt Fälle, in denen die Cervixgonorrhoe vollkommen latent war und wo trotzdem im Wochenbett reichlich Gonokokken im Lochialsekret erscheinen, um nach Ablauf des Wochenbettes wieder zu verschwinden (Ostrčil). Die puerperale Infektion des Corpus mit Gonokokken erfolgt häufiger bei Erstgebärenden und wird öfter nach ausgetragener Schwangerschaft als nach Früh- und Fehlgeburt beobachtet.

Die Bedeutung der Gonokokken für die Wochenbettinfektion wird sicher überschätzt. Es ist aber wahrscheinlich, daß zugleich mit den Gonokokken auch andere Keime, wie Bakterium coli, anaerob wachsende Staphylo- und Streptokokken aszendieren und die Ursache für die puerperale Eiterung abgeben können (Rüder, Schottmüller). Von 101 gonorrhoischen Wöchnerinnen machten nach Hannes 65 ein fieberfreies Wochenbett durch, 12 hatten Eintagsfieber, 2 fieberten aus extragenitaler Ursache, 22 von einer Erkrankung der inneren Genitalien aus. Pruschanskaja fand bei gonorrhoischen Kreißenden in 30,6% das Wochenbett gestört durch Endometritis, Salpingitis, Pelviperitonitis, Parametritis oder Arthritis gonorrhoica. Die durch Gonokokken hervorgerufene Infektion des Bauchfells bleibt fast immer auf das kleine Becken beschränkt. Nur ausnahmsweise kann es auch zur gonorrhoischen Septikämie kommen, ob durch eine Wunde oder auf dem Umweg über das Bauchfell oder die Lymphbahnen, ist noch eine offene Frage. Auch die Arthritis gonorrhoica wird nur in sehr seltenen Fällen im Wochenbett beobachtet.

Die klinischen Erscheinungen des Aufsteigens der Gonokokken in das Corpus (Endometritis gonorrhoica puerperalis) sind im Gegensatz zur septischen Infektion fast immer sehr gering. Leichte Temperatursteigerung und Pulsbeschleunigung, sowie geringe Druckempfindlichkeit der Gebärmutter sind meist die einzigen Zeichen der Erkrankung. Am Ende des Frühwochenbettes, ungefähr zwei bis drei

Wochen nach der Geburt, erscheint meist der Prozeß abgelaufen. In einzelnen Fällen jedoch kommt es erst dann zu hohem Temperaturanstieg auf 39 bis 40⁰, Pulsbeschleunigung, Blutigwerden des Wochenflusses, Schmerzhaftigkeit der Kanten des schlecht involvierten Uterus. Diese Symptome sprechen dann für ein Aufsteigen der Infektion in die Adnexe (Salpingo-Oophoritis gonorrhoica puerperalis). Dabei muß es sich keineswegs immer um ein Aufsteigen der Gonokokken allein handeln, sondern es können auch andere Keime wie Coli, Staphylo- und Streptokokken das Wochenbettfieber verursachen (Sänger, Kaltenbach u. a.). Manchmal kann die Aszension viel später im Anschluß an die erste Menstruation nach der Geburt erfolgen.

Die Diagnose der Endometritis, Salpingitis oder Pelviperitonitis gonorrhoica puerperalis erfolgt stets nur durch den Nachweis der Gonokokken im Lochialsekret, die sich am zahlreichsten in der ersten Woche nach der Geburt vorfinden, und durch die örtlichen klinischen Krankheitserscheinungen.

Behandlung der Gonorrhoe in Schwangerschaft, Geburt und Wochenbett

Die Behandlung der gonorrhoischen Infektion während der Schwangerschaft ist dadurch begrenzt, daß wir nur Maßnahmen anwenden dürfen, welche die Schwangerschaft nicht gefährden. Wir müssen dieselben daher auf Trockenbehandlung und Ausspülungen der Scheide beschränken. Auswischungen des Halskanales dürfen wegen Gefahr der Schwangerschaftsunterbrechung nicht vorgenommen werden. Vakzine- und Reizbehandlung, die uns als Therapie allein angewendet meist im Stiche lassen, sind auch nicht am Platze, da es bei Anwendung derselben zur Fehlgeburt kommen kann, wie wir selbst erlebten. Selbstverständlich muß bei Gonorrhoe der Harnröhre und der Vorhofdrüsen deren örtliche Behandlung auch in der Schwangerschaft strenge durchgeführt werden.

Da gonorrhoische Wöchnerinnen, die während der Geburt untersucht worden sind, häufiger fiebern, so ist bei gonorrhoischen Kreißenden eine innere Untersuchung nach Möglichkeit zu vermeiden, oder durch eine vorsichtige rektale Untersuchung zu ersetzen. Im Wochenbett haben Frauen mit nachgewiesener Gonorrhoe mindestens zwei Wochen lang strenge Bettruhe einzuhalten. Sobald die gonorrhoische Infektion im Wochenbett in die Anhänge und das Beckenbauchfell aufgestiegen ist, erfolgt die Behandlung nach den gleichen Grundsätzen wie bei anderen puerperalen Erkrankungen.

VIII. Mastdarm (Rectum)

Anatomie und Histologie

Der Mastdarm erstreckt sich in einer Länge von 12 bis 13 cm von der Vorderfläche des dritten Kreuzbeinwirbels bis zum After und zerfällt in zwei Abschnitte. Der obere Abschnitt, die Ampulla recti, ist der eigentliche Kotbehälter, der untere Abschnitt, die Pars analis recti, klafft nur bei der Defäkation und bildet sonst einen sagittal gestellten Spalt, dessen Wandung sich von beiden Seiten aneinanderlegt. Die muskuläre Wandung (Tunica muscularis) besteht aus einer äußeren Längsschicht und einer inneren Ringmuskelschicht, die sich im unteren Abschnitt zum Schließmuskel (Musculus sphincter ani internus) verdichtet. Die Schleimhaut (Tunica mucosa) gleicht in ihrem Baue fast der des Dickdarmes, ist also mit der Muskelschicht durch eine Tela submucosa verbunden und besitzt gleichfalls eine Lamina muscularis mucosae, ferner Krypten oder Lieberkühnsche Drüsen und einzelne Lymphknötchen (Noduli lymphatici). Die Krypten oder Lieberkühnschen Drüsen sind keine echten Drüsen, da ihnen ein spezifisches Sekret fehlt. An der Stelle der Lymphknötchen zeigt die Schleimhaut Erhabenheiten. Die Ampulle zeigt an zwei bis drei Stellen in die Lichtung vorspringende Querfalten (Plicae transversales recti), von denen die eine, vom rechten Umfang der Ampulle ausgehend, 6 cm oberhalb der Afteröffnung vorspringt. Im Afterteil des Mastdarmes (Pars analis recti) befinden sich fünf bis zehn Längsfalten (Columnae rectales Morgagni), welche Längsbündel der Lamina muscularis enthalten und flache Ausbuchtungen (Sinus rectales) zwischen sich fassen. Die Gesamtheit der Columnae rectales stellt einen Ring unmittelbar über der Afteröffnung dar und wird Anulus haemorrhoidalis genannt. Der unterste Abschnitt der Pars analis recti zeigt eine starke Verdickung der Muskulatur, die teils durch den ringförmigen Schließmuskel (Musculus sphincter ani), teils durch die Afterhebemuskeln (Musculi levatores ani) gebildet wird. Die Blutversorgung des Mastdarmes geschieht durch die drei Hämorrhoidalarterien und die diesen entsprechenden Venen. Die Lymphgefäße des Mastdarmes ziehen teils zu den Leistendrüsen, teils zu den hypogastrischen Drüsen und den Drüsen an der hinteren Wand des Mastdarmes und am Mesosigmoideum. Das Zylinderepithel des Mastdarms beginnt oberhalb der Morgagnischen Falten (Columnae rectales), also ungefähr 2 bis 3 cm oberhalb des Afters.

Pathologische Anatomie und Histologie (Proctitis gonorrhoica)

Die Rektalgonorrhoe spielt sich meist auf der Oberfläche der Schleimhaut ab und reicht nie tiefer als bis zur Muscularis mucosae. Man findet in den Präparaten Stellen, in denen Zylinderepithel und Lieberkühnsche Drüsen zugrunde gegangen sind. An einzelnen Stellen sind unregelmäßige, mit scheinbar zerfressenen Rändern umgebene Höhlen sichtbar, an deren Seite eine Neubildung von Drüsen und Bindegewebe stattgefunden hat. An den Rändern dieser Substanzverluste der Schleimhaut sind hochgradige Rundzelleninfiltrationen, die besonders entlang der Lieberkühnschen Drüsen streifenförmig angeordnet sind. Wo das Epithel zugrundegegangen ist, sind die Lieberkühnschen

Drüsen um ein Drittel verkürzt, da die obersten Schichten jenes Zylinderepithels, das die Drüsen auskleidet, ebenfalls verlorengegangen sind. Die größeren Leukozyten in den oberen Schleimhautschichten sind zum Teil mit Gonokokken vollgepfropft. Außerdem finden sich Gonokokken in der Lichtung zahlreicher Lieberkühnscher Drüsen frei neben den Rundzellen (Frisch).

Ob es bei der gonorrhoischen Infektion der Mastdarmschleimhaut zu Ulzerationen, Periproctitis und Strikturen kommen kann oder ob diese Erkrankungen nur als Komplikation oder sekundärer Folgezustand aufzufassen sind, ist noch strittig. Die breiten Kondylome am After und die kondylomatösen Hämorrhoidalknoten, die auch wir beobachtet haben, sind wohl meist auf luetischer Grundlage entstanden. Die meisten Untersucher fanden in den Mastdarmgeschwüren keine Gonokokken, so daß es sehr unwahrscheinlich ist, daß dieselben gonorrhoischen Ursprungs sind. Wir sind daher der Ansicht, daß die ulzerösen Prozesse nicht auf gonorrhoischer Basis beruhen, sondern daß bei der Bildung derselben verschiedene andere Umstände eine Rolle spielen, in erster Linie

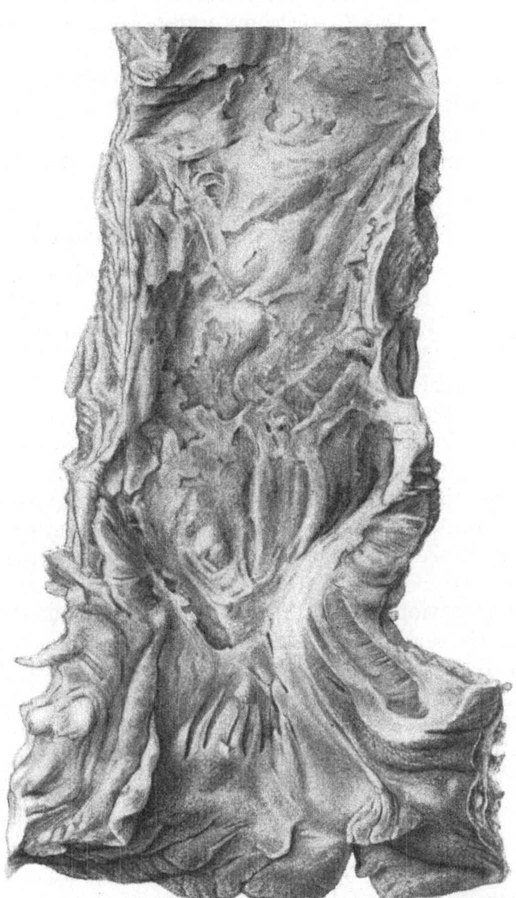

Abb. 48. Gonorrhoische Striktur des Mastdarmes (Präparat des pathologisch-anatomischen Universitätsinstitutes in Wien)

gestörte Zirkulationsverhältnisse wie bei den Geschwüren auf den Hämorrhoidalfalten, in zweiter Linie entzündliche Reizung des Gewebes infolge Überdehnung des Aftereinganges durch die harten Stuhlmassen bei chronischer Obstipation. Derartige ulzeröse Prozesse können auch bei Lues, Tuberkulose, Typhus und Dysenterie vorkommen. Die perirektalen Erkrankungen können mit dem gonorrhoischen Prozeß in einem ursächlichen Zusammenhang stehen. Durch das Übergreifen der gonorrhoischen Erkrankung von den Lieberkühnschen Drüsen oder von den Darmfollikeln auf die bindegewebigen Anteile der Darmwand kann es bei nachträglichem Verschluß der Eingangspforte zur Ausbildung perirektaler Infiltrate mit nachfolgender Erweichung und Abszeßbildung kommen. Dieselben können dann entweder in den Mastdarm oder durch den Damm nach außen durchbrechen. Bezüglich der Mastdarmstrikturen ist der Beweis schwer zu erbringen, ob dieselben auf gonorrhoischer Basis beruhen. Wir haben mehrmals Strikturen bei Gonorrhoe beobachtet, einmal in Verbindung mit einer Mastdarmscheidenfistel, doch bestand in allen diesen Fällen Lues oder Tuberkulose.

Infektionsmodus

Der Mastdarm kann gonorrhoisch infiziert werden durch das Abfließen des gonorrhoischen Sekretes aus Scheide und Harnröhre, durch den Coitus penorectalis, durch Übertragung mittels Instrumenten oder untersuchenden Fingern und nach Durchbruch einer Pyosalpinx, eines Pyovarium, eines Pyocele oder eines Vorhofdrüsenabszesses in den Mastdarm.

Wenn das abfließende Genitalsekret als Ursache für die Mastdarmgonorrhoe in Betracht kommt, so spielt meistens Unreinlichkeit eine große Rolle. Bei der Stuhlentleerung tritt einerseits eine Erschlaffung des Sphinkter und eine Vorwölbung des Dammes ein, anderseits fließt durch das Einsetzen der Bauchpresse Genitalsekret reichlicher über den Damm ab und benetzt die durchtretende Kotsäule. Wenn dann besonders bei Obstipation nicht die ganze Kotsäule auf einmal entleert wird, sondern durch Nachlassen der Bauchpresse und durch Zusammenziehung des Schließmuskels dieselbe abgeklemmt wird, so wird nicht nur der vorgewölbte Damm retrahiert, sondern es rückt auch ein Teil der Kotsäule, die bereits den Schließmuskel passiert hatte, wieder hinter diesen zurück, wodurch das der Kotsäule anhaftende abgeflossene Sekret mit in den Mastdarm zurückgelangt (Mucha).

Der Coitus per anum wird von den Frauen zugestanden, wenn sie sich vor Schwangerschaft fürchten. Gelegentlich mag auch das Bewußtsein des Mannes, gonorrhoisch infiziert zu sein, zu dieser widernatürlichen Ausübung des Beischlafes führen.

Die Übertragung auf mechanischem Wege geschieht hauptsächlich durch Irrigatoransatz, Thermometer, Klosettpapier, Finger des Patienten oder Arztes. Rollet berichtet über einen Kranken, der seine Obstipation dadurch bekämpfte, daß er einen Finger in das Rectum einführte und auf diese Weise dasselbe infizierte.

Über die Inkubationsdauer sind keine sicheren Angaben zu machen, da die subjektiven Beschwerden zu gering sind.

Über die Häufigkeit der Mastdarmgonorrhoe bestehen sehr verschiedene Angaben. Nach Baer findet sich bei 38 von hundert gonorrhoischen Patientinnen Mastdarmgonorrhoe, während Mucha 10 auf

hundert berechnete. Sie kommt fast immer gleichzeitig mit Urogenital-
gonorrhoe und nur ausnahmsweise allein vor.

Symptome

Die Mastdarmgonorrhoe (Proctitis gonorrhoica) ist ein
Leiden, das man nur sieht, wenn man darnach sucht. Die
subjektiven Symptome fehlen bei einer Mastdarmgonorrhoe fast vollständig. Nur selten geben sie sich durch Jucken, leichtes Brennen oder
durch ein Gefühl, wie wenn Würmer vorhanden wären, kund. Patientinnen,
die sich genauer beobachten, geben manchmal an, daß sie dem Stuhl
aufgelagerten Schleim und Eiter gesehen hätten. Nur bei stärkerer
Sekretion, die jedoch nur in seltenen Fällen zu beobachten ist, kommen
Tenesmen bei der Stuhlentleerung und stärkerer Abgang von Eiter und
Schleim vor. Auch objektive Symptome sind häufig bei oberflächlicher Untersuchung nicht nachweisbar, so daß oft erst die bakteriologische Untersuchung des Mastdarmschleimhautsekretes
die Diagnose ermöglicht. In den meisten Fällen jedoch finden wir bei
frischer Infektion in der Umgebung der Afteröffnung eine Rötung der
äußeren Haut (Dermatitis paragonorrhoica circum anum),
manchmal bei größerer Unreinlichkeit sogar Rhagaden und Ekzem, bei
älteren Fällen starke Pigmentationen. Diese Veränderungen der
äußeren Haut stammen jedoch fast immer von einem starken Genital-
ausfluß, während aus dem After selbst nur selten ein Ausfluß zu beobachten ist. Es weist demnach nur in akuten Fällen starke Rötung und
Schwellung der Afterhaut auf entzündliche Veränderungen hin.

Die Mastdarmgonorrhoe verläuft fast immer ohne wesentliche
Krankheitserscheinungen. Sie heilt in vielen Fällen innerhalb zwei bis
sechs Wochen aus, kann aber trotz Behandlung manchmal einen sehr
chronischen Verlauf nehmen.

Diagnose

Die rektale Untersuchung des Mastdarmes ergibt meist nur in
frischen Fällen etwas eitriges Sekret am Handschuh des untersuchenden
Fingers, im übrigen ist der Tastbefund fast immer negativ. Zur Inspektion der Mastdarmschleimhaut und zur Sekretentnahme von derselben
können Mastdarmspiegel oder Rektoskop verwendet werden, die ungefähr
8 cm hoch hinaufgeführt werden. Bei der rektoskopischen Untersuchung zeigt sich die Schleimhaut des Mastdarmes mehr oder weniger
gerötet, injiziert und geschwellt, stellenweise von schleimig-eitrigem
Sekret bedeckt. Zuweilen ragen Eiterpfropfen aus den Follikel-
mündungen heraus. In seltenen Fällen finden sich kleine, leicht
blutende Schleimhauterosionen oder auch tiefere Geschwüre. Ob die
manchmal bei Gonorrhoekranken beobachteten Narben- und Striktur-
bildungen in der Schleimhaut des Mastdarmes stets auf Gonorrhoe zurückzuführen sind, ist zweifelhaft. Jedenfalls sind sie in einer großen Anzahl
von Fällen tuberkulösen oder luetischen Ursprunges.

Die Untersuchung der Mastdarmschleimhaut auf Gonokokken geschieht auf folgende Weise: Nach vorheriger Reinigung des Afters wird ein Mastdarmspiegel eingeführt, am besten drei bis vier Stunden nach der Stuhlentleerung, um der Mastdarmschleimhaut zu neuer Sekretbildung Zeit zu lassen. Von der im Spiegel eingestellten Mastdarmschleimhaut wird mit Hilfe einer Platinöse, eines stumpfen Löffels oder eines watteumwickelten Tampontragers Sekret abgenommen. Um die Anwendung von Rektalspeculum oder Rektoskop zu vermeiden, kann der Mastdarminhalt auch verdünnt werden. Zu diesem Zwecke wird ein Nélatonkatheter oder ein gewöhnlicher weiblicher Glaskatheter 6 cm tief in den Mastdarm eingeführt und eine Menge von 50 bis 100 ccm lauwarmen Wassers eingespritzt. Das durch den Katheter abfließende Wasser wird in einem Glase aufgefangen. Es enthält schleimigeitrige Flocken, die der mikroskopischen Untersuchung zugeführt werden (Glingar). Das Präparat muß unbedingt nach Gram gefärbt werden, da wir bei dem Bakterienreichtum der Darmflora sonst die Gonokokken nicht herausfinden können. Das Kulturverfahren ist hier ohne Erfolg, da die langsam wachsenden und zarten, hautförmigen Gonokokkenkulturen stets von den anderen reichlich aufgehenden Keimen überwuchert werden.

Behandlung

Die Behandlung wird durch Einläufe oder Mastdarmsuppositorien durchgeführt. Als Einlauf wird Albargin 3,0, Mucilago Tragacanthae 8,0, Aquae fontis 280,0 gegeben (Almkvist). Wirksamer sind Mastdarmspülungen mit Protargol 1 : 1000, Argentum nitricum 1 : 2000 oder Kalium permanganicum 1 : 5000, die mittels Irrigator oder Rohrrücklaufkatheter täglich ausgeführt werden. Auch 10%ige Protargolvaseline auf 45° erwärmt und im flüssigen Zustand eingespritzt gibt gute Erfolge. Ulzerationen und Fissuren werden durch Suppositorien mit Ichthyol oder durch Argentum nitricum-Salbe behandelt. Abszesse und Fisteln sind zu spalten. Für die Behandlung der Strikturen kommt Bougierung, Exzision und bei sehr schweren Fällen die Colostomie in Betracht.

IX. Gonorrhoische Metastasen

Der Gonococcus kann ebenso wie der Erreger der eitrigen Wundinfektion vom Genitale aus auf dem Wege der Blut- und Lymphbahnen in benachbarte oder vom primären Herd entfernt liegende Stellen des Körpers verschleppt werden, wobei gleichfalls die Venen und Lymphgefäße des Plexus spermaticus den Ausgangspunkt bilden. Der Übergang der Gonokokken in den allgemeinen Kreislauf führt aber nur selten zu einer septischen Allgemeininfektion. In den meisten Fällen gelangen die Gonokokken nur vorübergehend in die Blutbahn, wie Züchtungsversuche aus dem Blute ergeben. Diese Gonokokkämie ruft nur geringe

Allgemeinerscheinungen wie Kopfschmerzen, Abgeschlagenheit, Fieber, Muskel- oder Gelenkschmerzen hervor, die jedoch wahrscheinlich auf Toxine zurückzuführen sind, die beim Zugrundegehen der Gonokokken infolge der Schutzkräfte des Blutes frei werden. Manchmal führt dieselbe jedoch zu einer Ablagerung und Ansiedlung von Gonokokken in entfernten Organen des Körpers, woselbst aber die spezifischen Keime auch meist bald verschwinden oder anderen sekundär eingewanderten Keimen, wie Staphylokokken oder Streptokokken den Platz räumen. Die Tatsache, daß bei Gonorrhoe im metastatischen Herde nur selten Gonokokken gefunden werden, hat zur Annahme geführt, daß auch die Anschwemmung von Gonokokkentoxinen allein Krankheitserscheinungen in den betreffenden Organen hervorrufen kann. Die metastatische Ansiedlung der Gonokokken erfolgt meist erst im subakuten und chronischen Stadium des Trippers, obwohl auch eine rasche Verschleppung kurz nach der frischen Infektion im Bereich der Möglichkeit liegt. Die Ursache für die meist erst in einem späteren Zeitpunkt der primären Infektion erfolgte Keimverschleppung liegt in der Tatsache, daß die Infektion sich anfänglich nur in der Schleimhaut abspielt und erst später in die subepithelialen Gewebsschichten eindringt, von wo aus sie in die Blut- oder Lymphbahn gelangen kann. Die Metastasen können auch erst in einem Zeitpunkt auftreten, in dem in den Genitalien keinerlei Erscheinungen der Gonorrhoe mehr nachweisbar sind. Ein auslösendes Moment für das Zustandekommen von Metastasen scheinen nicht selten Traumen abzugeben. So sehen wir nach Reiten, Tanzen, Kohabitation, forcierten Injektionen oder Abrasio mucosae Metastasen auftreten. Jedenfalls werden sie bei der Frau seltener als beim Manne beobachtet. Auch Menstruation, Geburt und Fehlgeburt begünstigen den Übertritt der Gonokokken in die Blutbahn.

Arthritis gonorrhoica (Tripperrheumatismus). Am häufigsten setzen wohl die in die Blutbahnen verschleppten Gonokokken Metastasen in den Gelenken. Ghon, Schlagenhaufer und Finger ist es zuerst gelungen, Gonokokken aus den Gelenken rein zu züchten. Die Arthritis ist meist nur auf ein Gelenk beschränkt, kann aber auch polyartikulär vorkommen. Am meisten bevorzugt von den Gelenken sind das Knie- und Handgelenk. Die gonorrhoische Gelenkserkrankung tritt in den verschiedensten Formen als Hydrops, Empyem oder Kapselphlegmone mit deren Folgezuständen, einer Ankylose oder Synostose, auf. Meist bleibt es nur bei einer serofibrinösen Exsudation im Gelenk (Hydrops, Synovitis gonorrhoica). Diese Erkrankung ist durch Schmerz, der sich besonders beim Streckversuch äußert und durch gleichmäßige Schwellung des Gelenkes charakterisiert. Bei Synovitis gonorrhoica des Kniegelenkes ist auch das Symptom der tanzenden Patelle nachweisbar. Stets ist das Allgemeinbefinden bei den Gelenkserkrankungen gestört. Der weitere Verlauf ist langwierig. Manchmal kommt es bei unrichtiger Behandlung zu Vereiterung des Gelenkinhaltes oder der Kapsel mit Versteifung des Gelenkes. Auch einfache Neuralgien im Bereich der Gelenke ohne jede örtliche Veränderungen werden beob-

achtet. Durch besonders schleichenden Verlauf ist die Spondyl-
arthritis gonorrhoica gekennzeichnet, bei der es zu Ankylosierung
der Wirbelsäule infolge von Ossifikation der intervertebralen Bandscheiben
kommt.

Bei der Diagnose der gonorrhoischen Arthritis ist stets auf den
Nachweis von Gonokokken im Genitale zu achten. Auch die Vakzine-
provokation hat diagnostischen Wert. Eine Probepunktion soll nur bei
exsudatreichen Fällen mit einer feinen Nadel vorgenommen werden.
Färberische oder kulturelle Untersuchung des Exsudates führt jedoch
keineswegs immer zu einem sicheren Befund, da in einem Teil der Fälle
Gonokokken nicht nachweisbar sind oder sich statt derselben Staphylokokken oder Streptokokken finden, die sich sekundär dazugesellt haben.
Einen gewissen diagnostischen Hinweis auf gonorrhoische Herkunft der
Gelenkserkrankung scheint auch die Unwirksamkeit der Salizylpräparate
zu geben. Die Prognose ist keineswegs immer günstig zu stellen, da im
Gefolge der Gelenkserkrankung oft schwere Funktionsstörungen der Gelenke zurückbleiben und sogar manchmal die mit dem Tripperrheumatismus einhergehende Endocarditis zum Tode führt. Die Behandlung
der einfachen Gelenkserkrankung besteht zuerst in Ruhigstellung des
Gelenkes durch Verband, Hyperämisierung durch Heißluft, Moorpackung, Thermophor oder Stauung. Bald jedoch müssen passive
Bewegungen des Gelenkes begonnen werden. Nebenher gehen intravenöse
Injektionen mit Silberlösungen, Proteinkörpern oder Vakzine. Bezüglich
der Behandlung komplizierter gonorrhoischer Gelenkserkrankungen ist
auf die chirurgischen Lehrbücher zu verweisen.

Tendovaginitis gonorrhoica, Bursitis gonorrhoica. Auch die Sehnen,
Sehnenscheiden und Schleimbeutel können von der gonorrhoischen
Infektion befallen werden, häufig im Zusammenhang mit dem Gelenk.
Von ersteren erkranken am häufigsten die Strecksehnen der Hände und
Füße, besonders der Extensor digitorum communis und Flexor policis,
von letzteren die Schleimbeutel des Kniegelenkes und Fußes. Bei der
gonorrhoischen Achillodynie oder Talalgie kommt es zur Ent-
zündung des Ansatzes der Achillessehne, der Bursa tendinis calcanei
Achillis und der Bursa subcutanea calcanea.

**Myositis gonorrhoica, Abscessus gonorrhoicus subcutaneus,
gonorrhoische Phlegmone.** Ebenso wie bei der puerperalen Sepsis werden
bei der gonorrhoischen Allgemeininfektion Infiltrate in der Muskulatur und im Unterhautzellgewebe beobachtet, die manchmal zur
Abszedierung führen. So hat Trogu an der Innenseite der Ober-
schenkelmuskulatur und Wischer im Unterhautzellgewebe in der Nähe
des Genitales bei einem mit einer akuten Gonorrhoe behafteten Mädchen
einen Abszeß beschrieben, in dessen Eiter durch Färbung und Kultur
Gonokokken nachgewesen wurden. Die Metastasierung in letzterem
Falle dürfte wahrscheinlich auf dem Lymphweg erfolgt sein.

Periostitis gonorrhoica, Osteomyelitis gonorrhoica. Auch im
Periost und Knochenmark wurden durch Punktion Gonokokken
nachgewiesen (Ghon, Schlagenhaufer, Finger, Ullmann).

Endocarditis, Pericarditis, Myocarditis, Thrombophlebitis gonorrhoica. Eine große Bedeutung bei der gonorrhoischen Septikämie hat die Erkrankung des Endokards, die häufig gleichzeitig mit einer Erkrankung des Myo- und Perikards einhergeht und zu schweren Veränderungen an den Klappen führen kann (Finger, Ghon, Schlagenhaufer). Häufig geht die Endocarditis mit Arthritis gonorrhoica einher, wenn auch das Herz ohne diesen Nebenherd erkranken kann. Der Verlauf der Endocarditis gonorrhoica ist meistens gutartig, kann aber auch durch schwere Allgemeinsymptome, hohes Fieber von septischem Charakter, Kräfteverfall, sowie durch Herzgeräusche, Herzerweiterung und bleibende verrukös-ulceröse Veränderungen an den Herzklappen charakterisiert sein. Da es auch bei der Endocarditis nach gonorrhoischer Infektion häufig nicht gelingt, im Erkrankungsherd Gonokokken nachzuweisen, so nimmt man vielfach an, daß diese bei Gonorrhoe sich einstellenden Endocarditiden vielfach nicht durch Gonokokken, sondern durch Sekundärinfektion mit Sepsis erzeugenden Keimen hervorgerufen sind. Die Endocarditis ist eine sehr seltene Komplikation der Gonorrhoe, hat häufig Klappenfehler zur Folge und kann auch rasch tödlich ausgehen. Außer den Herzklappen können auch das Myocard (His, Hübschmann) und die Intima der Aorta erkranken. Vielfach sind bei Pericarditis, die in Verbindung mit Endocarditis oder auch selbständig auftreten kann, Gonokokken im Exsudat nachgewiesen worden (Thayer u. a.). Embolische Infarkte werden manchmal in Milz und Nieren, ausnahmsweise in Gehirn und Lunge beobachtet. Auch in der Arteria brachialis und cruralis kann es zu embolischem Gefäßverschluß durch Gonokokken mit nachfolgender Gangrän kommen. Letztere Metastasen gehören mehr zum Bilde der allgemeinen Septikämie.

Das Vorkommen einer gonorrhoischen Phlebitis ist nur auf Grund des Nachweises von Gonokokken in vereiterten Thromben größerer Venen als gesichert anzusehen. So wurden im Eiter eines Thrombus der rechten Vena femoralis ausschließlich Gonokokken nachgewiesen (Socin). Auch Thrombosen der Vena iliaca communis und der Venae iliacae internae wurden bei der Sektion eines mit frischer Gonorrhoe behafteten Mädchens gefunden.

Pleuritis gonorrhoica, Infarctus pulmonum gonorrhoicus. Ebenso wie in Endocard, Synovia und anderen serösen Häuten kann es im Verlaufe einer Gonorrhoe zu einer exsudativen Entzündung des Rippenfelles kommen. Die Pleuritis gonorrhoica (Finger, Mazza u. a.), die nur sehr selten vorkommt, sich aber durch nichts von den Pleuritiden anderer Herkunft unterscheidet, darf nur auf Grund des Nachweises von Gonokokken im Rippenfellerguß diagnostiziert werden. In seltenen Fällen ist auch die Lunge selbst in Form von hämorrhagischen Infarkten oder pneumonischen Herden beteiligt, wobei Gonokokken allein oder zusammen mit anderen Keimen im Sputum nachgewiesen wurden (Thayer und Lazear, Finger, Ghon und Schlagenhaufer).

Gonorrhoische Erkrankungen des Nervensystems. Als zentrale Affektion nach Gonorrhoe ist die Meningitis spinalis und Myelitis transversalis beschrieben worden (Leyden). Erkrankungen peripherer Nerven auf gonorrhoischer Grundlage dürften sehr selten vorkommen und können kaum mit Sicherheit als solche diagnostiziert werden. Immerhin sind derartige Erkrankungen als Ischias gonorrhoica und Polyneuritis gonorrhoica bekannt. Auch Chorea ist nach Endocarditis gonorrhoica beobachtet und auf Gonorrhoe bezogen worden.

Gonorrhoische Erkrankungen der Sinnesorgane. Als gonorrhoische Metastase, die auf dem Blutwege im Gefolge von Genitalgonorrhoe entsteht, kommt nur die Otitis media und Iritis gonorrhoica vor. Die Conjunctivitis gonorrhoica dagegen kommt durch direkte Übertragung zustande. Auch die als Metastasen beschriebenen gonorrhoischen Infektionsherde in Nase, Mundhöhle, Rachen und Kehlkopf dürften nicht von einem entfernten Krankheitsherd ausgehen, sondern sind mit größter Wahrscheinlichkeit als Kontaktinfektionen aufzufassen (Schlitter). Dagegen scheinen in der Wangenspeicheldrüse Metastasen (Parotitis gonorrhoica postoperativa) vorzukommen.

Gonorrhoische Hauterkrankungen. Auch verschiedene Hauterkrankungen werden als Folge von Gonokokkenembolie aufgefaßt. Die bei der Gonorrhoe vorkommenden Exantheme und Pyodermien sind jedoch wahrscheinlich keine Metastasen, sondern bakteriotoxisch oder chemotoxisch bedingt. So können dieselben auch durch bestimmte Balsamica oder andere Medikamente hervorgerufen werden. Einen innigeren Zusammenhang mit der gonorrhoischen Infektion scheinen die Hyperkeratosen zu haben, welche an Stamm, Extremitäten, besonders Handteller und Fußsohle gefunden werden. Ulcera der Haut dürfen auch nur dann als gonorrhoisch aufgefaßt werden, wenn Gonokokken in denselben nachgewiesen werden.

Sepsis gonorrhoica. Die Tatsache, daß die Ausschwemmung von Gonokokken in die Blutbahn meist nur zu Metastasen in vereinzelten Organen führt, ist wahrscheinlich darauf zurückzuführen, daß die Keime im Blut rasch zugrunde gehen. Immerhin werden auch septische Allgemeininfektionen durch Gonokokken verursacht, die ungefähr ein halbes Prozent aller Sepsisfälle ausmachen (Jochmann). Fälle von Gonokokkensepsis wurden nach Urethritis, Vestibulitis, Endometritis, besonders nach Geburt, Fehlgeburt, Menstruation oder Abrasio mucosae beobachtet. Auch bei der Gonokokkensepsis spielen häufig andere Bakterien in Form einer Misch- oder Sekundärinfektion eine Rolle. Das Krankheitsbild derselben, welches den septikämischen Erkrankungen anderer Herkunft vollkommen gleicht und sich nur durch den Nachweis von Gonokokken im Blut unterscheidet, ist gleichfalls ein sehr mannigfaches. Unter den dabei vorkommenden Metastasen finden sich am häufigsten Erkrankungen des Endocards und Peritoneums. Die Behandlung besteht hauptsächlich in der intravenösen Injektion von Silberpräparaten oder Vakzine.

Transplazentare Infektion. Schließlich besteht auch die Möglichkeit, daß die Frucht bereits intrauterin auf dem Wege der Blutbahn mit Gonokokken infiziert wird (transplazentare Infektion). So kann die Metastasierung der mütterlichen Gonokokken in das Ei durch Nachweis

von Gonokokken in der Gelenksflüssigkeit Neugeborener nachgewiesen
werden (Royeton, Pritzi).

X. Übertragung der Gonorrhoe auf das Kind
Ophthalmoblennorrhoe (Augentripper)

Übertragung. Bei der Übertragung des Trippereiters von der Mutter
auf das Kind erkrankt fast ausschließlich die Bindehaut des neugeborenen Kindes unter dem Bilde der seit dem Altertum bekannten
Ophthalmoblennorrhoea neonatorum. Die Infektion kann bereits
vor der Geburt intrauterin erfolgen, wenn bei sehr langdauernden
Geburten durch wiederholte Untersuchung Keime in den Uterus und
dadurch in den Bindehautsack der Frucht verschleppt werden. Bei
dieser Art der Infektion treten die Krankheitserscheinungen noch vor
Ablauf der zweitägigen Inkubationszeit unmittelbar nach der Geburt
auf oder sind bei der Geburt schon vorhanden. Meist hat in diesen Fällen
ein vorzeitiger Blasensprung stattgefunden. Nach demselben wird wahrscheinlich das Fruchtwasser infiziert, das noch in der Gebärmutter durch
die Lidspalten in die Augen eindringt (Haußmann). Diese seltene,
intrauterin erworbene Conjunctivitis gonorrhoica verläuft
fast stets besonders bösartig. Zuweilen wurde schon am eben geborenen
Kind ein Ulcus corneae gefunden (v. Reuß). Nach vorzeitigem Blasensprung wurde auch beim Kaiserschnittkind Ophthalmoblennorrhoe beobachtet (Neumann).

In der Mehrzahl der Fälle erfolgt die Infektion während der
Geburt, besonders bei verzögerter Geburt, wenn der Kopf durch lange
Zeit in den gonokokkenhältigen unteren Geburtswegen verweilt. Wenn
die Ophthalmoblennorrhoe erst am fünften Lebenstage auftritt, so handelt
es sich immer um eine Spätinfektion nach der Entbindung. Dieselbe kommt dann durch Übertragung von gonokokkenhältigem Lochialsekret der Mutter oder von gonokokkenhältigem Sekret des erkrankten
Auges eines anderen Kindes zustande. Meist erkrankt zuerst ein Auge,
doch wird die Erkrankung desselben meist auch auf das andere Auge
übertragen. Bei der Infektion erkrankt sowohl die Conjunctiva palpe-
brarum, als auch die Conjunctiva bulbi. Auch in einer Kapillare der
letzteren wurden Gonokokken nachgewiesen (Elschnig).

Symptome. Die Krankheitszeichen bestehen in einer starken Rötung
und Schwellung der Lidbindehaut, Absonderung einer anfänglich
wäßrig-gelben Flüssigkeit, die sich später in ein eitriges Sekret verwandelt. Anfänglich ist das Sekret durch Blutungen der Bindehaut
leicht hämorrhagisch. Das akute Stadium dauert drei bis sechs Tage.
Bei unkomplizierten Fällen und richtiger Behandlung tritt in drei bis
acht Wochen Heilung ein. Unter Umständen können die Entzündungserscheinungen viel heftiger verlaufen und es kann auch zu diphtheritischen
Belägen der Lidbindehaut kommen. Wenn es jedoch zur Affektion der

Hornhaut kommt, so entstehen zunächst Infiltrationen derselben, die auch zur Geschwürsbildung und Perforation und damit zur Erblindung führen können. Die Hornhauterkrankung tritt gewöhnlich zwischen dem dritten und vierzehnten Krankheitstage auf. Nach den zahlreichen vorliegenden Statistiken beträgt der Anteil der Ophthalmoblennorrhoea neonatorum an der Blindheit 10%. Im Anschluß an Augentripper wurden auch einige Male Gonokokkensepsis (Muray, Bremer) und Arthritis (Hock, Finger, Ghon und Schlagenhaufer) beobachtet. Infektion der Nasenschleimhaut, die auf dem Wege des Tränennasenganges erfolgt, wurde von Nobel beschrieben.

Prognose und Verlauf. Die Ophthalmoblennorrhoe der Neugeborenen und Kinder verläuft bei entsprechender Behandlung im Gegensatze zu Conjunctivitis gonorrhoica bei Erwachsenen meist nicht so schwer. Schlecht genährte oder mit anderen Krankheiten behaftete Kinder sind wesentlich mehr gefährdet. Wenn der Infektionsprozeß günstig abläuft, so kommt es nur selten zur Narbenbildung in der Bindehaut. Nach Perforation der Cornea kann es zu Staphylom, Panophthalmie oder vorderen Synechien kommen.

Diagnose. Die Diagnose ist leicht, da der Erreger fast immer nachweisbar ist. Auch ein steriles, eitriges Sekret weist mit einiger Wahrscheinlichkeit auf Gonorrhoe hin. Differentialdiagnostisch kommt Micrococcus catarrhalis (v. Herff), Staphylo- und Streptococcus, Bakterium coli, Pneumokokken und Pyozyaneus in Frage. Besonders wichtig aber ist die Unterscheidung von der sogenannten Einschlußblennorrhoe (Halberstätter und Provazek), bei der es sich um eine frühzeitig auftretende, eitrige Conjunctivitis handelt, in deren Sekret sich Chlamydozoen finden, die auch beim Trachom vorkommen und mittels Giemsafärbung nachgewiesen werden. Schließlich kann auch der sogenannte Argentumkatarrh nach prophylaktischer Augeneinträufelung verwechselt werden.

Behandlung. Da die Behandlung des Auges verhältnismäßig schwierig ist und oft vorgenommen werden muß, so ist zur erfolgreichen Durchführung derselben geschultes Wartepersonal unbedingt notwendig. Am besten geschieht die Behandlung in einem Krankenhaus. Undurchführbar ist die ambulante Behandlung in der Sprechstunde. Das Wesen der Behandlung besteht einerseits in der Fortschaffung des eitrigen Sekretes, da bei Stauungen desselben Hornhautentzündung entstehen kann und anderseits in desinfizierenden Maßnahmen. Die Spülungen werden halbstündlich mit Hilfe einer Bürette oder eines Tropfgläschens durchgeführt. Als Spülflüssigkeit wird Kalium hypermanganicum 1:3000, Argentum nitricum 1:5000 oder Kochsalzlösung verwendet. Außer diesen Spülungen soll die erkrankte Bindehaut ein- bis zweimal täglich mit 1:100 Lapislösung oder 5:100 Protargollösung tuschiert werden. Die Lösung kann auch mittels eines Pinsels auf die ektropionierten Lider gestrichen werden. Nach diesen Ätzungen wird die Bindehaut zur Neutralisierung mit physiologischer Kochsalzlösung berieselt.

Außerdem ist es notwendig, auf die geschwollenen und geröteten

Lider kühle Leinwandkompressen aufzulegen. Beim Wechseln derselben soll das aus dem Bindesack hervorquellende Sekret mit einem Wattebausch vorsichtig entfernt werden. Bei Erkrankung nur eines Auges kann man das gesunde Auge dadurch schützen, daß letzteres durch einen Okklusivverband gedeckt wird. Derselbe hat jedoch den Nachteil, daß unter demselben Reizerscheinungen der Haut und der Bindehaut auftreten. Prophylaktisch wird das gesunde Auge täglich mit einer 1:100 Argentum nitricum-Lösung eingeträufelt. Komplikationen von seiten der Hornhaut müssen stets von Augenärzten behandelt werden. Vakzine- und Proteinkörpertherapie haben sich hier nicht besonders bewährt.

Vorbeugung. Die Vorbeugung besteht in der Aufklärung der Eltern und Hebammen über die Bedeutung der Gonorrhoe, in der Behandlung der schwangeren Frauen durch antiseptische Spülungen der Scheide und der Harnröhre und hauptsächlich in antiseptischer Behandlung der Conjunctiva unmittelbar nach der Geburt. Eine wirksame Prophylaxe wurde durch Credé 1884 eingeführt. Das Verfahren besteht darin, daß die Bindehaut des Neugeborenen unmittelbar nach der Geburt mit 2:100 Argentum nitricum-Lösung eingeträufelt wird, gleichgültig, ob bei der Mutter ein Verdacht auf Gonorrhoe vorliegt oder nicht. Während vor der Einführung der Credéisierung 5 bis 10% der Kinder an Ophthalmoblennorrhoe erkrankten, traten nach Einträufelung nur mehr 0,1 bis 1% Erkrankungen auf (Credé, Dimmer). Credé gibt folgende Vorschrift an: Die Augen des Kindes noch vor dem Bade mit reinem Wasser abwaschen, die Lider öffnen und mittels Glasstäbchen einen Tropfen einer 2:100 Argentum nitricum-Lösung in den Bindehautsack einträufeln. Heute wird meist statt des Glasstabes ein Tropfglas verwendet. Die Einträufelung wird am besten noch vor der Abnabelung vorgenommen. In Abänderung dieser Vorschriften wurde wegen der Argentumkatarrhe auch 1:100 Lapislösung verwendet, ferner 10:100 Protargol (Veverka), 2:100 Collargol (Legrand), 1 bis 2:100 Argentum aceticum (Thieß). 5:100 Sophol (v. Herff). Die Vermeidung der Spätinfektionen ist in Anstalten durch Absonderung augenkranker Kinder, durch Belehrung der Mütter über die Gefahr des gonokokkenhaltigen Wochenflusses zu erreichen. Bei Erkrankung des einen Auges ist das andere dadurch zu schützen, daß das gesunde Auge durch einen Schutzverband abgedeckt wird und das Kind auf die Seite des erkrankten Auges gelegt wird, damit das eitrige Sekret nicht über das gesunde Auge fließen kann.

Vulvovaginitis infantum gonorrhoica

Häufigkeit. Beim Kind zeigt sich der Tripper am häufigsten in Form der Vulvovaginitis, deren wesentliche Merkmale der eitrige Ausfluß aus der Scheide und die Entzündungserscheinungen an Vulva, Vorhof und Scheide sind. Die Krankheit ist ziemlich verbreitet. Stümpke sah am Stadt-Krankenhaus in Hannover innerhalb sieben Jahren 179 derartige Erkrankungen. Die Krankheitserscheinungen werden in der überwiegenden Mehrzahl der Fälle durch den Gonococcus hervorgerufen. In einer Minderzahl von ungefähr zwanzig vom Hundert lassen sich Gonokokken nicht nachweisen (Mattissohn). In manchen Fällen von negativem Gonokokkenbefund dürfte es sich um einen blanden Nachkatarrh ähnlich den postgonorrhoischen Urethritiden beim Manne handeln. Diese nicht gonorrhoischen Vulvovaginitiden können ferner bedingt sein durch Micrococcus catarrhalis (Smith) Streptokokken (Slingenberg u. a.), Colibazillen, Diphtheriebazillen, ferner durch Oxyuren oder Fremdkörper. Scheidenausfluß bei Neugeborenen kann auch auf Vulvovaginitis desquamativa (Epstein, Hansemann) beruhen. Auch bei Anämie, Skrophulose oder exsudativer Diathese junger Mädchen kommt es zu Fluor. Als Folge des Hautjuckens bei starkem Ausfluß wird nicht selten Masturbation beobachtet. Die Kindergonorrhoe kommt hauptsächlich zwischen dem zweiten und siebenten Lebensjahre vor, wird jedoch auch hie und da bei Neugeborenen beobachtet (Koblank).

Übertragung. Bei dem langsamen Durchtritt der Frucht bei Beckenendlagen durch die infizierten mütterlichen Geburtswege kann das Genitale der weiblichen Frucht infiziert werden. Dem Stuprum kommt im allgemeinen nur eine unbedeutende Rolle zu. Viel häufiger kommen durch das gemeinsame Schlafen mit tripperkranken Eltern und Geschwistern, Benützung der gleichen Waschgelegenheiten und des gleichen Badewassers Infektionen zustande. Auch durch Abort- oder Nachtgeschirre können Tripperkeime übertragen werden, ebenso durch infizierte Bett- und Leibwäsche, Handtücher oder Thermometer. Kinder besser situierter Kreise erkranken häufig durch das tripperkranke Dienstpersonal. Verhältnismäßig häufig sind auch in Krankenanstalten Endemien von Vulvovaginitis vorgekommen. Daß gerade bei jungen Mädchen auf der Haut der Scham, des Vorhofs und der Scheide Gonokokken sich leicht ansiedeln können, hat darin seinen Grund, daß das Epithel sehr zarte Zellen aufweist, die kaum verhornt und sehr sukkulent sind, vielleicht auch darin, daß die normale Flora der Vagina nicht so vollkommen entwickelt ist.

Symptome. Das Krankheitsbild besteht in der Rötung und Schwellung der äußeren Geschlechtsteile, die mit eingetrocknetem eitrigen Sekret bedeckt sind. Manchmal erstreckt sich die entzündliche Veränderung auch bis zu den Schenkelbeugen. Häufig zeigen auch die Leistendrüsen Schwellung, die sich jedoch bald zurückbildet. Nach dem Entfalten der kleinen Schamlippen zeigt sich starke Rötung der Vorhofschleimhaut und eitrige Sekretion aus der Scheide. Nicht gar so selten tritt die Entzündung der großen Vorhofdrüsen (Adenitis glandularum vestibularum majorum) als Komplikation der Vulvovaginitis auf (Mattissohn). Es handelt sich dabei meistens um Pseudoabszesse, die fast nie zu einer eitrigen Einschmelzung führen. Die subjektiven Beschwerden der Vulvovaginitis sind meist gering. Weniger Juckreiz, Harndrang und Beschwerden beim Gehen machen auf die Erkrankung aufmerksam als die gelben Flecke in der Wäsche. Temperaturanstiege bis 38 Grad werden nur selten und höchstens in den ersten Wochen beobachtet.

Verlauf. Der Verlauf ist sehr hartnäckig. Wenn auch der Ausfluß meist schon nach einigen Wochen aufhört, so zeigt die gewissenhafte mikroskopische Kontrolle einen ungemein langwierigen, durch häufige Rezidiven gestörten Verlauf, so daß Heilung gewöhnlich erst nach drei bis acht Monaten, in manchen Fällen auch noch später eintritt. Ausnahmsweise kommt auch Spontanheilung vor. Abgesehen von der langen Dauer der Vulvovaginitis und deren Neigung zu Rückfällen ist die Prognose nicht so ungünstig zu stellen, da dieselbe doch verhältnismäßig selten zu Aszension und Sterilität führt.

Diagnose. Die Diagnose der Vulvovaginitis ist meist leicht zu stellen, da sich im Scheideninhalt die Gonokokken wenigstens am Anfange meist in Reinkultur finden.

Behandlung. Die Behandlung besteht auch hier gleichfalls in allgemeinen und örtlichen Maßnahmen. Bei frischer Vulvovaginitis sind in den ersten Wochen Bettruhe und Bäder zu empfehlen. Sitzbädern wird am besten Kleie oder Kalium hypermanganicum zugesetzt. Vorerst sollen Salben, wie Zinksalbe, 3% Borsalbe oder Lanolin aufgelegt werden. Erst wenn die Entzündungserscheinungen nach ein bis zwei Wochen zurückgegangen sind, soll mit örtlichen Spülungen der Scheide und der häufig mitbeteiligten Harnröhre begonnen werden. Die Spülungen machen wir mit Hilfe des von mir angegebenen, dünnen Silberkatheters, wobei aus einer 10 ccm fassenden Hartgummispritze die Spülflüssigkeit zuerst langsam in die Scheide instilliert und dann die Vorhofschleimhaut berieselt wird. Nach der Spülung überzeugen wir uns immer durch Pressenlassen der Patientin, daß das Desinfiziens abfließt. Nach einigen Minuten Rückenlage erhält das Kind eine Vorlage, die mit Hilfe einer Menstruationsbinde festgehalten wird. Die Spülung kann auch mit Nélaton- oder Janet-Katheter oder mit einer gewöhnlichen Tripperspritze gemacht werden. Als Spülflüssigkeit verwenden wir abwechselnd 1 bis 5:100 Argentum nitricum-Lösung, 1 bis 5:100 Protargol- oder Hegenonlösung. Selbstverständlich können auch alle anderen in der Gonorrhoebehandlung üblichen Silberpräparate, in späterer Zeit auch Kalium hypermanganicum 1:3000, 50%ige Chlorzinklösung, ein Kaffeelöffel auf ein Liter Wasser, verwendet werden. Die Vulvitis selbst heilt unter Reinhaltung der äußeren Geschlechtsteile und Behandlung des Scheidenkatarrhs von selbst ab. Im allgemeinen ist eine antigonorrhoische Behandlung nicht notwendig. Vielfach ist es üblich, nach der Behandlung medikamentöse Stäbchen wie Gonostyli einzulegen oder auch Gazestreifen, die mit Alaun oder einer Mischung von Argentum nitricum 1,0, Bismutum 9,0, Talcum pulveratum 100,0 (Lesser) getränkt werden, einzuführen. Auch 10:100 Ichthyolglyzerin oder Tanninglyzerin kann hiezu verwendet werden. Spülung und Salbenbehandlung soll täglich wenigstens einmal durchgeführt werden. Da die Aufnahme in eine Anstalt, sowie der tägliche Besuch der ärztlichen Ordination meist nicht durchführbar ist, ergibt sich häufig die Notwendigkeit, die Behandlung wenigstens nach Ablauf der akuten Erscheinungen den Angehörigen oder einer Pflegerin zu übergeben. In diesen Fällen werden am besten Spülungen durch den Nélaton-Katheter oder Einführung von medikamentösen Stäbchen gemacht. Wenn der Ausfluß geschwunden ist, setzen wir eine Woche mit der Behandlung aus und machen dann ein Abstrichpräparat auf Gonokokken. Erst wenn sich nach mehrmaliger Untersuchung und Provokation keine Gonokokken mehr finden, darf der Fall als geheilt betrachtet werden. Vakzinebehandlung ist in allen Fällen besonders im chronischen Stadium neben der örtlichen Behandlung anzuwenden. In den Fällen, die wir mit Vakzine behandelt haben, wurde Arthigon intramuskulär gegeben. Die Heißbäderbehandlung nach Weiß wird in der Weise angewendet, daß an mehreren aufeinanderfolgenden Tagen ein Heißbad von 41 bis 43° durch eine Stunde genommen wird. Vorbedingung für diese Behandlung ist eine strenge Überwachung des Kindes im Bade, da Herzkollaps vorkommen kann. Wenn auch die großen Erwartungen mit dieser Fieberbehandlung nicht erfüllt worden sind, so lassen wir doch in jedem Falle regelmäßig wenigstens warme Bäder geben und sehen davon gute Wirkung. Auch Diathermie wird zur Behandlung herangezogen, indem eine Elektrode auf die Unterbauchgegend, die andere auf das Kreuzbein durch eine halbe Stunde appliziert wird (Stümpke). Da die Erfolge bei der Anstaltsbehandlung stets bessere sind und da im Hause die Kinder die Infektion weiterverbreiten können, so ist wenigstens für das akute Stadium die Anstaltsbehandlung der häuslichen vorzuziehen.

Vorbeugung. Bei dem Verdachte einer gonorrhoischen Erkrankung der Mutter soll das neugeborene Kind gebadet und nachher die Vulva mit 2:100 Argentum nitricum-Lösung eingeträufelt werden (Epstein). Bei allen Verrichtungen im Wochenzimmer ist stets zuerst das Kind und dann erst die Mutter zu versorgen. Um einer Erkrankung im späteren Lebensalter vorzubeugen, sind tripperkranke Männer und Frauen aufmerksam zu machen, daß sie Kinder infizieren können. Da die Erkrankung auch von Kind zu Kind übertragen werden kann, so ist beim Spielen erkrankter Kinder mit gesunden gewisse Vorsicht am Platze.

Sonstige Erkrankungsherde

Urethritis. Die Tripperkrankung der Harnröhre ist so häufig, daß sie fast immer zum Krankheitsbild der Vulvovaginitis dazugehört, wenn auch meist längere Zeit vergeht, bis sie von der Infektion ergriffen wird. Urethritis allein kommt beim Kinde nicht vor. Die Diagnose auf Urethritis wird dadurch gestellt, daß durch den in den Mastdarm eingeführten Finger das Sekret aus der Harnröhre herabmassiert und auf Gonokokken untersucht wird. Selbstverständlich muß im Falle der Erkrankung auch die Harnröhre durch vorsichtige Spülungen behandelt werden.

Cystitis. Ob auch eine gonorrhoische Cystitis in Begleitung der Vulvovaginitis infantum auftreten kann, ist sehr fraglich, da bisher kein sichergestellter Fall vorliegt. Bei den Blasenkatarrhen, die im Verlaufe der Vulvovaginitis manchmal festgestellt werden, wurden Gonokokken niemals nachgewiesen.

Endometritis, Salpingitis. Ein Aufsteigen des gonorrhoischen Scheidenkatarrhs in die Cervix und das Corpus uteri wird verhältnismäßig selten beobachtet, wenn auch die Ansichten über die Häufigkeit sehr auseinandergehen, indem Pantoppidan unter 778 Fällen nur einmal ein Aufsteigen, Gaßmann dagegen wiederholt Gonokokken in der Cervix festgestellt hat. Das Fehlen des Kristellerschen Schleimpfropfens (Asch), die funktionelle Ruhe (Menge) und die geringe Blutversorgung des kindlichen Uterus (R. Schröder) verhüten wahrscheinlich das Aufsteigen in Uterus und Adnexe. Immerhin fanden Mucha, Dommasi u. a. in der Cervixschleimhaut zwar keine Gonokokken, aber oberflächliche und tiefe Infiltrate, die auf eine Miterkrankung der Cervix hinweisen. Scomazzoni, der mit einem Vaginoskop oder Urethroskop 100 Fälle von Vulvovaginitis untersuchte, fand im Cervixsekret meist Gonokokken. Das Aufsteigen der Gonorrhoe kommt demnach sicher vor. Manchmal werden Kinder unter der Diagnose Appendicitis operiert und es stellt sich bei der Operation eine gonorrhoische Salpingitis heraus (Sänger u. a.). Auch Atresie der Eileiter wird auf Aszendieren der Gonorrhoe nach Vulvovaginitis zurückgeführt (Asch). Für die aszendierte Gonorrhoe beim Kinde kommt in erster Linie Allgemeinbehandlung, wie Bettruhe, Umschläge, Bäder, allenfalls Diathermie und Vakzine in Betracht. Auch örtliche Behandlung mit Hilfe des Endoskops 25 bis 40 Charière wurde empfohlen (Gaßmann, Dommasi und Perrin). Uns erscheint dieselbe, wenigstens bei unverletztem Hymen und bei Kindern unter 10 Jahren eher gefahrvoll als nützlich.

Peritonitis. Im Anschluß an eine Vulvovaginitis kann es auch zum Aufsteigen der Gonorrhoe bis in das Bauchfell kommen. Die Bauchfellerkrankung geht meist zurück, kann aber auch zu einer diffusen Peritonitis führen (Stooß, Variot). Jedenfalls kommt es nur sehr selten zu einem ungünstigen Ausgang (Mattissohn, Pontoppidan). Im Anschlusse an die gonorrhoische Peritonitis kann es gelegentlich auch zu einer Sepsis kommen, die dann eine ungünstige Prognose ergibt. Auch im Anschluß an eine Ophthalmoblennorrhoe der Neugeborenen kann Sepsis auftreten (Brehmer).

Arthritis, Tendovaginitis, Endocarditis, Pleuritis. Wenn von einer Vulvovaginitis oder einer Ophthalmoblenorrhoe ausgehend die Gonokokken in die Blutbahn gelangen, so können dieselben Metastasen in Gelenken, Sehnenscheiden, Endokard oder Rippenfell machen. Die gonorrhoische Arthritis der Kinder ist in den meisten Fällen monoartikulär, kann jedoch auch mehrere Gelenke befallen, so das Knie-, Hand- und Fußgelenk oder das Hüft-, Kiefer- und Sternalgelenk. Daneben können auch Sehnenscheidenentzündungen an Hand und Fuß vorkommen. Nur sehr selten gehen bei richtiger Behandlung diese Gelenksentzündungen in Eiterung über. Die Behandlung dieser Fälle besteht in Packung, Ruhigstellung der Gelenke, Stauung und Wärmeanwendung. Die Vakzinebehandlung erzielt hier bereits im Beginne der Erkrankung sehr gute Erfolge. Auch Salol und Antipyretica werden empfohlen. Die Tripperendocarditis im Kindesalter ist eine sehr seltene Erkrankung (Hochsinger). Für die Diagnose sind weniger die örtlichen Erscheinungen als Zyanoseanfälle und Tachykardie charakteristisch (Lenepp).

Dermatitis. Nach Buschke besteht mit großer Wahrscheinlichkeit ein Zusammenhang zwischen gewissen Exanthemen und Gonorrhoe, doch kann in den bisher beschriebenen derartigen Fällen (Paulsen, Herrmann) es sich auch nur um ein zufälliges Zusammentreffen von Gonorrhoe und Hauterkrankung handeln, zumal bisher weder in Hauteffloreszenzen noch im Blut Gonokokken nachgewiesen wurden. Hautabszesse mit positivem Gonokokkenbefund im Eiter sind bei Kindern nachgewiesen (Gershel).

Stomatitis. Durch das Abfließen der infektiösen Tränenflüssigkeit durch den Tränenkanal bei Ophthalmoblennorrhoe kann eine Stomatitis gonorrhoica entstehen, desgleichen durch direktes Eindringen von Gonokokken in die Mundhöhle oder Auswischen derselben mit durch Gonokokken beschmutzten Fingern (Shriff). In diesen Fällen finden sich Beläge und stellenweise Ulzerationen in der Mundhöhle. Das Saugen der Kinder leidet darunter nur wenig.

Proctitis. Ebenso wie die Harnröhre, so erkrankt auch der Mastdarm bei der Vulvovaginitis infantum oft mit. Die Ansichten über die Häufigkeit sind sehr geteilt. Während die einen Autoren nur selten bei der Vulvovaginitis Rektalgonorrhoe nachwiesen (Mattissohn 2%, Buschke 8%, Flügge 20%, Lauber 35%), fanden andere sehr häufig Gonokokken (Stümpke 55,9%, Birger 73,1%, Blumenthal 100%). Die Verschiedenheit hängt offenbar davon ab, ob frische oder ältere Fälle untersucht werden. Der Verlauf der Rektalgonorrhoe beim Kind ist offenbar sehr verschieden, indem manchmal nach einigen Wochen die Gonokokken nicht mehr nachweisbar sind, während in anderen Fällen die Abstrichpräparate noch durch Monate hindurch positiv sind, auch wenn die Krankheitserscheinungen in Scheide und Harnröhre bereits abgeklungen sind. Im übrigen entspricht das klinische Bild vollkommen der Mastdarmgonorrhoe Erwachsener.

XI. Schlußbemerkungen

Heilung der Gonorrhoe

Wenn wir von Heilung der Gonorrhoe sprechen, so meinen wir damit, daß die Ansteckungsfähigkeit der infizierten Frau erloschen ist. Dabei können postgonorrhoische klinische Symptome noch weiter bestehen oder nicht. Die Heilung darf demnach nur ausgesprochen werden, wenn nach Aussetzen der Behandlung und nach physiologischer oder künstlicher Provokation bei wiederholter Untersuchung Gonokokken in den Sekreten nicht mehr gefunden werden. Wir verlangen wiederholte mikroskopische Untersuchung des Sekretabstriches nach der Regel und nach Provokation. Letztere wird in der Weise durchgeführt, daß durch drei Tage hindurch täglich Reizinstillationen mit Lugolscher Lösung und vom zweiten Tag an täglich Abstrichpräparate gemacht werden. Wenn diese negativ ausfallen, wird noch eine intravenöse Vakzineinjektion gemacht und daraufhin abermals der Abstrich aus Harnröhre und Uterus durch zwei Tage auf Gonokokken untersucht. In verdächtigen Fällen muß diese Prüfung mehrmals wiederholt und das Züchtungsverfahren auf künstlichem Nährboden herangezogen werden. Neuerdings scheint außer der Bakterioskopie und der Kultur auch einem serologischen Verfahren große Bedeutung zuzukommen, indem durch die Bordet-Gengousche Komplementbindung fast alle Fälle von Gonorrhoe, unabhängig von Ort, Stadium und Schwere der Erkrankung erkannt werden können. Während bei latenter Gonorrhoe die Reaktion trotz negativen Gonokokkenbefundes positiv ausfällt, bleibt bei tatsächlicher Heilung jede Bindung des Komplementes aus. Uns fehlen Erfahrungen mit dieser Reaktion. Wenn auch wiederholte Sekretuntersuchungen negativ ausfallen, ist das Gutachten mit einer gewissen Vorsicht und Einschränkung abzugeben. Bei Ausstellung von Zeugnissen soll immer darauf hingewiesen werden, daß nur derzeit keine Zeichen einer ansteckenden Geschlechtskrankheit vorliegen.

Provakation als diagnostisches Hilfsmittel

Nach längerem Bestehen der Gonorrhoe können im Sekretabstrich trotz wiederholter und gewissenhafter Durchsuchung keine Gonokokken mehr gefunden werden. Dieser negative Befund ist darauf zurückzuführen, daß die pathogenen Keime in den Falten, Drüsen, Krypten oder chronisch entzündlichen Infiltraten der Schleimhäute angesiedelt sind und beim einfachen Abstrich nicht an die Schleimhautoberfläche befördert werden. Wir dürfen uns jedoch mit einem derartigen Befund nicht zufrieden geben und müssen zu einem Verfahren greifen, durch das die Keime aus ihrem Versteck herausgeholt werden. Ein derartiger Eingriff, welcher bezweckt, die versteckten Gonokokken an die Oberfläche zu bringen und der Feststellung zugänglich zu machen, wird als Provokation bezeichnet.

Mechanische Provokation. Der Zweck kann durch mechanischen Druck auf die Schleimhaut erreicht werden, indem wir vor der Sekretentnahme die Harnröhre ausgiebig massieren, wobei wir die hintere Wand gegen die vordere oder gegen eine Harnröhrensonde, von der Scheide aus mit dem Zeigefinger von oben nach unten streifend, anpressen. Als Harnröhrensonden werden in Borglyzerin getauchte Uterusdilatatoren nach Hegar oder Harnröhrenstifte nach Dittel verwendet. Das erste Abstrichpräparat wird am besten sechs Stunden nach der mechanischen Provokation untersucht. Auch aus den Ausführungsgängen der großen und kleinen Vorhofdrüsen kann auf ähnliche Weise Sekret ausgepreßt werden. Bei der Gebärmutter ist diese Technik natürlich nicht angängig.

Thermische Provokation. Auch bei dem die Schleimhaut hyperämisierenden Verfahren kommt manchmal eine vermehrte Sekretausscheidung zustande. Hieher gehört die Anwendung von Hitze bei heißen Scheidenspülungen, Sitzbädern, Heißluft, Diathermie und Heizsonden.

Chemische Provokation. Wohl schon am längsten von allen Verfahren wird die chemische Provokation geübt. Schließlich ist jede gewöhnliche Behandlung mit adstringierenden und desinfizierenden Medikamenten zum Teil auch eine provozierende. Gewisse Medikamente gelten jedoch als besonders für die Provokation geeignet. So: Cuprum sulfuricum 2 : 100, Perhydrol (Scholtz) 10 : 100, Argentum nitricum-Lösung 2 : 100. Vielfach verwendet wird die Lugolsche Lösung (Jodi 1,0, Kalii jodati 2,0, Aquae 30,0), mit der fünffachen Menge Wasser verdünnt (Blaschko). Diese ätzenden Flüssigkeiten werden mittels Watteträger oder Spritze eingebracht, worauf bei Provokation der Harnröhrenschleimhaut der Harn durch mehrere Stunden angehalten werden muß. Der Präparatabstrich wird erst am folgenden Tage auf Gonokokken untersucht, bei der Harnröhre gleichfalls nach vorheriger mehrstündiger Zurückhaltung des Harnes vor der Sekretentnahme.

Biologische Provokation. Auch durch Einverleibung von Gonokokkenvakzine, Eiweißkörpern oder kolloiden Metallen kann eine vermehrte Sekretausschwemmung aus den Epithelien und damit ein Sichtbarwerden der Gonokokken im Sekret erzielt werden. Bei dieser biologischen Provokation machen wir uns für die diagnostischen Zwecke hauptsächlich die Herdreaktion zunutze, die einerseits in Sekretvermehrung und anderseits in Schmerzen am Orte der Erkrankung besteht. Während bei der offenen Schleimhautgonorrhoe die Sekretvermehrung auf die parenterale Einverleibung hin häufig die Diagnose auf Gonokokken ermöglicht, wird bei Adnextumoren die örtliche Schmerzhaftigkeit nach der Injektion diagnostisch verwertet. Bei der Vakzineprovokation wird z. B. 0,2 bis 0,3 Arthigon extrastark intravenös oder intramuskulär eingespritzt. Die Folge dieser Vakzination ist in erster Linie meist eine Ausschwemmung von frischen Leukozyten, die an sich schon bis zu einem gewissen Grade das Präparat gonorrhoeverdächtig machen, und in zweiter Linie eine Ausscheidung von Bakterien. Selbstverständlich gelingt diese Provokation keineswegs in allen Fällen, soll aber stets in zweifelhaften Fällen versucht werden. Da die Gewebsreaktion einige Stunden nach der Injektion am stärksten ist, wäre es richtig, zu diesem Zeitpunkt die Sekretuntersuchung vorzunehmen. Dies ist bei ambulatorischen Patienten nicht durchführbar und muß daher auf den folgenden Tag verschoben werden.

Ein weiteres Verfahren, auf dem Umweg über Blut- oder Lymphbahn eine Schleimhautprovokation am Orte der Erkrankung hervorzurufen, ist die parenterale Injektion von Proteinkörpern oder kolloiden Metallen. Von diesen kommen hauptsächlich Aolan, Caseosan, Collargol oder ähnliche Präparate in Betracht. Das Aolan verspricht nur bei intrakutaner Injektion ein verwertbares Ergebnis. Dasselbe kommt in Schachteln mit fünf Ampullen zu 1 ccm in den Handel. An der Streckseite des Unterarmes wird eine Hautfalte leicht abgehoben und eine feine Kanüle parallel in die Hautoberfläche in der Weise eingestochen, daß dieselbe innerhalb der Kutis bleibt. Daraufhin werden 0,2 bis 0,3 ccm Aolan langsam und unter geringem Drucke eingespritzt, so daß eine weiße Quaddel entsteht. Diese Quaddel muß sich scharf und ohne roten Hof von der Umgebung abgrenzen und fast senkrecht vorspringen. Wenn bei der Injektion ein Gegendruck fehlt, so ist die Subkutis durchstoßen und die Injektionsflüssigkeit verbreitet sich wirkungslos im subkutanen Gewebe. Es können auch zwei bis drei Quaddeln angelegt werden. In 8 bis 24 Stunden nach der Injektion ist die Harnröhre oder Cervix auf Gonokokken zu untersuchen, wobei auch die Leukozytenvermehrung als verdächtig anzusehen ist. Außer der Vermehrung der Leukozyten und Auftreten von Gonokokken im Sekret zeigt sich bei sicher Gonorrhoekranken auch an der Impfstelle meist eine durch Rötung, Schwellung, Infiltration und Jucken charakteristische Reaktion, welche nach ein bis zwei Tagen abklingt, während bei Nichtgonorrhoekranken diese Reaktion ausbleibt. Auf Caseosaninjektion verhält sich ungefähr in der Hälfte der Fälle das Abstrichpräparat vor und nach der Impfung gleich, und in der anderen Hälfte der Fälle findet sich eine Vermehrung von frischen Leukozyten, jedoch nur ausnahmsweise das Auftreten von Gonokokken (Nevermann). Infolge dieses Umstandes und der größeren Schmerzhaftigkeit eignet sich Caseosan weniger für provokatorische Zwecke.

Physiologische Provokation Als physiologische Provokation ist forner die Menstruation anzuführen, da bekanntermaßen die Ansteckungsfähigkeit der Sekrete bei der Frau vor, während und nach der Regel erhöht ist. Wenn auch das Abwarten der Menstruation häufig einen Zeitverlust bedingt, so ist diese Art der Provokation sehr bequem und verdient stets herangezogen zu werden. Auch nach Kohabitation und Alkoholexzeß sind in den Sekreten häufiger Gonokokken nachzuweisen.

Kombinierte Provokation. Schließlich kann auch eine kombinierte Provokation in Anwendung kommen, indem z. B. neben der örtlichen Reizinjektion oder neben der Sekretvermehrung zur Zeit der Regel gleichzeitig eine biologische Provokation durchgeführt wird. Wenn auch die angeführten Provokationsverfahren keineswegs allzuhäufig bei der latenten Gonorrhoe eine sichere Diagnose bringen, so sollen sie doch in zweifelhaften Fällen versucht werden.

Persönliche Verhütung der gonorrhoischen Ansteckung

Die gonorrhoische Infektion der Geschlechtsteile kommt in der überwiegenden Mehrzahl der Fälle durch die Kohabitation, nur in seltenen

Fällen durch Stuprumversuche, Berührung mit infizierten Händen und Gebrauchsgegenständen oder gelegentlich des Durchtrittes durch gonorrhoisch infizierte Geburtswege zustande. Die Ansteckung bei beiden Geschlechtern kann am sichersten dadurch verhütet werden, daß der Mann ein Condom beim Verkehr benützt. Das Harnlassen des Mannes vor der Kohabitation vermag vielleicht in chronischen Gonorrhoefällen die Ansteckungsfähigkeit etwas herabzusetzen. Auch das Einführen von Okklusivpessaren, Gazetampons, Scheidenkugeln mit gonokokkentötenden Medikamenten oder das Einfetten der Geschlechtsteile mit Salben wie Hydrargyrum oxycyanatum oder Sublimat mit Unguentum Glycerini oder Eucerin vor dem Beischlaf wirkt oft erfolgreich. Desgleichen vermag eine desinfizierende Scheidenspülung und Einspritzung in die Harnröhre mit organischen Silberpräparaten nach dem Verkehr in einzelnen Fällen die Übertragung der Gonokokken von Mann auf Weib zu verhindern. Der Empfehlung derartiger Vorbeugungsmittel steht jedoch die Gefahr im Wege, daß dieselben zu antikonzeptionellen Zwecken verwendet werden und dadurch den außerehelichen Verkehr fördern. Wenn während des Verkehrs Gonokokken in die Harnröhre oder Scheide eindringen, so wird es im allgemeinen selten gelingen, durch diese Maßnahmen dieselben im Genitale abzutöten oder aus dem Urogenitaltrakt herauszubefördern. Immerhin soll bei Verdacht auf Gonorrhoe des Mannes die Harnblase entleert, eine gründliche Waschung der äußeren Geschlechtsteile und wenigstens eine desinfizierende Scheidenspülung vorgenommen werden. Das Einführen von schmelzbaren Harnröhrenstäbchen oder Scheidenkugeln nach dem Verkehr kann die Ansteckung gewiß manchmal verhindern, kommt aber praktisch wenig in Betracht. Wenn, was meistens der Fall ist, der Verdacht auf Gonorrhoe meist erst nach dem Verkehr auftritt, so ist eine vorbeugende Früh- oder Abortivbehandlung durch den Arzt dringend angezeigt. Harnröhre, Scheide und Halskanal sollen von demselben mit 2 bis 5% Argentum nitricum-Lösung in den ersten Tagen nach der Infektion täglich gespült oder ausgewischt werden. Die Vorhofschleimhaut soll gleichfalls mit Argentum nitricum-Lösung oder Tinctura Jodi tuschiert werden. Außerdem kann zur Ergänzung dieser Behandlung sich die Infektionsverdächtige Choleval-Vaginalkugeln, Ester-Dermasan-Ovula mit Silber oder dergleichen in die Scheide einführen. Selbstverständlich können auch andere gonokokkentötende Medikamente verwendet werden. Vakzine- oder Proteinkörpertherapie ist nach unseren Erfahrungen nicht imstande, die Ansiedlung von Gonokokken auf der offenen Schleimhaut zu verhindern, gleichwie dieselbe auch das Aufsteigen der Gonorrhoe in die Gebärmutter und die Eileiter nicht hintanzuhalten vermag. Bei einfacher Harnröhrengonorrhoe kann manchmal durch rechtzeitige und gründliche Behandlung dem Übergreifen auf die Gebärmutter vorgebeugt werden. Eine bereits ausgebrochene Uterusgonorrhoe vermag eine Abortivkur nicht in wenigen Tagen zu heilen.

Was nun den Schutz des Mannes vor der gonorrhoischen Infektion der Frau anbelangt, so ist zu bemerken, daß derselbe leichter zu erreichen ist. In erster Linie kommt auch hier das Condom aus Gummi oder Schafdarm in Betracht. Außer dieser mechanischen Prophylaxe werden natürlich auch chemische Mittel verwendet, die sich besonders im Kriege bewährt haben. So sind zweiprozentige Argentum nitricum-Lösung oder fünfprozentige Protargollösung zur Instillation in die männliche Harnröhre oder Harnröhrenschutzstäbchen mit Silberpräparaten im Gebrauch. Vielfach werden Mittel verwendet, die gleichzeitig ein Syphilisprophylaktikum darstellen, wie zehnprozentige Chininuretanlösung (Manteuffel) oder dreiprozentige Sublimat-Lanolin-Salbe. Die Erfolge der persönlichen Prophylaxe hängen natürlich immer vom Zeitpunkt und von der Gründlichkeit ihrer Anwendung ab.

Die Verhütung der Gonorrhoeübertragung auf das neugeborene Kind ist bei der Ophthalmoblennorrhoe und der Vulvovaginitis besprochen.

Allgemeine Richtlinien für die Bekämpfung der Gonorrhoe

Die Bekämpfung und Behandlung der gonorrhoischen Infektion stößt auf vielerlei Schwierigkeiten. Schon das Erkennen der Gonorrhoe ist bei der Frau, im Gegensatz zum Manne, nicht immer leicht, da diese Erkrankung häufig anfangs nur einen Ausfluß, der als ein harmloses Symptom gedeutet wird, und nur geringe Beschwerden hervorruft. Manchmal sind die Erreger, welche in den Lakunen und Drüsengängen des Vorhofes oder in der Gebärmutterschleimhaut sitzen, nur schwer oder nur vorübergehend nachweisbar. Von seiten des Mannes erfolgt die Infektion meist durch die Tripperfäden, den Resten einer alten Gonorrhoe, die nur in einem Teil der Fälle und auch da nur zeitweise Gonokokken enthalten. Es können daher sowohl bei der Frau als beim Manne wiederholte Sekretuntersuchungen negativ verlaufen und trotzdem kann, durch provokatorische Umstände hervorgerufen, zeitweise eine Infektionsmöglichkeit vorliegen.

Wenn aber auch die einzelnen Gonorrhoefälle erkannt und noch so gründlich behandelt werden, so kann dadurch die Gonorrhoe im allgemeinen nicht wesentlich eingeschränkt werden, wenn nicht allgemeine fürsorgerische und gesetzgeberische Maßnahmen eingreifen, welche die Verhütung und Behandlung der Geschlechtskrankheiten zu regeln imstande sind. Mit der Regelung der gewerbsmäßigen Prostitution allein ist noch nicht viel erreicht. Dieselbe ist einerseits unzulänglich, da die sanitätsamtliche Kontrolle die latente Gonorrhoe häufig nicht zu erkennen vermag. Anderseits ist seit dem Eintritt der Frau in die freien Berufe und die dadurch bedingte Loslösung vom Schutze des Elternhauses die Gefahr der gelegentlichen Prostitution als Nebenerwerb heute größer als die der gewerbsmäßigen Prostitution. Aber wenn es auch gelänge, beide Gruppen von Prostituierten zu erfassen, zu isolieren und zu behandeln, so ist für die Bekämpfung der Geschlechtskrankeiten noch nichts geleistet, wenn nicht auch die geschlechtskranken Männer erfaßt werden. So entwickelte sich der Standpunkt, daß nicht die sittenamtliche Reglementierung das Wichtigste sei, sondern die rein sanitäre Überwachung beider Geschlechter. Zu diesem Zwecke wurden öffentliche und unentgeltliche Beratungsstellen für Geschlechtskranke, meist in Form von Abendambulatorien, eingeführt und Gesetze geschaffen, daß Personen, die gewerbsmäßig Unzucht treiben, sich an bestimmten Stellen regelmäßig zur Untersuchung einzufinden haben. Finger und Jadassohn haben bereits 1899 die Forderung aufgestellt, daß Prostituierte bis zum dauernden Erlöschen der Kontagiosität in Asylen unterzubringen und zu behandeln seien. Tatsächlich bestehen heute derartige Anstalten, in denen die geschlechtskranken Frauen nicht nur fachärztlich behandelt werden, sondern während ihres Spitalsaufenthaltes zur Arbeit angehalten und nach der Entlassung der Fürsorge zugeführt werden. Letztere Aufgabe ist besonders wichtig, da infolge Auflassung der Bordelle die gewerbsmäßige Prostitution abnimmt und die geheime Prostitution sich immer weiter verbreitet. Bei letzterer handelt es sich jedoch meist um jugendliche Frauen, die durch Fürsorgemaßnahmen häufig noch einem bürgerlichen Erwerb zugeführt werden können. Wichtig ist weiters die Aufklärung der breiten Massen des Volkes, besonders der Jugendlichen, über die Bedeutung der Geschlechtskrankheiten und ihre Vorbeugung durch Ärzte, Lehrer und Eltern. Dieser Aufgabe dienen vielfach auch Merkblätter, Vorträge, Ausstellungen und Lehrfilme.

Ebenso wie die Syphilis hat auch die Gonorrhoe Bedeutung für die Ehe, da auch sie Glück, Gesundheit und Fruchtbarkeit derselben gefährdet. Die Einschleppung der Gonorrhoe in die Ehe erfolgt meist durch den Mann, wobei die Infektion nur selten durch eine frische Gonorrhoe, sondern vielmehr meist durch eine alte, scheinbar bereits geheilte Gonorrhoe erfolgt. Daraus ergibt sich nach Finger die Forderung, daß ein Ehewerber, der Fäden im Harn aufweist, mit allen Mitteln der Provokation mikroskopisch und kulturell auf Gonokokken zu untersuchen ist. Wegen der Gefahr der Geschlechtskrankheiten für die Ehe hat eigentlich der Staat die Pflicht, Geschlechtskranken die Ehe so lange zu verbieten, bis die Krankheit geheilt ist. Wahrscheinlich könnte durch Einführung von Gesundheitszeugnissen, die von allen Ehewerbern vor der Eheschließung verlangt werden, die Infektion in der Ehe etwas eingeschränkt werden. Trotzdem haben derartige Ehezeugnisse nur einen bedingten Wert, da bei Infektion vor der Ehe gerade darauf zu dringen ist, daß die beiden Partner heiraten, um nicht andere zu gefährden. Das Attest ist ferner deshalb ziemlich wertlos, da es Wochen oder Monate vor der Verheiratung ausgestellt und vorgelegt wird. Schließlich ergeben sich bei der Ausstellung derartiger Zeugnisse Konflikte mit der Schweigepflicht des Arztes. Da diese Verhältnisse bis heute nicht geregelt sind, besteht die Aufgabe des Arztes darin, dem von ihm untersuchten Teil zu raten, die Ehe hinauszuschieben, bis die Ansteckungsfähigkeit erloschen ist, und den Kranken auf die moralische Pflicht hinzuweisen, den anderen auf die Möglichkeit einer Übertragung aufmerksam zu machen. Ob auf Grund amtsärztlicher Zeugnisse das Eingehen einer Ehe amtlich verboten werden kann, ist nach unseren Rechtsauffassungen derzeit nicht zu beantworten.

Wichtig für die Verhinderung der Sterilität ist das Eingehen der Frühehe. Die Möglichkeit hiezu hängt, wenigstens in intelligenten Kreisen der Bevölkerung, von einer wirtschaftlichen Sicherstellung ab. Denn die Ehen junger Gatten dieser Schichten ohne auskömmliche Einkünfte und eigenes Heim verfallen wieder häufig der Sterilität infolge eingeleiteter Fehlgeburt. Selbstverständlich darf die gonorrhoische Infektion bei bestehender Schwangerschaft niemals eine Anzeige zur Unterbrechung derselben abgeben. Die Einleitung der Fehlgeburt bei Gonorrhoe kann vielmehr zum Aufsteigen der Infektion führen. Das Austragen der Schwangerschaft bei Gonorrhoe ist keineswegs so gefährlich, da bis zum Eintritt der Geburt die Gonorrhoe häufig ausheilt, die gonorrhoische Wochenbettinfektion fast nie bedrohlich wird und bei prophylaktischer Augeneinträufelung die Ophthalmoblennorrhoe ausgeschaltet werden kann.

Die Hauptaufgabe bei der Bekämpfung der Geschlechtskrankheiten fällt demnach der Aufklärung und einer billigen oder kostenlosen Behandlung zu. Trotz Errichtung öffentlicher Ambulatorien für Geschlechtskranke wird sich jedoch immer ein Teil der Patienten an den Privatarzt wenden, da sie bei demselben eine diskrete Behandlung voraussetzen. Die neuerdings aufgestellte Forderung einer allgemeinen Anzeigepflicht und eines allgemeinen Behandlungszwanges bedarf bei uns erst der gesetzlichen Festlegung. Das ärztliche Anzeigerecht darf bisher nur auf jene Fälle beschränkt werden, in welchen der Kranke trotz Abmahnung darauf beharrt, etwas zu unternehmen oder zu unterlassen, wodurch er die Gesundheit seiner Mitmenschen gefährdet.

Sachverzeichnis

Manzsche Buchdruckerei Wien IX

Die Endoskopie der männlichen Harnröhre. Von Dr. **Alois Glingar,** Wien. Mit einer Einführung von Prof. Dr. V. Blum. Mit 30 mehrfarbigen Abbildungen auf 4 Tafeln und 12 Textabbildungen. 72 Seiten. 1924.   RM 7,20, S 12,—; gebunden RM 7,80, S 13,20

Praktikum der Urologie. Für Studierende und Ärzte. Von Dr. **Hans Gallus Pleschner,** Privatdozent für Urologie an der Universität Wien. Mit 5 Textabbildungen. 61 Seiten. 1924.   RM 1,70, S 2,70

Urologie und ihre Grenzgebiete. Dargestellt für praktische Ärzte. Von **V. Blum, A. Glingar** und **Th. Hryntschak,** Wien. Mit 59 zum Teil farbigen Abbildungen. 325 Seiten. 1926.   Gebunden RM 16,50, S 28,—

Die Geschlechtskrankheiten als Staatsgefahr und die Wege zu ihrer Bekämpfung. Von Professor Dr. **Ernst Finger,** Vorstand der Klinik für Syphilidologie und Dermatologie der Universität Wien. 69 Seiten. 1924. Abhandlungen aus dem Gesamtgebiet der Medizin.
RM 1,70, S 3,—

Frühdiagnose und Frühtherapie der Syphilis. Von Professor Dr. **Leopold Arzt,** Assistent der Universitätsklinik für Dermatologie und Syphilidologie in Wien. Mit 2 mehrfarbigen und einer einfarbigen Tafel. 90 Seiten. 1923. Abhandlungen aus dem Gesamtgebiet der Medizin.
RM 3,—, S 4,80

Syphilis und innere Medizin. Von Hofrat Professor Dr. **Hermann Schlesinger,** Vorstand der III. medizinischen Abteilung des Allgemeinen Krankenhauses in Wien.
Erster Teil: **Die Arthro-Lues tardiva und ihre Therapie.** Mit 8 Abbildungen im Text. 165 Seiten. 1925.   RM 9,90, S 16,80

Inhaltsübersicht:

Vorwort. — Historische Bemerkungen. — Allgemeines Krankheitsbild. — Spezielle Symptomatologie. — Typen der Arthro-Lues tardiva. 1. Die Arthralgien. 2. Akut und subakut einsetzende fieberhafte Formen. 3. Chronische Formen. A. Arthritis sicca luetica. B. Deformierende Gelenksprozesse. C. Tuberkuloseähnliche Formen. — 4. Atypische Formen. A. Tumorähnliche Erkrankungen. B. Typus der Periarthritis humeroscapularis. C. Osteo-Arthritis coxae syphilitica. D. Epicondylitis syphilitica. — 5. Mischformen. — Diagnose der Arthro-Lues tardiva. — Differentialdiagnose. — Prognose. — Spondylitis syphilitica. 1. Spondylitis luetica simplex. 2. Spondylitis syphilitica destructiva. A. Diagnose der Spondylitis syphilitica. B. Differentialdiagnose der Spondylitis syphilitica. — Ätiologische Momente der Arthro-Lues. Anamnese. — Alter, Geschlecht, Beruf. — Häufigkeit. — Pathologische Anatomie. — Therapie. — Literaturverzeichnis. — Sachverzeichnis.

Zweiter Teil: **Die Syphilis der Baucheingeweide.** Mit 17 Abbildungen im Text. 289 Seiten. 1926.   RM 19,50, S 33,15

Inhaltsübersicht:

Syphilis der Leber und der Gallenwege. Lebersyphilis. Ikterus syphiliticus praecox. Der Salvarsanikterus und die akute gelbe Leberatrophie. — Syphilis des Verdauungskanales. Die Syphilis des Ösophagus. Die Magensyphilis. Die Syphilis des Darmes. — Syphilis des Pankreas. — Syphilis der Milz. — Die Nierensyphilis.

Der dritte in Vorbereitung befindliche (Schluß-)Teil wird die syphilitischen Veränderungen der Brustorgane und der Drüsen mit innerer Sekretion umfassen und Ende 1927 erscheinen.

Verlag von Julius Springer in Wien I

Soeben erschien   *Mai 1927*

Die Gonorrhoe des Weibes
Ein Lehrbuch für Ärzte und Studierende
von
Dr. R. Franz
Privatdozent an der Universität und Direktor-Stellvertreter
am Maria Theresia-Frauenhospital in Wien

Mit 43 zum Teil farbigen Textabbildungen. 202 Seiten. 15.5 × 23.5 cm
Preis: 12,— Reichsmark, geb. 13,20 Reichsmark

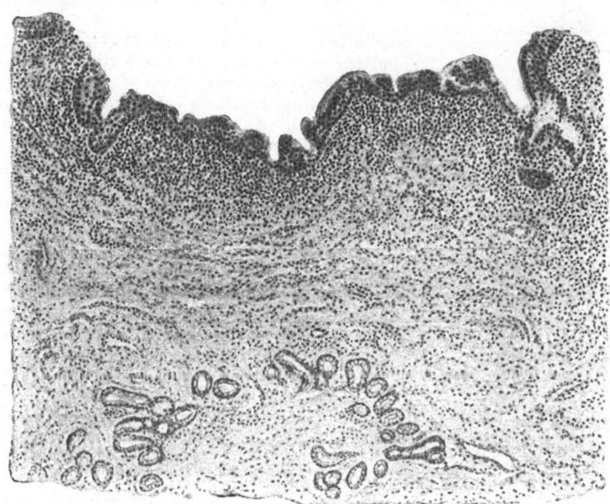

Pseudoabszeß des Ausführungsganges der großen Vorhofdrüse
(mikroskopisches Bild)

Inhaltsverzeichnis

Inhaltsverzeichnis (Fortsetzung):

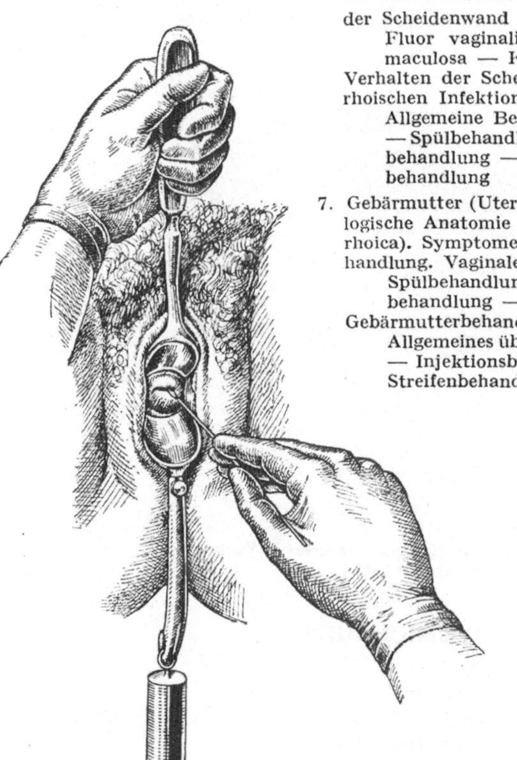

Einstellung des Scheidenteiles zwecks Sekretentnahme aus dem Halskanal

Verlag von Julius Springer in Wien I

Vakzine- und Proteinkörperbehandlung. Resorptionsbehandlung
Hydrotherapie — Feuchte Umschläge — Kataplasmen — Thermophore — Schlamm- und Erdepackungen — Heißluftbehandlung — Heiße Scheidenspülungen — Sitzbäder — Vollbäder — Bäder mit Zusätzen — Balneotherapie — Moorbäder — Trinkkuren — Medikamentöse Scheidenbehandlung
Massage. Belastungsbehandlung. Diathermie. Röntgenbehandlung. Lichtbehandlung. Operative Behandlung
Inzision — Salpingektomie — Salpingektomie mit transversaler, fundaler Keilexzision der Gebärmutter — Salpingo - Oophorektomie — Totalexstirpation (Radikaloperation) — Operation der diffusen Gonokokkenperitonitis

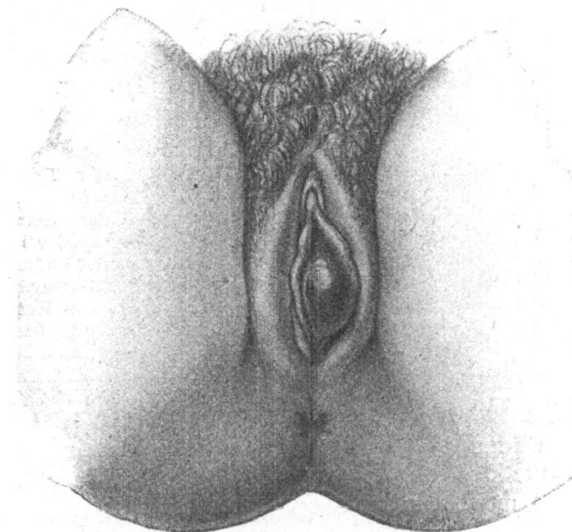

Pseudoabszeß des Ausführungsganges der großen Vorhofdrüse

V. Vakzination
Allgemeines über Vakzine. Arten der Vakzinen. Einverleibung der Vakzine. Reaktion des Organismus. Vakzinediagnostik. Vakzinebehandlung

VI. Proteinkörperbehandlung
Allgemeines über Proteinkörper. Reaktion des Organismus. Wirkungsmechanismus. Technik der Proteinkörpertherapie. Mittel

VII. Einfluß der Gonorrhoe auf die Zeugung
Physiologie der Zeugung. Ursachen der Sterilität. Diagnose der Sterilität. Behandlung der Sterilität. Bedeutung der Gonorrhoe für die Sterilität. Verlauf der Gonorrhoe in der Schwangerschaft. Verlauf der Gonorrhoe im Wochenbett. Behandlung der Gonorrhoe in der Schwangerschaft, Geburt und Wochenbett

VIII. Mastdarm (Rectum)

IX. Gonorrhoische Metastasen
Arthritis gonorrhoica (Tripperrheumatismus) — Tendovaginitis gonorrhoica, Bursitis gonorrhoica — Myositis gonorrhoica, Abscessus gonorrhoicus subcutaneus, gonorrhoische Phlegmone — Periostitis gonorrhoica, Osteomyelitis gonorrhoica — Endocarditis, Pericarditis, Myocarditis, Thrombophlebitis gonorrhoica — Pleuritis gonorrhoica, Infarctus pulmonum gonorrhoicus — Gonorrhoische Erkrankungen des Nervensystems — Gonorrhoische Erkrankungen der Sinnesorgane — Gonorrhoische Hauterkrankungen — Sepsis gonorrhoica — Transplazentare Infektion

X. Übertragung der Gonorrhoe auf das Kind
Ophthalmoblennorrhoe (Augentripper). Vulvovaginitis infantum gonorrhoica. Sonstige Erkrankungsherde
Urethritis — Cystitis — Endometritis, Salpingitis — Peritonitis — Arthritis, Tendovaginitis, Endocarditis, Pleuritis — Dermatitis — Stomatitis — Proctitis

XI. Schlußbemerkungen
Heilung der Gonorrhoe. Provokation als diagnostisches Hilfsmittel
Mechanische Provokation — Thermische Provokation — Chemische Provokation — Biologische Provokation — Physiologische Provokation — Kombinierte Provokation
Persönliche Verhütung der gonorrhoischen Ansteckung. Allgemeine Richtlinien für die Bekämpfung der Gonorrhoe. — Sachverzeichnis

Urologie und ihre Grenzgebiete. Dargestellt für praktische Ärzte.

Von **V. Blum, A. Glingar** und **Th. Hryntschak,** Wien. Mit 59 zum Teil farbigen Abbildungen. 324 Seiten. 1926.

In Ganzleinen gebunden 16,50 Reichsmark

Inhaltsübersicht: Allgemeiner Teil. Symptomatologie. Diagnostik und Therapie. Untersuchungsmethoden. — Spezieller Teil. Anatomische und physiologische Vorbemerkungen. Erkrankungen der Niere, des Nierenbeckens und Harnleiters. Erkrankungen der Harnblase. Erkrankungen der männlichen Harnröhre. Erkrankungen der weiblichen Harnröhre. Erkrankungen der männlichen Geschlechtsorgane. Störungen der Funktionen des männlichen Geschlechtsapparates. — Anhang. Die Erkrankungen der Niere vom chirurgischen Standpunkt. Die Rolle der Urologie in der Diagnostik und Therapie der medizinischen Nierenkrankheiten. Die Urologie des Kindesalters. Die Rolle der Urologie in der Frauenheilkunde. Urologische Röntgendiagnostik. — Sachverzeichnis.

Die Endoskopie der männlichen Harnröhre. Von Dr. Alois

Glingar. (Aus der urologischen Abteilung des Sophienspitals, Wien, Vorstand Professor Dr. V. Blum.) Mit einer Einführung von V. Blum. Mit 4 mehrfarbigen Tafeln und 12 Abbildungen im Text. 72 Seiten. 1924.

7,20 Reichsmark, gebunden 7,80 Reichsmark

Inhaltsübersicht: Einleitung. — Das Instrumentarium. — Trockene Endoskopie der vorderen Harnröhre. — Die Irrigationsendoskopie der vorderen Harnröhre. — Die trockene Endoskopie der hinteren Harnröhre. — Die Irrigationsendoskopie der hinteren Harnröhre. — Endoskopie und Behandlung. — Indikationen und Kontraindikationen.

Praktikum der Urologie für Studierende und Ärzte. Von Dr. Hans

Gallus Pleschner, Privatdozent für Urologie an der Universität Wien. Mit 5 Textabbildungen. 61 Seiten. 1924. 1,70 Reichsmark

Die Unfruchtbarkeit der Frau. Bedeutung der Eileiterdurch-

blasung für die Erkennung der Ursachen, die Voraussage und die Behandlung. Von Dr. **Erwin Graff,** a. o. Professor für Geburtshilfe und Gynäkologie an der Universität Wien. Mit 2 Abbildungen im Text. 100 Seiten. 1926. „Abhandlungen aus dem Gesamtgebiet der Medizin". 6,90 Reichsmark

Die Abonnenten der „Wiener klinischen Wochenschrift" sind berechtigt, die „Abhandlungen aus dem Gesamtgebiet der Medizin" zu einem um 10% ermäßigten Vorzugspreis zu beziehen.

Inhaltsübersicht: Einleitung. — Technik der Eileiterdurchblasung. — Ist die Eileiterdurchblasung gefährlich? — Anzeigen und Gegenanzeigen für die Vornahme der Eileiterdurchblasung. — Verläßlichkeit der Durchblasung. — Ergebnisse der Durchblasung. — Ergebnisse der Samenuntersuchungen. — Unfruchtbarkeit bei durchgängigen Eileitern und Vorhandensein wohlgeformter Samenfäden. — Zusammenfassung. — Literuturverzeichnis.

Die instrumentelle Perforation des graviden Uterus und ihre Verhütung. Von Professor Dr. H. v. Peham, Vorstand der

I. Universitäts-Frauenklinik in Wien und Privatdozent Dr. **H. Katz,** Assistent der I. Universitäts-Frauenklinik in Wien. 208 Seiten. 1926.

12 Reichsmark

Inhaltsübersicht: Einleitung. — Allgemeines über die Perforatio uteri gravidi. — Pathologische Anatomie der Uterusperforation. — Zur Klinik und Therapie der Uterusperforation. — Die Prophylaxe der Uterusperforation. — Die forensische Bedeutung der Uterusperforation. — Schluß. — Anhang. — Literaturverzeichnis.

VERLAG VON JULIUS SPRINGER IN WIEN I

Soeben erschien: *Oktober 1926*

UROLOGIE
UND IHRE GRENZGEBIETE

DARGESTELLT FÜR PRAKTISCHE ÄRZTE

VON

V. BLUM
A. GLINGAR und TH. HRYNTSCHAK

WIEN

MIT 59 ZUM TEIL FARBIGEN ABBILDUNGEN

Preis: in Leinen gebunden 16.50 Reichsmark

Vorwort:

Unsere Lehrer, die großen Meister der älteren Wiener urologischen Schule, Ultzmann, von Dittel, Englisch, von Frisch, Otto Zuckerkandl, sind dahingegangen, ohne daß die Nachwelt ihre klinischen Vorträge, aus denen wir so viele Kenntnisse und Anregungen geschöpft haben, in Form eines Lehrbuches heute genießen könnte; sie sind dahingegangen, ohne mehr als mündliche Tradition in der praktischen Urologie ihren Schülern hinterlassen zu haben. Wohl sind die großen Monographien und zuletzt das große Handbuch der Urologie von Frisch und Zuckerkandl unvergängliche Denkmäler der hohen Bedeutung der wissenschaftlichen Urologie zu jenen Zeiten.

Die Erinnerungen an die unvergeßlichen klinischen Vorträge aus der Zeit unserer Lernjahre zu sammeln, die eigenen, jahrzehntealten Erfahrungen in der praktischen Urologie kritisch zu sichten und in kurzer, leicht faßlicher Form das für den praktischen Arzt Wichtigste vorzutragen, war das Ziel unserer gemeinsamen Arbeit.

Die Kurse und Vorlesungen an der urologischen Station des Sophienspitals in Wien über die einzelnen Zweige unseres Faches erfreuen sich eines großen Zuspruches und wiederholt hörten wir aus dem Munde von praktischen Ärzten und auch von Fachgenossen die Aufforderung, diese Vorlesungen einem größeren Kreise von Kollegen, die sich für die Fortschritte der klinischen Urologie interessieren, zugänglich zu machen.

Zu beziehen durch:

Den eingangs erwähnten Erwägungen und den letztgenannten Aufforderungen sucht das vorliegende Werk gerecht zu werden. Es wendet sich an den praktischen Arzt und will ihm in den verschlungenen Wegen der urologischen Diagnostik ein Führer, in den verantwortungsvollen Fragen der urologischen Therapie ein Ratgeber sein.

Für unsere Fachkollegen möge es eine Art Rechenschaftsbericht sein, wie wir das Erbe unserer Lehrer und Meister im letzten Jahrzehnte verwaltet haben.

Aber auch den Fachärzten aus den Mutterdisziplinen und entfernten Gebieten der Medizin — Chirurgen, Internisten, Frauenärzten, Kinderärzten. Röntgenologen, an welche sich die Schlußkapitel dieses Werkes wenden — soll es die Stellung der Urologie im Gesamtgebiete der modernen Medizin illustrieren und zu gemeinsamer Arbeit in unseren Grenzgebieten anregen, um das heute noch vielfach umstrittene Arbeitsfeld der klinischen Urologie wohlgefügt und wohlumgrenzt auszubauen und die Berechtigung der Selbständigkeit unseres Faches neuerdings zu erweisen.

Wien, im Juli 1926

Die Verfasser

Inhaltsverzeichnis

Allgemeiner Teil

Symptomatologie, Diagnostik und Therapie: Haematurie. – Haemoglobinurie. – Albuminurie. — Der trübe Harn (Pyurie, Chylurie, Bakteriurie und Harninfektion, Pneumaturie, Phosphaturie). — Harnverhaltung. — Harninkontinenz. — Veränderungen der Harnmenge (Polyurie, Oligurie, Anurie). — Pollakisurie. — Modifikationen der Harnentleerung. — Modifikationen des Harnstrahles. — Harnfieber. — Asepsis und Antisepsis in der Urologie. — Anaesthesie in der Urologie. — Katheterismus.
Untersuchungsmethoden. Inspektion. — Palpation. — Perkussion. — Harnuntersuchung. — Sekretuntersuchung. — Untersuchung des Samens. — Untersuchungsmethoden der Harnröhre (Urethroskopie). — Cystoskopie und Ureterenkatheterismus. – Funktionelle Nierendiagnostik. – Funktionsprüfung des Nierenbeckens und des Ureters.

Spezieller Teil

Anatomische und physiologische Vorbemerkungen: Die Niere. — Die Harnblase. — Die Harnröhre des Mannes. — Die Prostata.

Verlag von Julius Springer in Wien I

Erkrankungen der Niere, des Nierenbeckens und Harnleiters: Verletzungen der Niere. — Massenblutung ins Nierenlager. — Angeborene Mißbildungen (Fehlen einer Niere, Nierenverschmelzung, Dystopie der Niere, Gekreuzte Dystopie, Verdoppelung des Nierenbeckens, Cystische Erweiterung des Ureterostiums, Cystenniere, Solitärcysten, Wanderniere). — Pyelitis (Pyelonephritis). — Eitrige Nierenentzündungen. — Entzündliche Erkrankungen der Nierenhüllen. — Pyelektasie und Hydronephrose. — Pyonephrose. — Nierentuberkulose. — Nieren- und Harnleiterkoliken. — Nierensteinkrankheit (Nachbehandlung bei Steinkrankheit). — Neubildungen der Niere und des Nierenbeckens.

Erkrankungen der Harnblase: Verletzungen und Rupturen. — Fremdkörper. — Mißbildungen (Kongenitales Blasendivertikel). — Harninfektion (Cystitis). — Purpura vesicae. — Blasensteine. — Neubildungen. — Nervös bedingte Störungen im Entleerungsmechanismus der Blase.

Erkrankungen der männlichen Harnröhre: Mißbildungen. — Die Gonorrhoe des männlichen Urogenitaltraktes (Verlauf und Symptomatologie, Behandlung, Wann ist eine Gonorrhoe als geheilt anzusehen? Prophylaxe der männlichen Gonorrhoe, Gonorrhoe und Hautkrankheiten). — Nichtgonorrhoische Erkrankungen der männlichen Harnröhre. — Strikturen der Harnröhre.

Erkrankungen der weiblichen Harnröhre: Mißbildungen. — Gonorrhoe der weiblichen Harnorgane. — Nichtgonorrhoische Erkrankungen.

Erkrankungen der männlichen Geschlechtsorgane: Die Tuberkulose des männlichen Genitaltraktes. — Erkrankungen der Prostata (Entzündungen der Prostata, Prostatahypertrophie, Prostataatrophie, Prostatacarcinom, Prostatasteine). — Erkrankungen des Hodens. — Erkrankungen des Nebenhodens und des Samenstranges. — Erkrankungen der Scheidenhäute. — Erkrankungen des Hodensackes. — Erkrankungen des Penis.

Störungen der Funktionen des männlichen Geschlechtsapparates: — Impotenz. — Priapismus. — Die krankhaften Samenverluste. — Sexuelle Neurasthenie.

Anhang

Die Erkrankungen der Niere vom chirurgischen Standpunkt.

Die Rolle der Urologie in der Diagnostik und Therapie der medizinischen Nierenkrankheiten.

Die Urologie des Kindesalters: Harnverhaltung. — Haematurie. — Pyurie. — Kongenitale krankhafte Zustände. — Entzündliche Erkrankungen. — Verletzungen, Fremdkörper, Steine. — Neubildungen. — Nervöse Erkrankungen.

Die Rolle der Urologie in der Frauenheilkunde: Erkrankungen der weiblichen Harnröhre. — Erkrankungen der weiblichen Blase. — Erkrankungen der Harnleiter. — Nieren- und Nierenbeckenerkrankungen.

Urologische Röntgendiagnostik: Die Röntgenuntersuchung der Blase, Harnröhre und Prostata. — Die Röntgenuntersuchung der Niere und des Harnleiters. — Sachverzeichnis.

Verlag von Julius Springer in Wien I